办公自动化高级应用案例教程

主　编◎孙继荣
副主编◎吴　蓓　陈桂芳　刘　莎

西南财经大学出版社
Southwestern University of Finance & Economics Press
中国·成都

图书在版编目(CIP)数据

办公自动化高级应用案例教程/孙继荣主编.—成都:西南财经大学出版社,2020.5(2024.8 重印)
ISBN 978-7-5504-4239-9

Ⅰ.①办… Ⅱ.①孙… Ⅲ.①办公自动化—应用软件—教材 高等职业教育—教材 Ⅳ.①TP317.1

中国版本图书馆 CIP 数据核字(2019)第 270267 号

办公自动化高级应用案例教程

主　编　孙继荣

副主编　吴　蓓　陈桂芳　刘　莎

责任编辑:邓克虎

封面设计:何东琳设计工作室　张姗姗

责任印制:朱曼丽

出版发行	西南财经大学出版社(四川省成都市光华村街 55 号)
网　　址	http://cbs.swufe.edu.cn
电子邮件	bookcj@swufe.edu.cn
邮政编码	610074
电　　话	028-87353785
照　　排	四川胜翔数码印务设计有限公司
印　　刷	郫县犀浦印刷厂
成品尺寸	185 mm×260 mm
印　　张	12.375
字　　数	281 千字
版　　次	2020 年 5 月第 1 版
印　　次	2024 年 8 月第 3 次印刷
印　　数	5001— 7000 册
书　　号	ISBN 978-7-5504-4239-9
定　　价	36.00 元

前 言

随着“云计算和大数据”时代的来临，信息化理念不断提升，办公自动化技术已融入我们的学习和工作中，以前所未有的速度渗透到社会的各个领域。因此，社会急需能够熟练地运用办公软件以及掌握办公软件高级应用技术的人才。

目前，大部分办公自动化书籍都是以《计算机应用基础》为蓝本进行修改的，实例浅显，实用性不强，很少涉及企事业单位办公的实际应用以及毕业论文设计必备技巧等。为弥补这一不足，我们组建了办公自动化高级应用案例教程课程组，以实用场景和职场需要为特征编写了本教材。其主要有以下特色：

（1）软件版本。为了让学生在毕业后能更好地学以致用，本教材采用了目前市面上普遍使用的 Microsoft Office 2013 进行教学。

（2）教材内容。本教材的重点内容是讲解 Office 家族中的 Word 和 Excel 的进阶和提高操作，同时扩充了 PPT 和网络办公自动化方面的实际应用。Word 部分主要通过“制作个人简历”“制作博览会参展产品宣传单”来强化页面设置和排版布局，通过“制作红头文件模板”“利用邮件合并批量制作文档”来增强常用公文书写的操作，通过“毕业论文正文的设计”“毕业论文的打印与装订”来提升文档编排的能力。Excel 部分通过“制作员工入职登记表”“制作月度考勤统计表”“制作部门工作总结和计划表”让学生掌握 Excel 软件在办公中的专业应用；通过“制作员工档案信息表”“制作员工工资信息表”让学生掌握利用 Excel 软件常用的函数与公式高效地完成表格数据的方法；通过“制作各销售地销售业绩表”“制作年度业绩统计表”让学生掌握利用 Excel 软件进行数据统计和分析的方法。PPT 部分通过“制作新品发布会 PPT”“制作工作汇报 PPT”让学生学会制作简洁、有效、生动的宣传 PPT。网络办公部分主要涉及日常办公中要用到的邮件收发、搜索引擎、网盘使用等。

（3）教材结构。本教材的结构采用案例驱动教学的模式，方便教师备课和学生自学，能迅速调动学生的积极性并主动思考解决问题的方法，充分体现了实用性和职业性。本教材包括 9 个案例共 20 个任务，每个任务均由“情景导入”“学习目标”“预备知识”“回到场景”“实训营”五个模块构成。其中，“情景导入”模拟职场环境中要解决的实际问题，突出办公自动化的实用性；“学习目标”给出该任务应掌握的知识目标或技能目标；“预备知识”导出解决问题应具备的知识点；“回到场景”则一步步地带领同学们完成“情景导入”提出的问题、分解案例操作步骤和实践案例并演示案例效果；“实训营”抛出新的案例，让同学们独立完成以期强化技能，并在该部分给出常见问题以及操作技能来提高同学们实际解决问题的能力。

全书建议总学时 64 学时，各章的学时具体安排推荐如下表所示，各学校在实际教学时可以根据学生的基础和专业要求等情况自行调整。

课程内容及课时安排表

案例	任务	学时
案例一 制作个人简历——Word 进阶操作	一、制作个人简历	4
案例二 宣传单设计——Word 高级图文排版	二、制作博览会参展产品宣传单	4
案例三 制作企业常用文档——Word 公文书写操作	三、制作红头文件模板	3
	四、利用邮件合并批量制作文档	3
案例四 毕业论文格式排版——Word 提高操作	五、毕业论文正文的设计	4
	六、毕业论文的打印与装订	4
案例五 制作公司常用表格——Excel 进阶	七、制作员工入职登记表	4
	八、制作月度考勤统计表	4
	九、制作部门工作总结和计划表	4
案例六 工资表管理——Excel 数据分析应用一	十、制作员工档案信息表	4
	十一、制作员工工资信息表	4
案例七 产品销售业绩分析——Excel 数据分析应用二	十二、制作各销售地销售业绩表	4
	十三、制作年度业绩统计表	4
案例八 工作中常用的幻灯片——PPT 进阶操作	十四、制作新品发布会 PPT	4
	十五、制作工作汇报 PPT	4
案例九 网络办公	十六、申请电子邮箱	1
	十七、收发邮件	1
	十八、设置打印机共享	1
	十九、搜索引擎的使用	1
	二十、百度网盘的使用	2
合计		64

本书由来自四川广播电视大学的孙继荣副教授担任主编，吴蓓副教授、陈桂芳副教授、刘莎担任副主编。具体分工为：案例三由孙继荣编写，案例五、案例六由吴蓓编写，案例一、案例七由陈桂芳编写，案例二、案例九由刘莎编写，案例四由刘波编写，案例八由崔翠编写，孙继荣副教授对全书进行审定。

因编者水平有限，书中难免有错误和不当之处，欢迎广大读者朋友批评指正。

编者

2019 年 9 月

目 录

案例一 制作个人简历——Word 进阶操作 ……………………………… (1)

任务一 制作个人简历 ……………………………………………………… (1)

案例二 宣传单设计——Word 高级图文排版 ………………………… (13)

任务二 制作博览会参展产品宣传单 ……………………………………… (13)

案例三 制作企业常用文档——Word 公文书写操作 ………………… (34)

任务三 制作红头文件模板 ………………………………………………… (34)

任务四 利用邮件合并批量制作文档 ……………………………………… (45)

案例四 毕业论文格式排版——Word 提高操作 ……………………… (59)

任务五 毕业论文正文的设计 ……………………………………………… (59)

任务六 毕业论文的打印与装订 …………………………………………… (78)

案例五 制作公司常用表格——Excel 进阶 …………………………… (91)

任务七 制作员工入职登记表 ……………………………………………… (91)

任务八 制作月度考勤统计表 ……………………………………………… (98)

任务九 制作部门工作总结和计划表 ……………………………………… (103)

案例六　工资表管理——Excel 数据分析应用一 …………………… (108)

任务十　制作员工档案信息表 …………………… (108)
任务十一　制作员工工资信息表 …………………… (113)

案例七　产品销售业绩分析——Excel 数据分析应用二 …………… (122)

任务十二　制作各销售地销售业绩表 …………………… (122)
任务十三　制作年度业绩统计表 …………………… (130)

案例八　工作中常用的幻灯片——PPT 进阶操作 …………… (145)

任务十四　制作新品发布会 PPT …………………… (145)
任务十五　制作工作汇报 PPT …………………… (152)

案例九　网络办公——办公设备使用 …………………… (159)

任务十六　申请电子邮箱 …………………… (159)
任务十七　收发邮件 …………………… (163)
任务十八　设置打印机共享 …………………… (171)
任务十九　搜索引擎的使用 …………………… (181)
任务二十　百度网盘的使用 …………………… (184)

案例一　制作个人简历
——Word 进阶操作

任务一　制作个人简历

【情景导入】

毕业在即，校园招聘、网络招聘如火如荼地展开了。小 A 作为一名毕业生也将离开校园踏入职场，他该如何找到一份心仪的工作呢？根据学校的毕业生就业指导，结合师兄师姐的经验介绍，小 A 认真分析了招聘信息，根据自己的专业方向、实际能力以及就业愿景，确认了几家和自己目标相近的公司，开始有针对性地准备自己的个人简历。因为第一次参加招聘，小 A 没有撰写个人简历的经验，简历应该包含哪些内容，怎么制作呢？小 A 通过查阅资料、咨询老师，了解到求职简历可以通过表格的形式呈现，于是开始制作人生中的第一份个人简历，让我们跟着小 A 一起来完成吧。

1. 学习目标

- 掌握表格中行（列）的插入和删除。
- 掌握单元格的合并与拆分、表头设置。
- 掌握表格底纹和表格线的设置。

2. 预备知识

熟悉 Word 2013 工作界面。打开 Word 2013 工作界面的操作方法为：通过“开始”菜单，在菜单中选择“Microsoft Office”—“Word 2013”即可启动 Word 2013。我们可以看到，Word 2013 的工作界面如图 1-1 所示，主要由快速访问工具栏、标题栏、“帮助”按钮、“窗口控制”按钮、“文件”选项卡、功能选项卡、功能区、文本编辑区、状态栏、视图栏等部分组成，各自的作用如下。

①快速访问工具栏：默认情况下，快速访问工具栏中只显示“保存”按钮、“撤销”按钮、“恢复”按钮，单击其中某个按钮，可快速对文档进行相应的操作。

②标题栏：用来显示文档名和程序名，新建的文档默认名称为“文档 1”。

③“帮助”按钮：单击“帮助”按钮，可打开相应组件的帮助窗口。

④“窗口控制”按钮：通过窗口右上侧的“窗口控制”按钮可控制窗口大小和关

闭窗口。其中，单击“功能区显示选项”按钮，在弹出的下拉列表中可设置功能区的显示或隐藏。

⑤“文件”选项卡：对文档执行操作的命令集。单击“文件”选项卡，在弹出窗口的左侧是功能选项卡，右侧是预览窗格，无论是查看或编辑文档信息，还是进行文档打印，都能在同一界面中查看到最终效果。

⑥功能选项卡：Word 工作界面中显示了多个选项卡，每个选项卡包含了 Word 可执行的一组核心任务，并将其按不同功能分成若干个组，如“开始”选项卡中有“剪贴板”组、“字体”组、“段落”组、“样式”组等。

⑦功能区：功能选项卡与功能区是对应的关系，单击某个选项卡即可展开相应的功能区，在功能区中有许多自动适应窗口大小的工具栏，每个工具栏为用户提供了相应的组，每个组中包含了不同的命令、按钮或下拉列表框等。

⑧文本编辑区：用来输入和编辑文本的区域。

⑨状态栏：用来显示当前文档页数、总页数、字数、当前文档检错结果、语言状态等内容。

⑩视图栏：用来切换视图模式和设置当前页面的显示比例，方便用户查看文档内容。

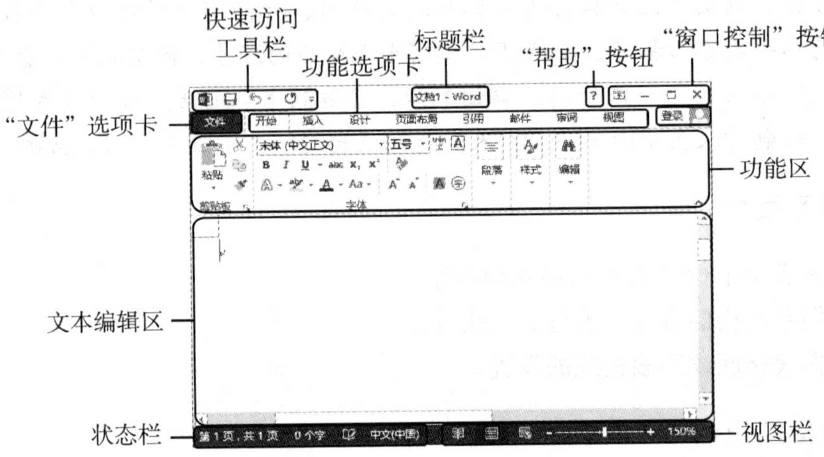

图 1-1　Word 2013 工作界面

3. 回到场景

小 A 通过了解制作个人简历的要求和查看相关实例，了解到公司的 HR 看一份求职人员的简历时一般首先关注的是他（她）的基本资料（姓名、年龄、联系方式等）、实习经历和主要业绩，其次关注的是他（她）所受教育及培训、主要技能、职业目标等。所以，小 A 决定先根据这些内容制作一份个人简历的表格，内容包括：个人信息（姓名、年龄、电话、邮箱、实习经验、现住城市），求职意向（从事职业、月薪），教育背景（学校名称、就读时间、所学专业），证书，实习经历，学校经历以及自我评价。简历样稿如图 1-2 所示。

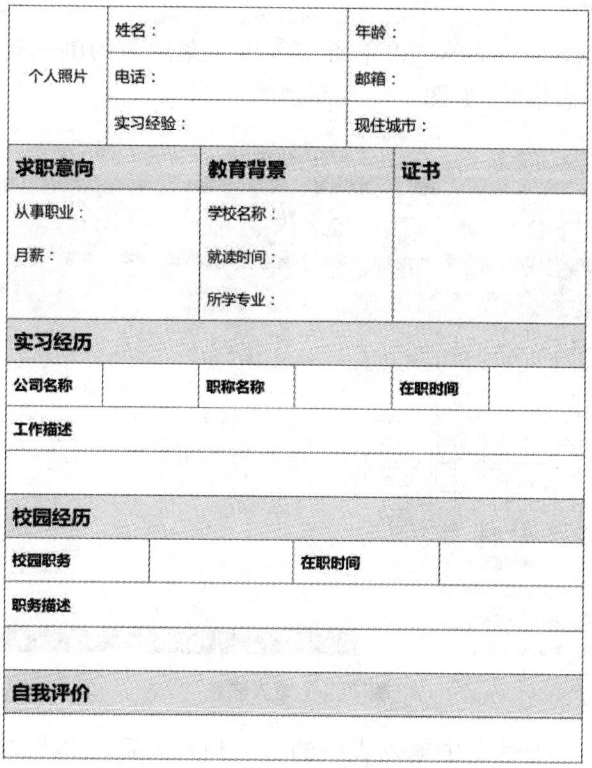
个人照片
姓名：
年龄：
电话：
邮箱：
实习经验：
现住城市：
求职意向
教育背景
证书
从事职业：
月薪：
学校名称：
就读时间：
所学专业：
实习经历
公司名称
职称名称
在职时间
工作描述
校园经历
校园职务
在职时间
职务描述
自我评价

图 1-2　简历样稿

制作简历的操作步骤如下：

步骤 1：新建空白文档。

启动 Microsoft Word 2013，新建一个空白文档。如图 1-3 所示。

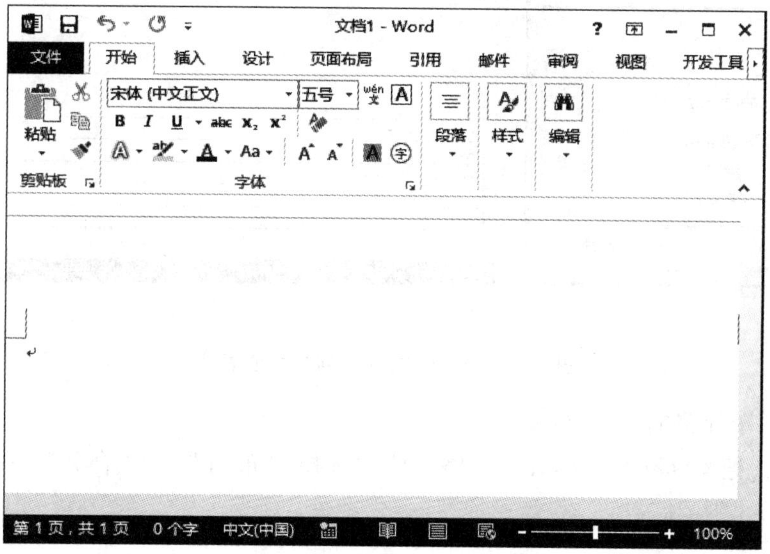

图 1-3　新建 Word 文档

步骤 2：插入表格。

第一步，单击“插入”菜单，再单击“表格”菜单下的倒三角符号，在弹出的下拉菜单内选择“插入表格”。如图 1-4 所示。

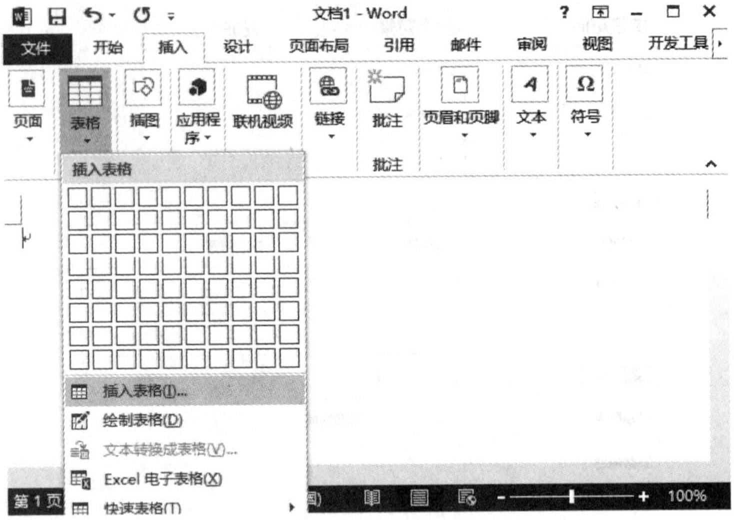

图 1-4　插入表格

第二步，在弹出的对话框中输入表格的行数和列数后，单击“确定”按钮生成表格，如图 1-5(a) 所示。生成表格效果图如图 1-5(b) 所示。

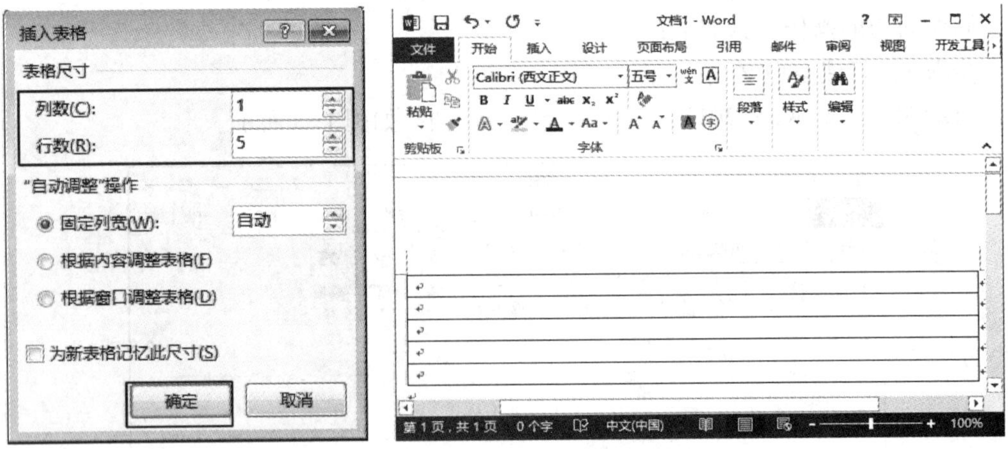

(a)　　　　　　　　　　　　(b)

图 1-5　设置表格的行列数生成表格

步骤 3：单元格的合并（拆分）。

第一步，把光标移至预拆分单元格，依次选择“布局”—“合并”—“拆分单元格”。如图 1-6 所示。

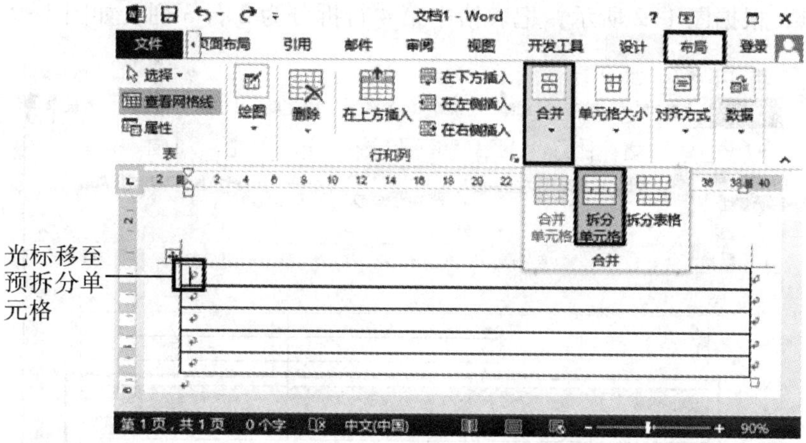

图 1-6　拆分单元格

第二步，在弹出的对话框中输入需要拆分出的行数和列数，单击“确定”按钮生成新的单元格，如图 1-7（a）所示。拆分单元格效果图如图 1-7（b）所示。

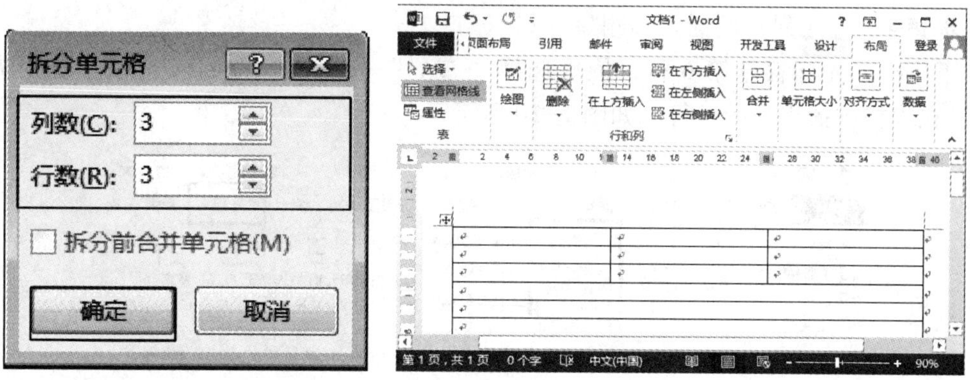

（a）　　　　（b）

图 1-7　设置拆分单元格的行列数生成新的表格

第三步，合并单元格。选中预合并单元格，依次选择“布局”—“合并”—“合并单元格”，如图 1-8（a）所示。合并单元格效果图如图 1-8（b）所示。

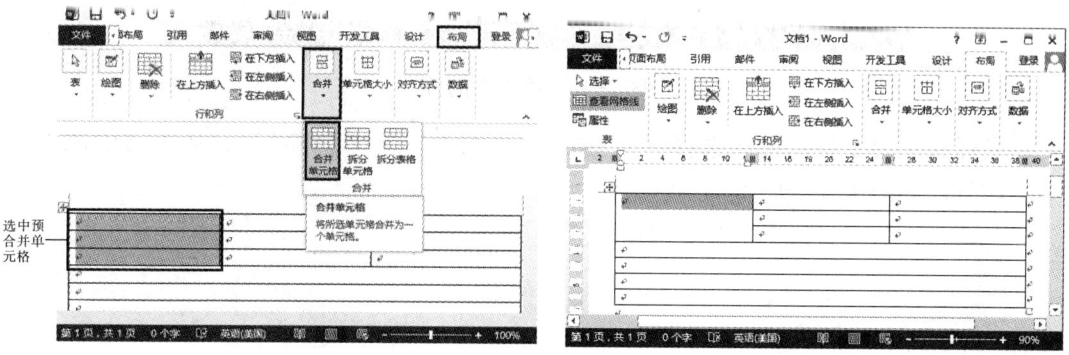

（a）　　　　（b）

图 1-8　合并单元格

第四步，根据图 1-2 所示，把表格中第 4 行拆分为 2 行 3 列，如图 1-9 所示。

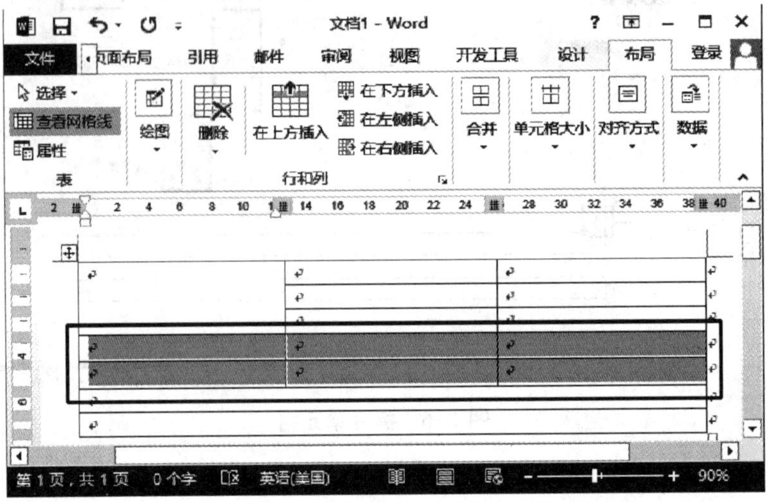

图 1-9　拆分单元格

步骤 4：行（列）的插入和删除。

第一步，光标移至第 6 行，依次选择“布局”—“在上方插入”或“在下方插入”，在表格中插入新的一行。如图 1-10 所示。

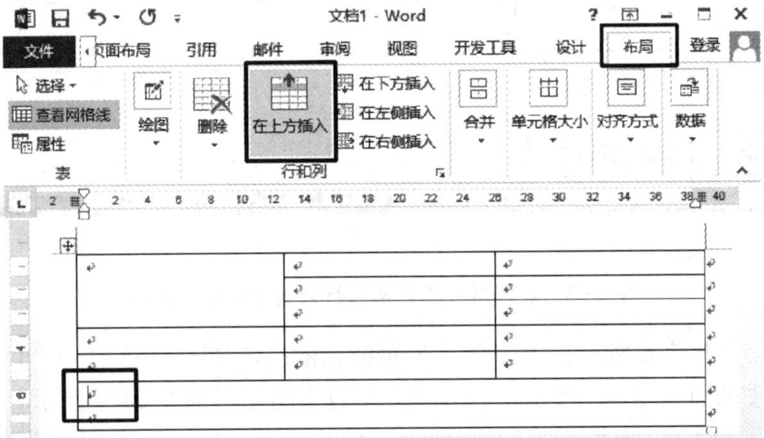

图 1-10　插入新的行

光标移至第 6 行，依次选择“布局”—“删除”—“删除行”，从表格中删除选中的该行。如图 1-11 所示。

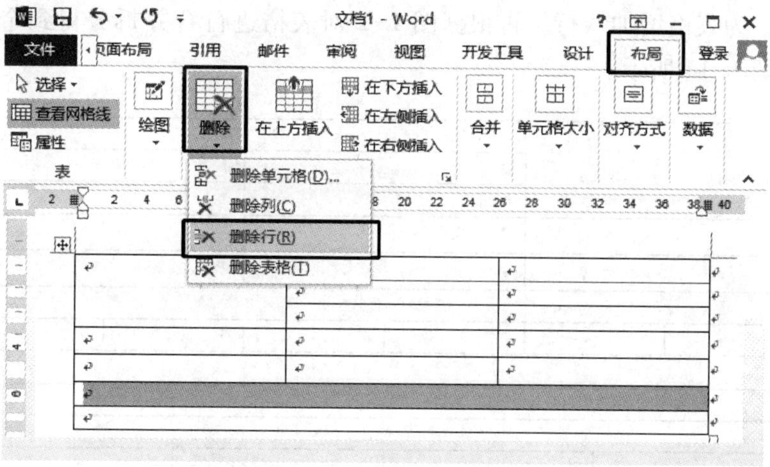

图 1-11　删除表格中的行

光标移至表格第一列顶部，单击选中第一列，依次选择“布局”—“在左侧插入”，则在表格左侧增加新的一列，如图 1-12（a）所示。插入新的列效果图如图 1-12（b）所示。

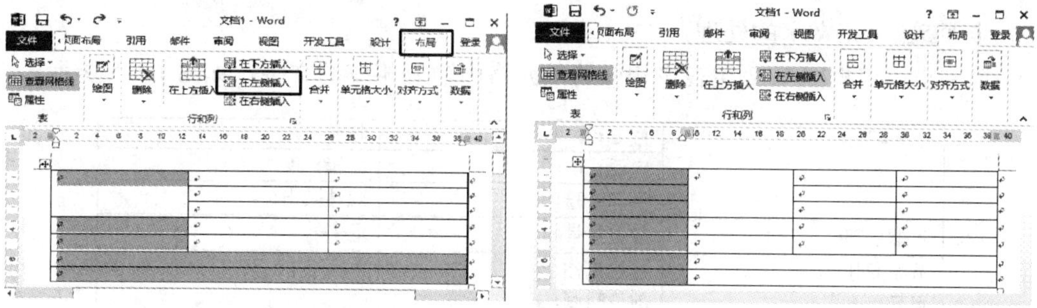

（a）　　　　（b）

图 1-12　插入新的列

光标移至表格第一列顶部，单击选中第一列，依次选择“布局”—“删除”—“删除列”，从表格中删除选中的该列，如图 1-13（a）所示。删除表格中列的效果图如图 1-13（b）所示。

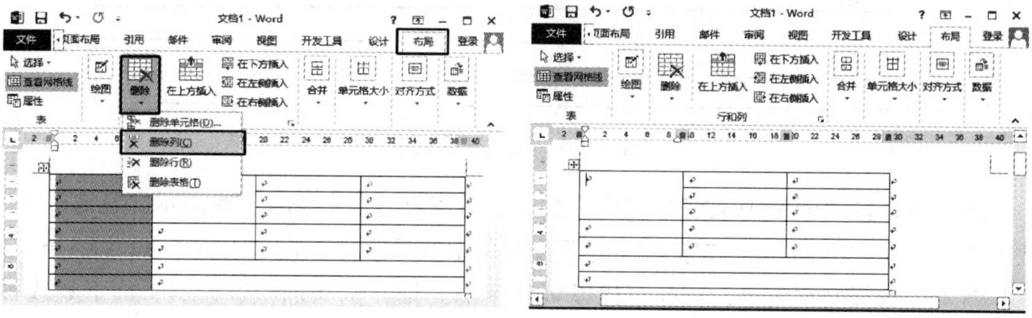

（a）　　　　（b）

图 1-13　删除表格中的列

第二步，为表格增加八行，再根据图 1-2 对表格进行合并拆分得到个人简历的表格结构，如图 1-14 所示。

图 1-14　个人简历表格结构

步骤 5：表格文字的处理。

第一步，根据图 1-2 在表格相应的单元格内输入相应的文字。如图 1-15 所示。

个人照片		姓名：		年龄：	
		电话：		邮箱：	
		实习经验：		现住城市：	
求职意向		教育背景		证书	
从事职业： 月薪：		学校名称： 就读时间： 所学专业：			
实习经历					
公司名称		职位名称		在职时间	
工作描述					
校园经历					
校园职务			在职时间		
职位描述					
自我评价					

图 1-15　输入表格文字

第二步，修改表格中文字的字体、大小、对齐方式。如图 1-16 所示。选中需要修改的文字，在“开始”—“字体”的下拉菜单中选择字体，在“开始”—“字号”的下拉菜单中选择文字大小，同时可以设置文字的修饰，例如加粗、倾斜、加下划线等。请根据图 1-2，把第 4、第 6、第 10、第 14 行的文字设置为“微软雅黑”“四号”字体、加粗，其余文字设置为“微软雅黑”“五号”字体、加粗。

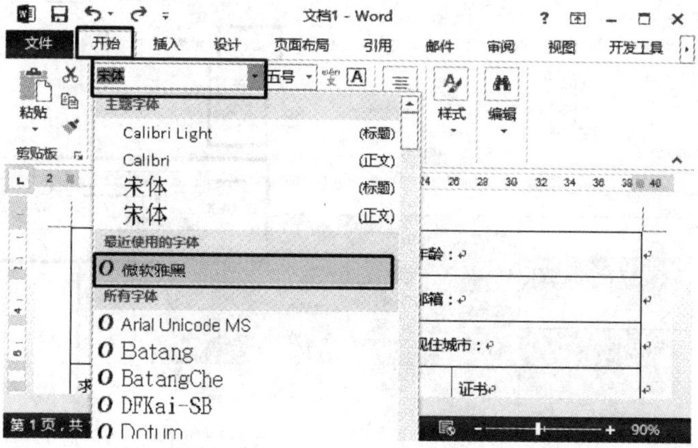

图 1-16　文字的处理

步骤 6：表格底纹和表格边框线的处理。

第一步，根据图 1-2 对表格中的第四行添加底纹。选中第四行，依次单击“设计”—“底纹”，在弹出的颜色选框中，选中合适的颜色作为该单元格的底纹，如图 1-17（a）所示。显示效果如图 1-17（b）所示。

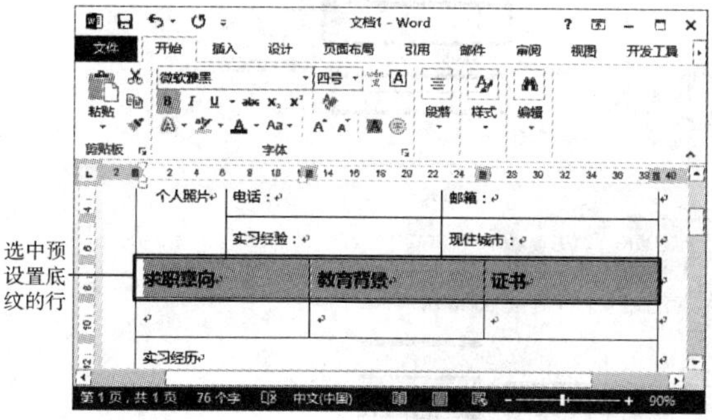

（a）

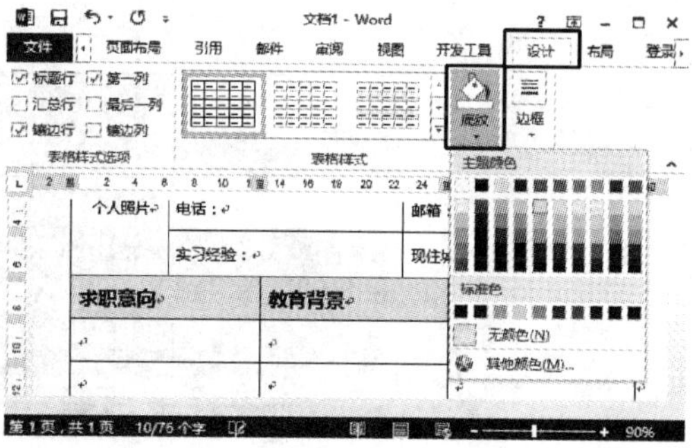

（b）

图 1-17　表格的底纹设置

第二步，根据图 1-2 分别给表格中的第 6、第 10、第 14 行添加相同颜色的底纹。

第三步，根据图 1-2 修改表格边框线。首先单击表格左上角的⊞图标，选中整个表格。依次单击“设计”—“边框”，在下拉菜单中，我们可以修改设置表格的边框样式，如图 1-18 所示。单击“边框线型”下拉菜单可设置边框线的线型，如图 1-19 所示。单击“边框线宽度”下拉菜单可设置边框线的粗细，如图 1-20 所示。单击“边框”下拉菜单可选择具体的边框线对象，如外侧框线、内部框线、左侧框线等，如图 1-21 所示。我们将外侧框线设置为“实线”“2. 25 磅”“黑色”，将内部框线设置为“实线”“0. 75 磅”“黑色”。

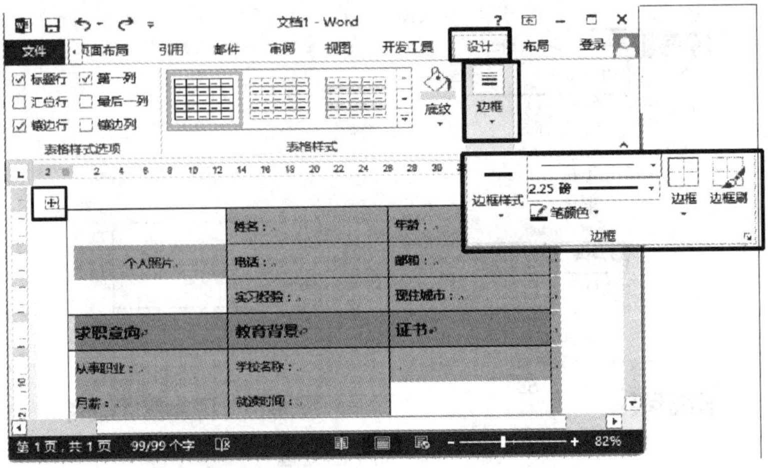

图 1-18　表格的边框设置

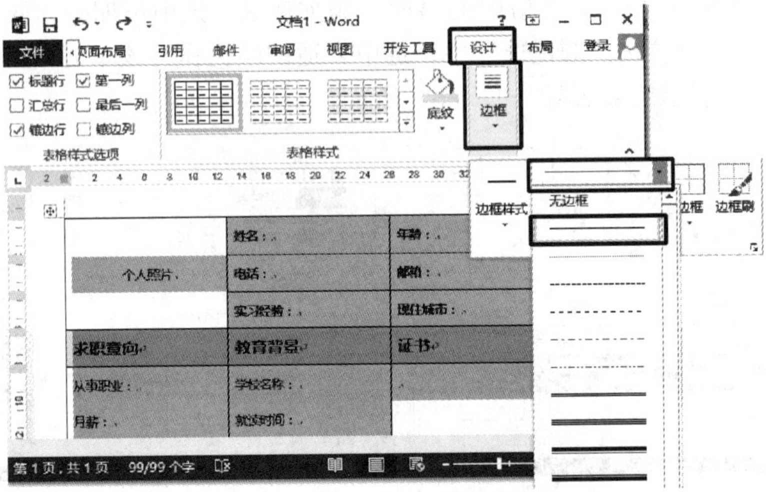

图 1-19　表格的边框线型设置

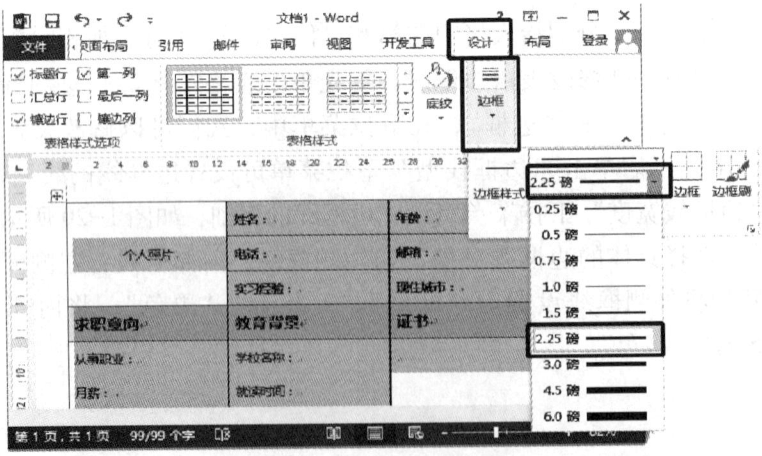

图 1-20　表格的边框线宽度设置

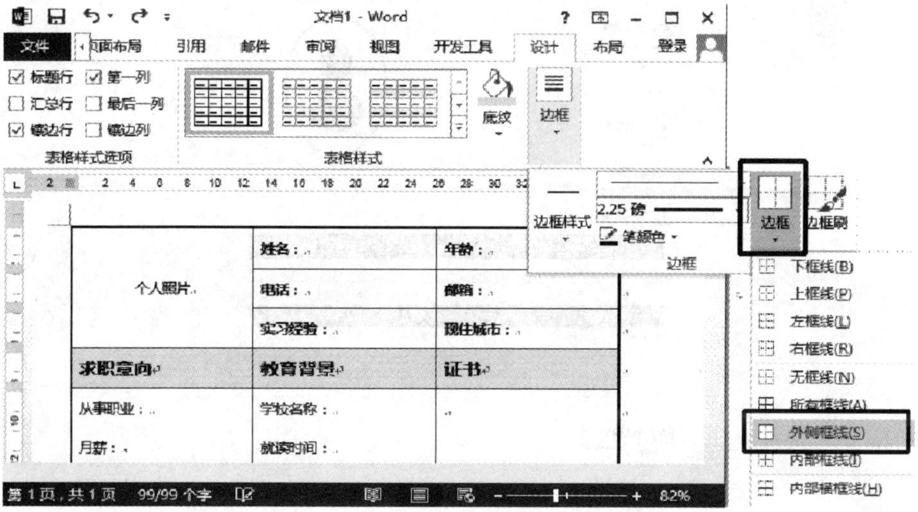

图 1-21　选择表格的边框线对象

第四步，加粗表格中各部分内容间的边框线加以区别。选中第四行，依次单击“设计”—“边框”—“1.5 磅”，然后再选择“边框刷”，此时鼠标指针变成 图标，在相应的单元格边框上单击，该段边框线即设置为指定的样式，如图 1-22 所示。

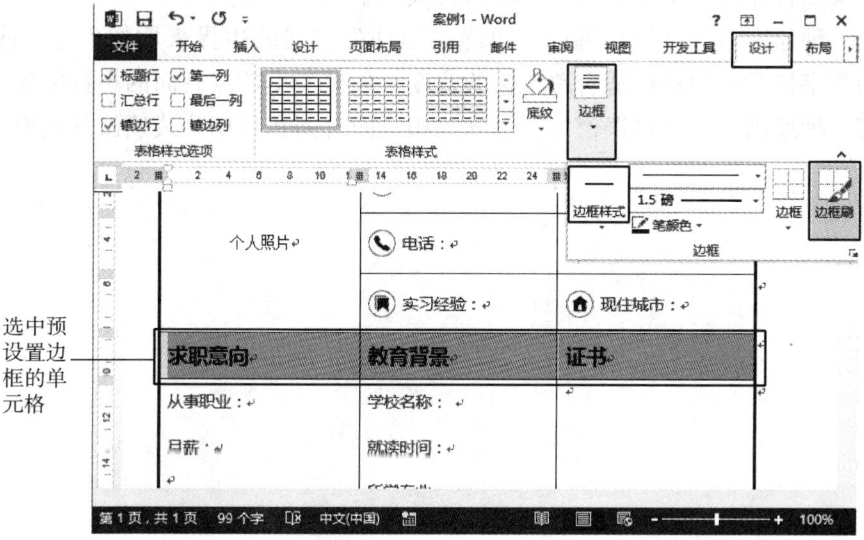

图 1-22　使用“边框刷”设置表格的边框线

4. 实训营

(1) 训练实例

通过学习，小 A 发现在 Word 2013 中可以利用系统提供的模板文档快速生成各种专业样式的文档。所以，他想利用系统提供的简历模板样式进行相应的修改来制作一份个人简历。最后的效果如图 1-23 所示。

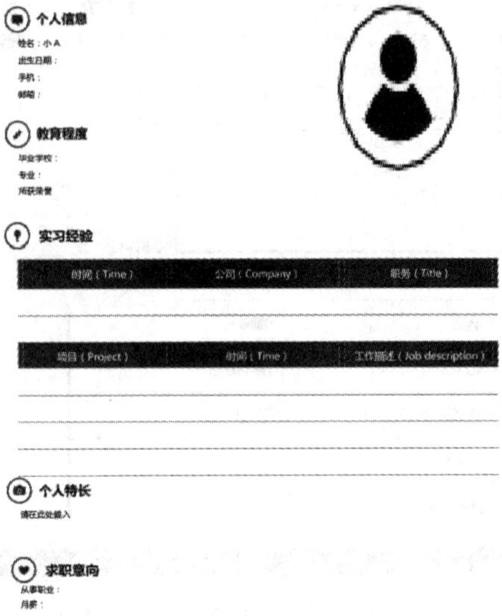

图 1-23　个人简历（简历模板）

（2）常见问题以及操作技巧

输入公式后，如果出现“######”错误时，用户需要对其进行处理。出现这个问题的原因有两种：第一种原因是单元格所含的数字、日期或时间比单元格能显示的字符数多；第二种原因是单元格的日期时间公式产生了一个负值。

因第一种原因出现该错误值时，可通过拖动列之间的边界来增加列宽，或者更改单元格的数字格式以使数据适合单元格的宽度，如减少小数点后面的小数位数。

因第二种原因出现该错误值时，可修改相应的时间和日期公式确保其正确。

案例二　宣传单设计
——Word 高级图文排版

任务二　制作博览会参展产品宣传单

【情景导入】

小 A 大学毕业后在一家制药厂做销售内勤工作，参加工作一年多以来，工作积极认真，受到了领导的一致好评。小 A 作为公司销售人员内外交流的桥梁和客户联系的纽带，起着举足轻重的作用。近日，公司决定在某大型会展中心举办的“第六届××国际健康和养老产业博览会”上将公司主推的两款膏药进行展示，于是销售经理给小 A 交办了一项工作：制作本次博览会膏药参展宣传单。

小 A 通过收集相关图文信息资料，并回忆了大学阶段在“办公自动化高级应用案例教程”课程中所学习的 Word 办公软件图文混排的知识点，规划了海报中所用到的技能点。掌握了预备知识，现在就差具体实践了，我们跟着小 A 一起来完成这项任务吧。

1. 学习目标

- 掌握海报刊头和标题的设计方法。
- 掌握 Word 2013 中页面属性的设置。
- 掌握 Word 2013 文本分栏排版的方法。
- 掌握 Word 2013 文本框的使用。
- 掌握 Word 2013 中插入和编辑图片、艺术字的方法。
- 掌握 Word 2013 中页面边框和水印的使用。

2. 预备知识

（1）Word 2013 中的页面设置操作

在 Word 2013 中，单击“页面布局”选项卡，其中“页面设置”分栏下面一共有 8 个功能按钮，如图 2-1 所示。

①文字方向：用于定义文档或所选文本框中文字的方向。

②页边距：设置整个文档或者当前所选部分文档的边距大小，可以选择几种系统预设定边距，也可以自定义需要的边距数值。

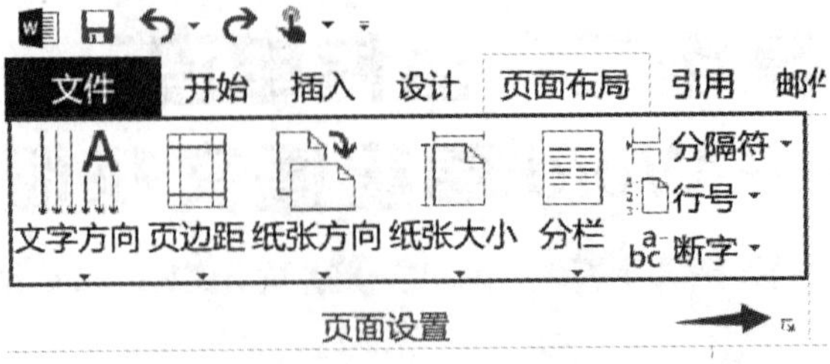

图 2-1　Word 2013 中“页面设置”分栏的功能按钮

③纸张方向：为页面提供纵向或横向的版式设置。

④纸张大小：为文档选择纸张大小。

⑤分栏：实现文档在一列与多列之间的转换。

⑥分隔符：分为分页符和分节符两种，用于标示文本的不同章节。

⑦行号：为文档标出行号，便于快速引用文档中特定行。

⑧断字：当启用了“断字”功能时，如果一个单词在同一行显示空间不足，文本会自动将其移到下一行。

单击图 2-1 右下角小箭头符号可以打开“页面设置”对话框，如图 2-2 所示。

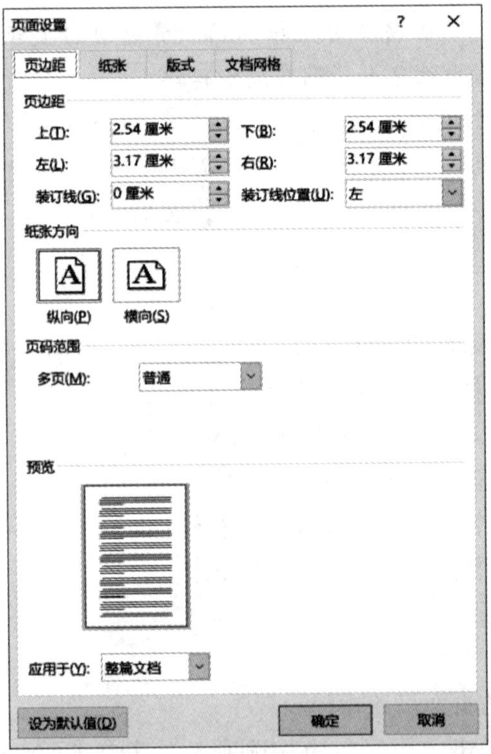

图 2-2　Word 2013 中“页面设置”分栏的功能按钮

（2）在 Word 2013 中应用文本框

文本框是 Word 中的一种特殊框，可以在其中输入文本，并将文本进行突出显示。当制作图文并排出版物时，可以使用文本框设置能够打印出效果的页面背景，在 Word 2013

中插入文本框的具体方法如下：

单击“插入”选项卡，找到“文本”分栏，如图 2-3 所示。再单击“文本框”按钮，在出现的下拉列表中选择一种合适的文本框（如图 2-4 所示），便可以在当前文档的光标所在位置插入所选样式的文本框。插入文本框之后便可以在文本框中输入并编辑文本，如图 2-5 所示。

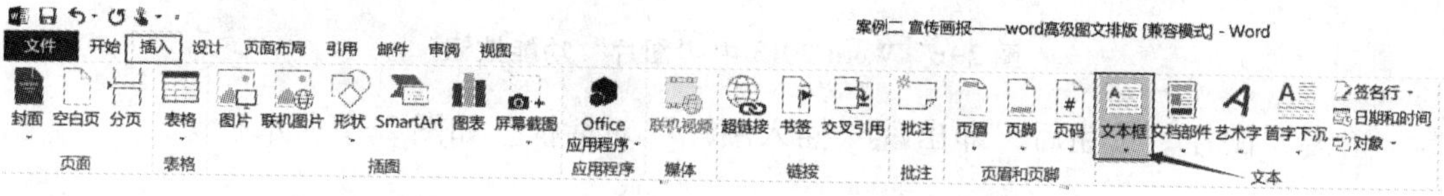

图 2-3　Word 2013 中“文本框”功能按钮

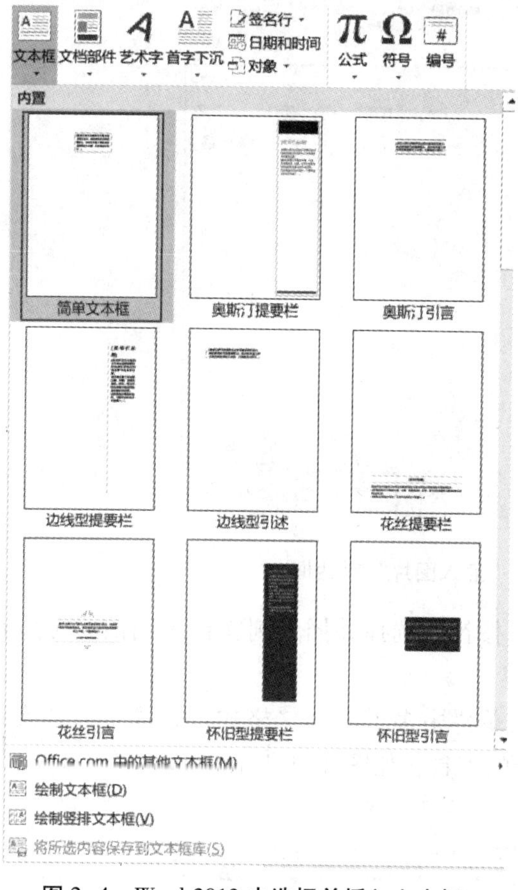

图 2-4　Word 2013 中选择并插入文本框

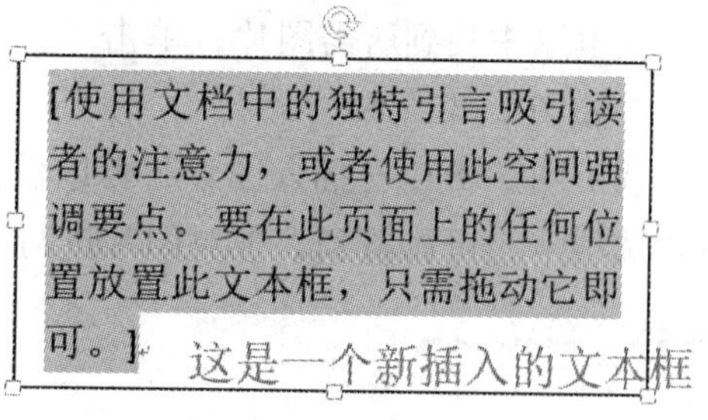

图 2-5　Word 2013 中新插入一个文本框

（3）在 Word 2013 中插入和编辑图片和艺术字

①插入和编辑图片。

图片是我们日常办公编写文档不可缺少的元素，为文档配上合适的插图不仅能够让文档显得更加美观，而且在很多情况下还能够增强文档的说服力。因此，学会在文档中进行图文混排非常重要。在 Word 2013 中插入和编辑图片的方法如下：

在“插入”选项卡下找到“插图”分栏，单击“图片”按钮，如图 2-6 所示。

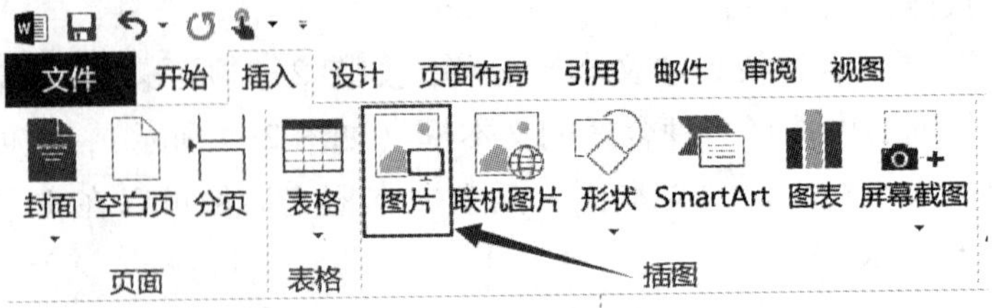

图 2-6　Word 2013 中“图片”功能按钮

单击“图片”按钮后，即出现“插入图片”对话框。如图 2-7 所示

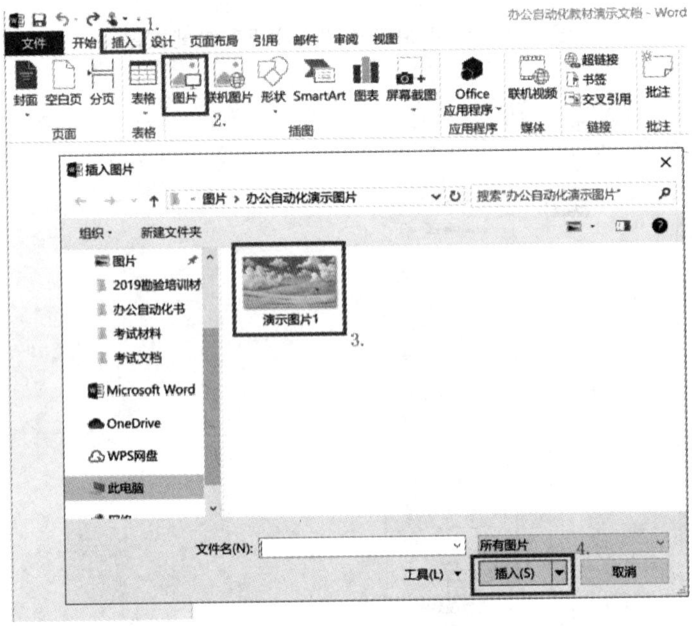

图 2-7　Word 2013 中“插入图片”对话框

在电脑中找到所需图片，单击“插入”按钮，选择并插入到文档中当前光标所在位置，如图 2-8 所示。

选中图 2-8 中已插入图片，可以看到菜单栏中多了一个“格式”选项卡，切换到格式选项卡，可以看到多种对图片进行编辑的工具，如图 2-9 所示。

图 2-8　Word 2013 中插入指定图片

图 2-9　格式选项卡的“图片工具”编辑图片

下面是几种常用的图片编辑工具。

“裁剪”按钮用于裁剪图片，可以删除图片中任何不需要的部分；也可以通过设定“裁剪”按钮右侧的数字值，来设定图片的精确高度和宽度，如图 2-10 所示。

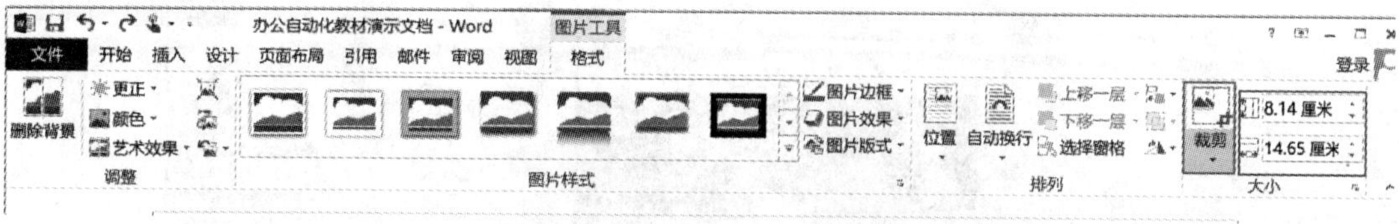

图 2-10　Word 2013 中“图片工具”的“裁剪”按钮

“图片边框”按钮用于设定图片的外部轮廓颜色、粗细和线型，如图 2-11 所示。

图 2-11　Word 2013 中“图片工具”的“图片边框”按钮

“图片效果”按钮用于对图片应用某种特殊的视觉效果，例如阴影、发光、映像或三维旋转，如图 2-12 所示。

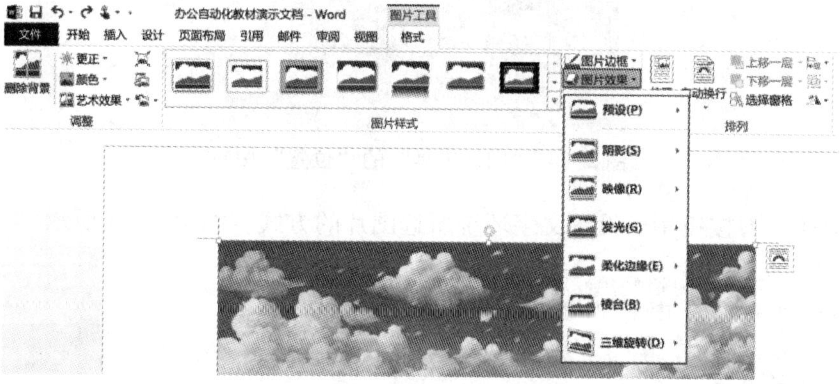

图 2-12　“图片工具”的“图片效果”按钮

“图片版式”按钮用于将所选图片转换为 SmartArt 图形，可以轻松地排列添加标题并调整图片的大小，如图 2-13 所示。

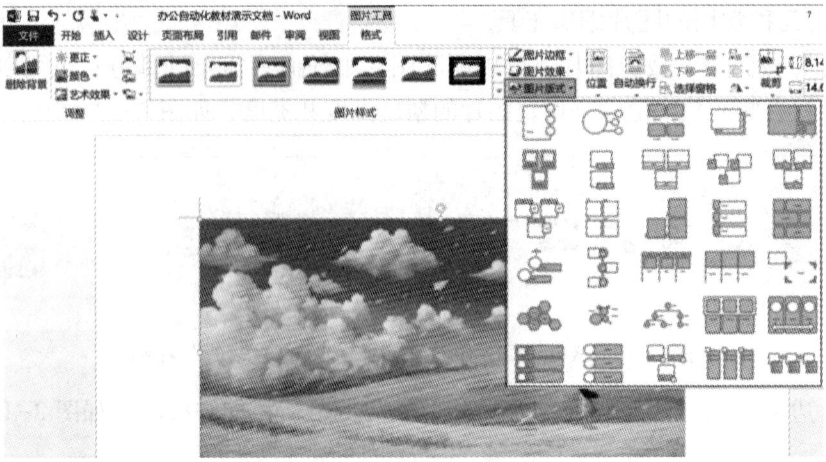

图 2-13 “图片工具”的“图片版式”按钮

“位置”按钮用于设置图片在页面上的显示位置，文字将自动环绕对象，使其便于阅读，如图 2-14 所示。

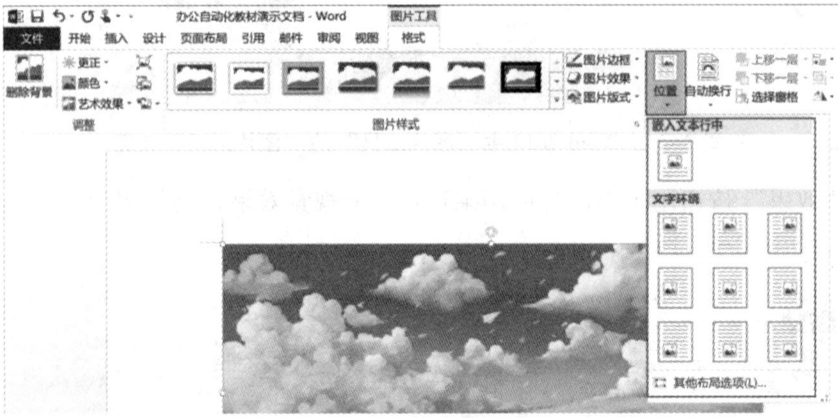

图 2-14 “图片工具”的“位置”按钮

“自动换行”按钮用于设置文字环绕所选图片的方式，如图 2-15 所示。

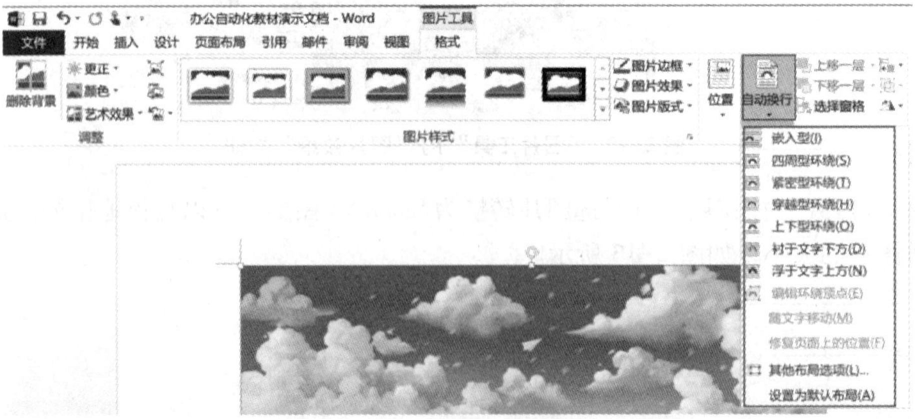

图 2-15 “图片工具”的“自动换行”按钮

此外，还有“图片样式”“旋转”“对齐”“更正”“删除背景”“颜色”等按钮也可以对图片进行编辑。

②插入和编辑艺术字。

艺术字是 Word 中一种设置了特殊艺术效果的字体样式，通过设置，可以为字体添加“轮廓”“阴影”“映像”“发光”等艺术效果，或者将多种艺术效果进行组合使用，让文字看上去更加美观。

依次单击“插入”—“艺术字”，选择下拉列表框中的一种字体（如图 2-16 所示），即可打开如图 2-17 所示艺术字体输入框。

图 2-16　Word 2013 中插入“艺术字”

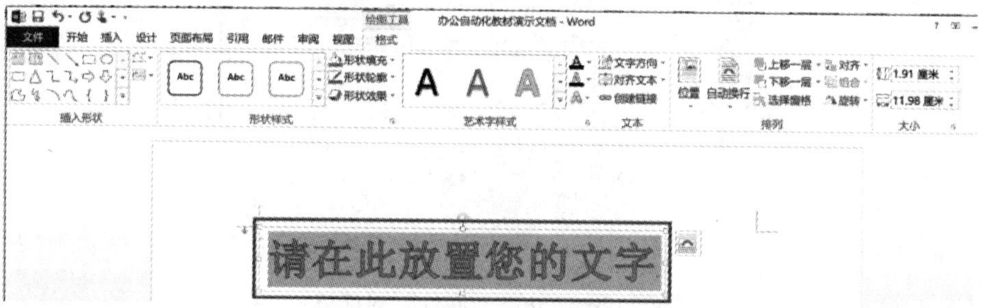

图 2-17　Word 2013 中“艺术字”输入框

在图 2-17 中可以看到，格式选项卡下面的所有工具按钮已经自动转换到可以编辑“艺术字”的“绘图工具”。此时，我们可以在工具箱中选择各种所需要的工具按钮来编辑和美化艺术字。例如，我们可以通过图 2-18 所示方法，选择“文本轮廓”按钮来改变艺术字的字体轮廓颜色。

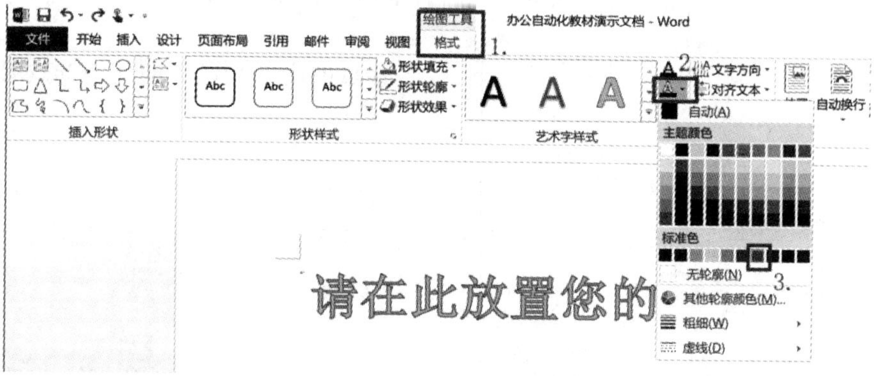

图 2-18　Word 2013 中改变“艺术字”的轮廓颜色

（4）在 Word 2013 中对页面添加边框和水印

边框是 Word 图文排版中经常用到的一种特殊样式。通过设置页面边框，可以吸引读者注意力并且增加文档时尚感。我们可以使用各种线条的颜色、粗细和样式创建边框，或者直接使用带有有趣主题的艺术边框。

设置页面边框的具体方法如下：在 Word 2013 中找到“设计”选项卡，单击最右侧“边框按钮”（如图 2-19 所示），打开“边框和底纹”对话框（如图 2-20 所示）。

图 2-19　Word 2013 中“页面边框”按钮

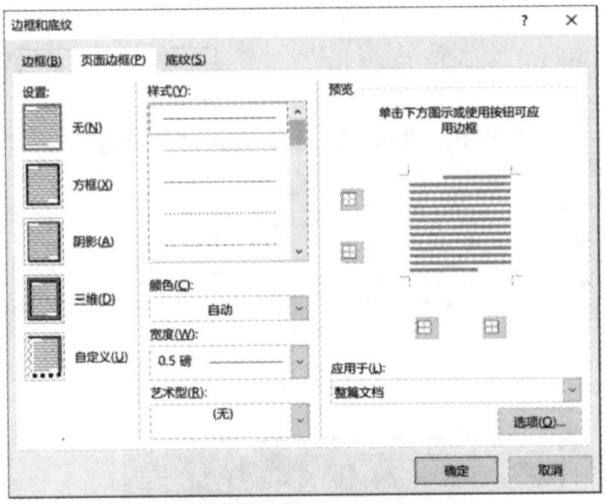

图 2-20　“边框和底纹”对话框

如图 2-21 中所示，在“页面边框”选项卡中选择“方框”，设置样式为“双波浪线”，颜色为“蓝色”，宽度为“0.75 磅”。图 2-22 为页面添加边框后的效果图（注意：该图中页面设置了页面“纸张大小”为“32 开”，“纸张方向”为“横向”；由于本教材采用黑白色印刷，恕不能显示真实色彩）。

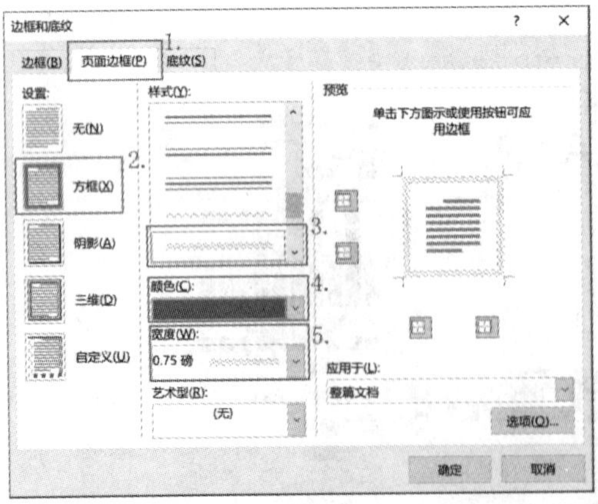

图 2-21　页面添加蓝色双波浪边框

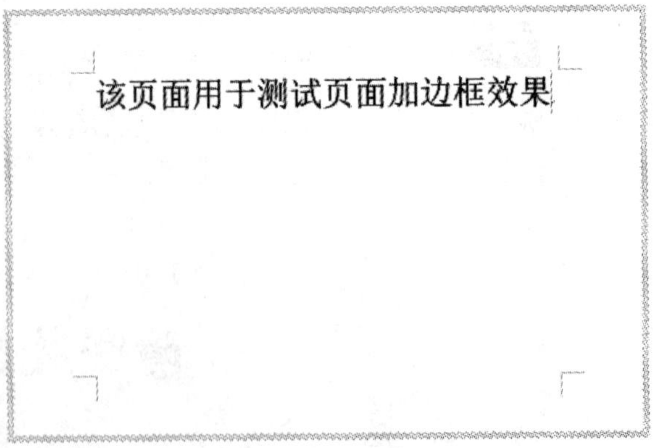

图 2-22　添加蓝色双波浪边框后的页面效果

水印是一种用来表明所编辑文档需要特殊对待，或者对文档页面设置特殊标识的方法。设置模糊的水印标识（通常是在页面文字内容背景中添加虚影文字），例如“机密”“公司标志”等，既不会分散读者对页面内容的注意力，又能够让文档显得不枯燥。

设置页面水印的具体方法如下：在 Word 2013 中找到“设计”选项卡，单击最右侧“水印”（如图 2-23 所示），即可打开如图 2-24 所示“水印”设置下拉菜单。

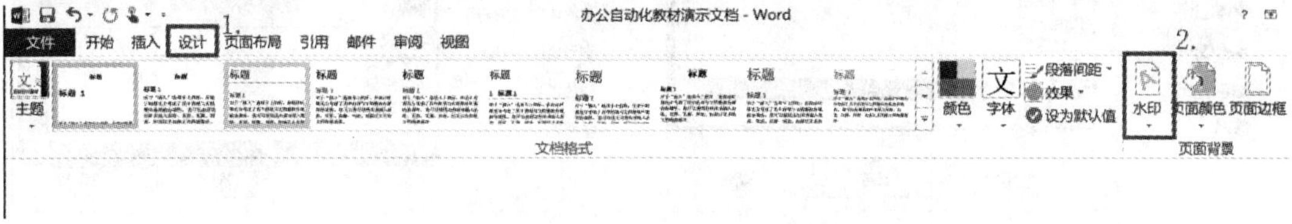

图 2-23　Word 2013 中的“水印”按钮

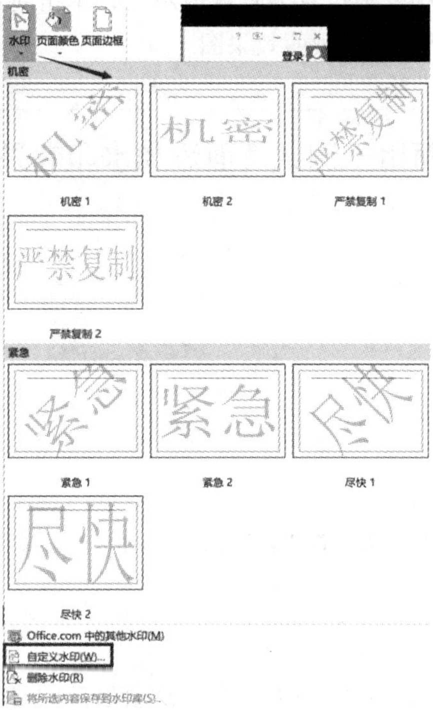

图 2-24　Word 2013 中的“水印”下拉菜单

在图 2-24 中单击“自定义水印”选项，并作以下设置：选择“文字水印”，将文字设置为“禁止复制”（如图 2-25 所示），将字体设置为“楷体”（如图 2-26 所示），将字号设置为“自动”。

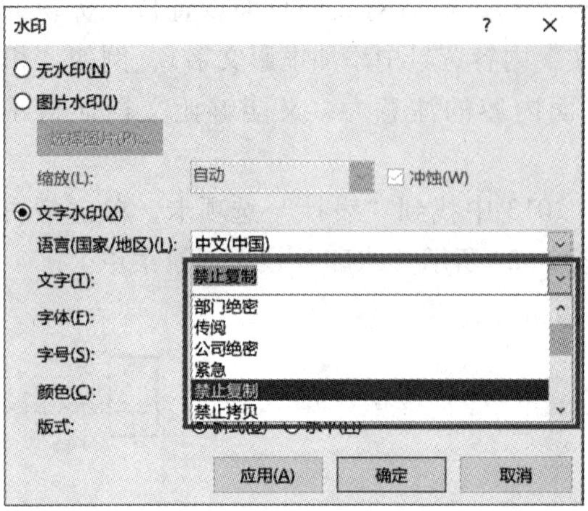

图 2-25 Word 2013 中的设置水印文字为“禁止复制”

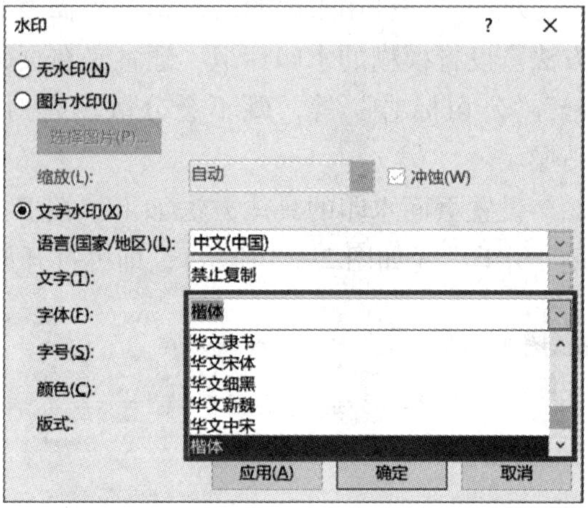

图 2-26 设置水印文字的字体为“楷体”

保持“水印”对话框中其他设置为默认值不变，单击对话框中“确定”按钮，得到如图 2-27 所示的添加了水印的页面效果图。

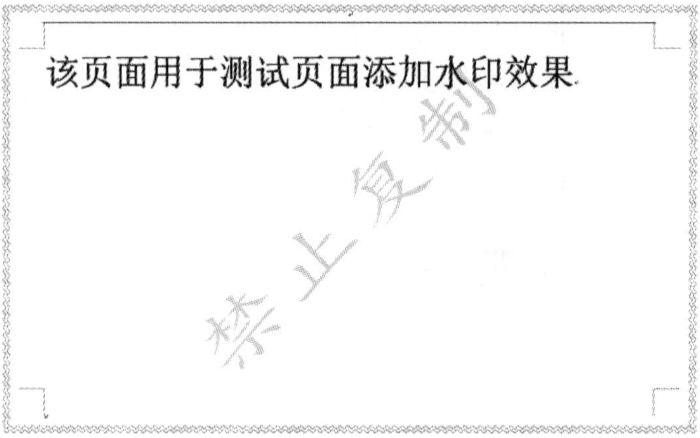

图 2-27 添加了“禁止复制”水印后的页面效果图

3. 回到场景

小 A 接到任务后，首先规划了一下本次参加会展的两种膏药的宣传单，具体版式如图 2-28、图 2-29 所示。随后，小 A 上网查询相关资料，了解到制作宣传单一般都用图形图像处理软件 Photoshop，但是小 A 对 Photoshop 软件了解很少，完全不会用。同时，小 A 了解到 Word 也可以制作宣传单，于是决定使用 Word 中的图文混排来完成膏药宣传单的制作。最后，小 A 收集完两种膏药的资料，采用 Word 图文混排方式，制作出了让经理满意的宣传单。

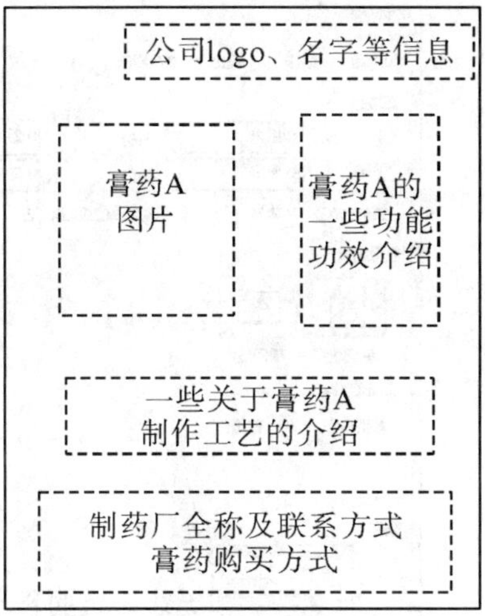

图 2-28　膏药宣传单 A 版式

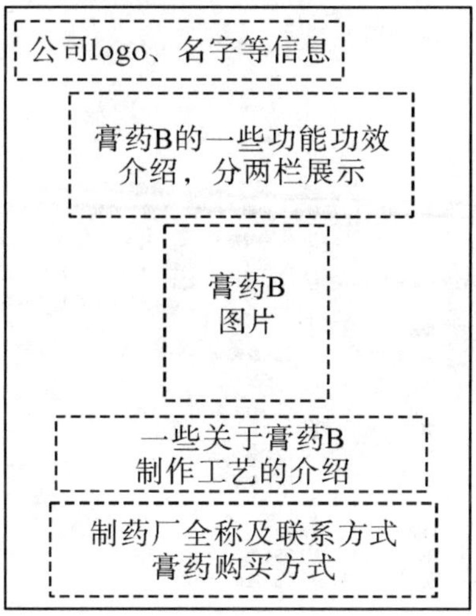

图 2-29　膏药宣传单 B 版式

宣传单制作的操作步骤如下：

步骤 1：插入文本框，设置页面无边距属性，并填充页面背景。

单击“插入”选项卡，在“文本”分栏中单击“文本框”按钮，选择下拉列表中“简单文本框”，插入一个简单文本框，如图 2-30 所示。

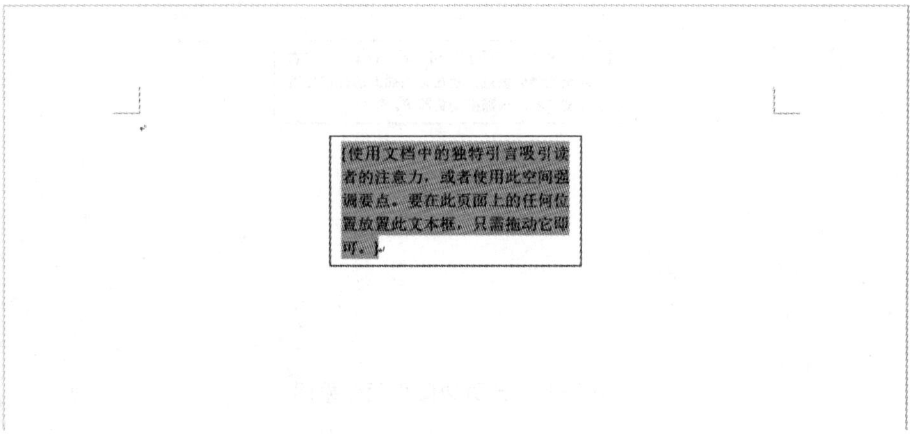

图 2-30　为设置背景插入文本框

依次单击“页面布局”—“页边距”—“自定义边距”（如图 2-31 所示），打开“页面设置”对话框，并将“上”“下”“左”“右”页边距全部设置为 0（如图 2-32 所示），单击“确定”按钮，得到如图 2-33 所示的无页边距页面效果图。

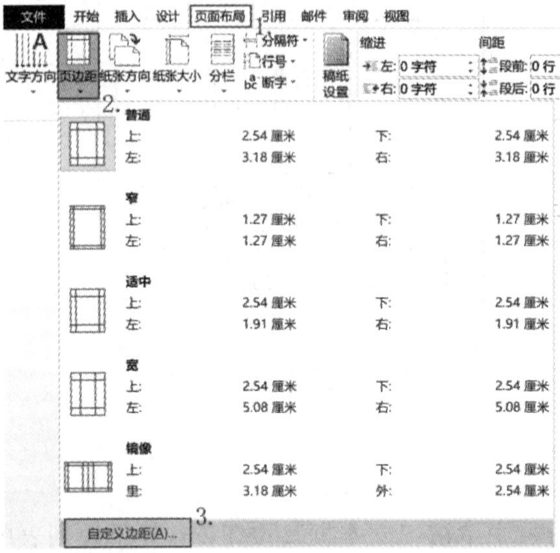

图 2-31　打开“页面设置”对话框

图 2-32　设置页面无页边距

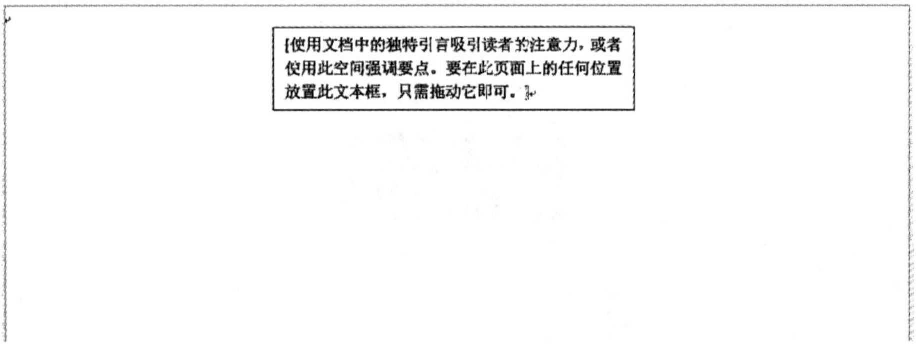

图 2-33　无页边距页面效果图

在页面中选中所插入文本框，分别移动鼠标指针到文本框左上角和右下角，待鼠标指针变成一个白色空心小箭头，将文本框边框拖拽到铺满整个页面，达到如图 2-34 所示文本框铺满页面的效果。

选中文本框，依次单击“格式”—“形状填充”—“变体（中心辐射）”，完成文本框的中心辐射填充效果，如图 2-35 所示。

当“中心辐射填充”设置完成，工作区右边出现图 2-36 所示“设置形状格式”窗口，在窗口中按照图 2-36（a）、图 2-36（b）所示设置“渐变光圈（停止点 1）”“颜色（金色，着色 4）”，再修改亮度为 25%。

图 2-34　文本框铺满页面效果图

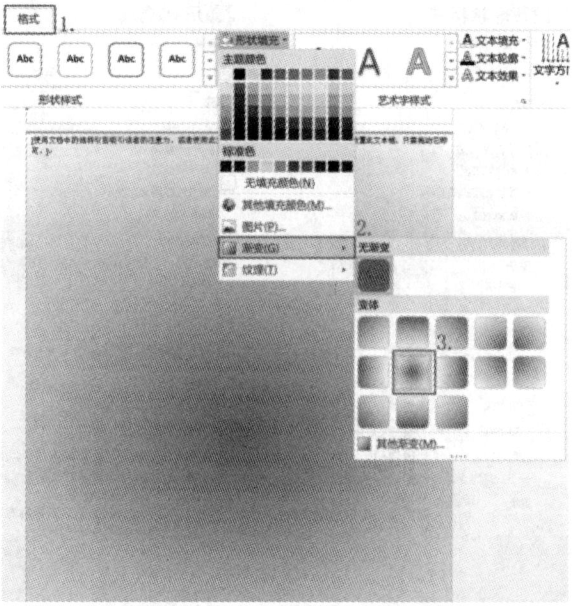

图 2-35　完成文本框的中心辐射填充

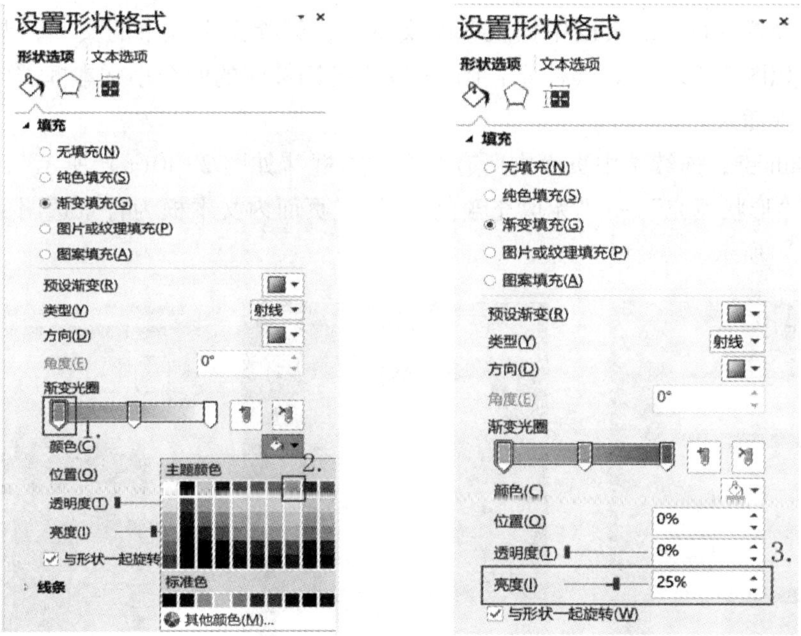

（a）　　　　　　　　　　（b）

图 2-36　设置渐变光圈（停止点 1）的颜色效果

单击选中“渐变光圈（停止点 2）”“渐变光圈（停止点 3）”，按照同样的方法，依次设置各自颜色效果为“颜色（金色，着色 4）”，如图 2-37（a）所示；“颜色（金色，着色 4，深色 25%）”，如图 2-37（b）所示。至此，便可得到从中心向周围由浅色变深色的径向填充效果（如图 2-38 所示）。

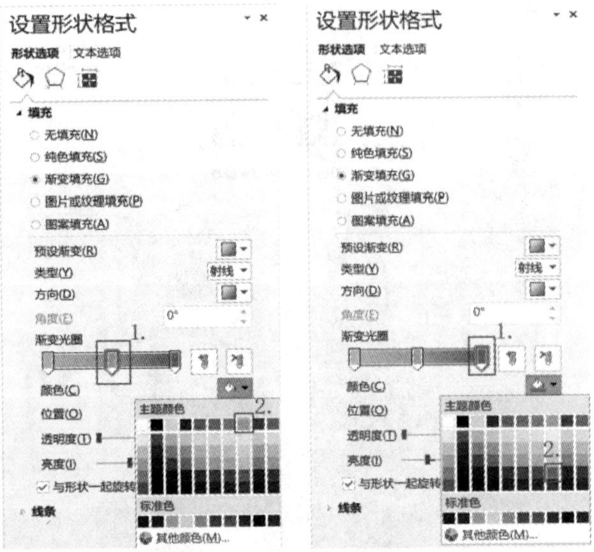

（a）　　　　　　　　（b）

图 2-37　设置渐变光圈的颜色效果

图 2-38　宣传单背景填充效果示意

步骤 2：按照预先规划的版式向页面中添加相关图片元素。

依次往设置好背景的页面中插入 8 个文本框，删除文本框中的文字，调整位置并拖拽排版，如图 2-39 所示。（注意：图 2-39 中打圈标注的两个小文本框需要在两者底部的文本框内插入）

按住 Shift 键，连续选中页面内所有 8 个文本框［如图 2-40（a）所示］，依次单击“格式”—“形状填充”—“无填充颜色”，设置页面内文本框为背景透明文本框，如图 2-40（b）所示。

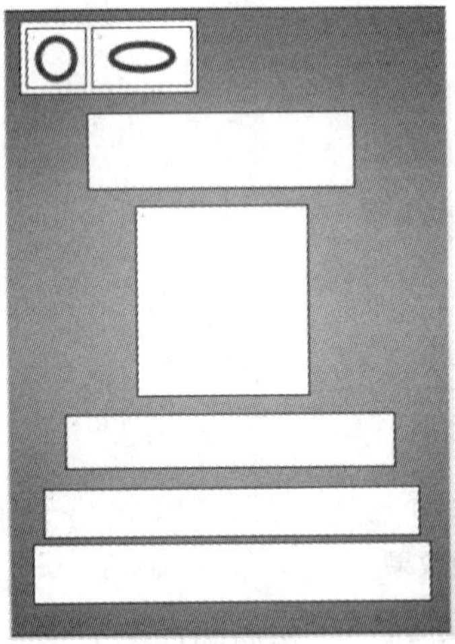

图 2-39　宣传单背景填充效果示意

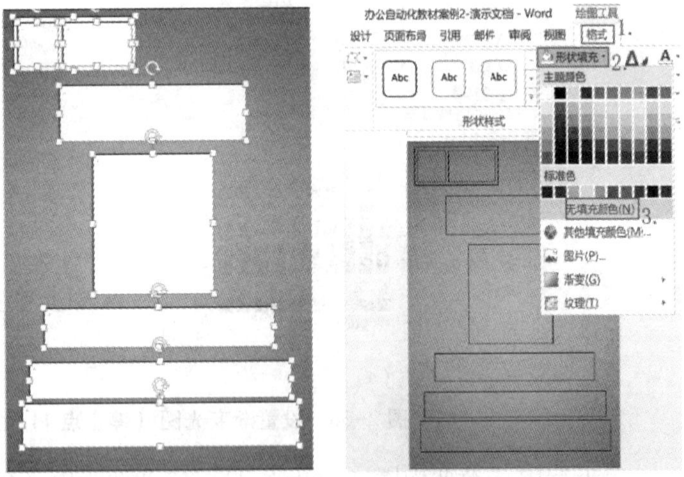

（a）　　　　　　　　（b）

图 2-40　设置页面内部文本框为背景透明

按住 Shift 键，连续选中页面内所有 8 个文本框，如图 2-41(a)所示，再依次单击“格式”—“形状轮廓”—“无轮廓”，此时便可得到如图 2-41（b）所示页面效果。我们可以在其中添加预先规划好的图片素材。

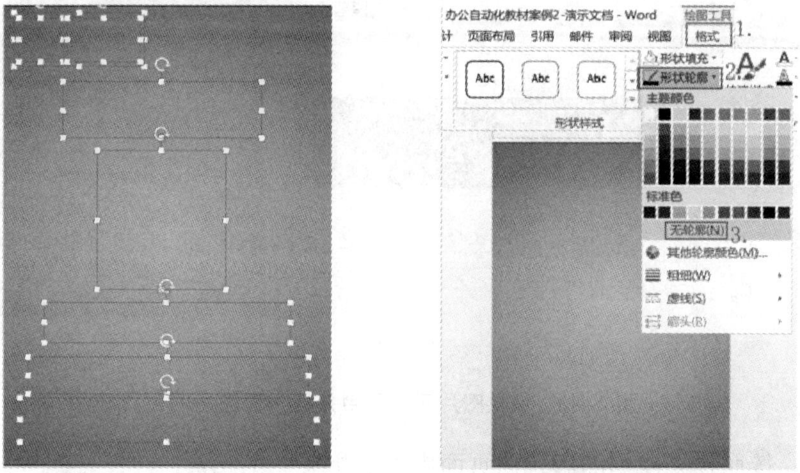

（a）　　　　　　（b）

图 2-41　设置页面内部文本框无边框

如图 2-42（a）所示，依次单击“插入”—“图片”—“选中‘logo’”—“插入”，将公司 logo 图片插入页面中。插入公司 logo 图片效果图如图 2-42（b）所示。

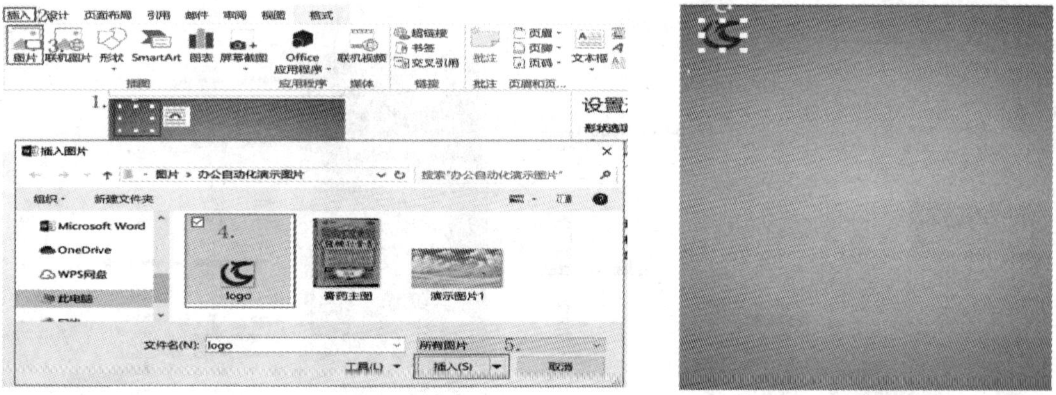

（a）　　　　　　（b）

图 2-42　插入公司 logo 图片

如图 2-43（a）所示，设置图片在所插入文本框中“居中”，再以同样的方法插入膏药主图，得到如图 2-43（b）所示页面效果。

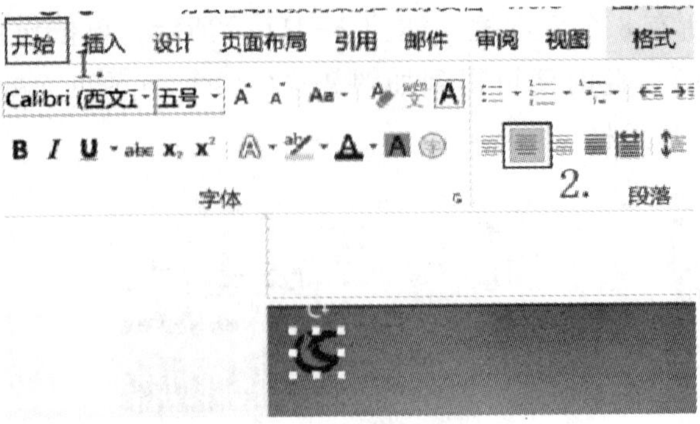

(a)

(b)

图 2-43　设置图片元素居中并插入膏药主图

步骤 3：按照预先规划的版式向页面中添加相关文字元素。

如图 2-44 所示，在文本框中输入 logo 文字“厚生天佐 贴润万家”，并打开“字体对话框”，设置 logo 文字的字体样式为“黑体”“加粗”“二号”，字体颜色为“橙色，着色 2，深色 50%”。如图 2-45 所示，在“段落”对话框设置“行距”为“固定值（25 磅）”。

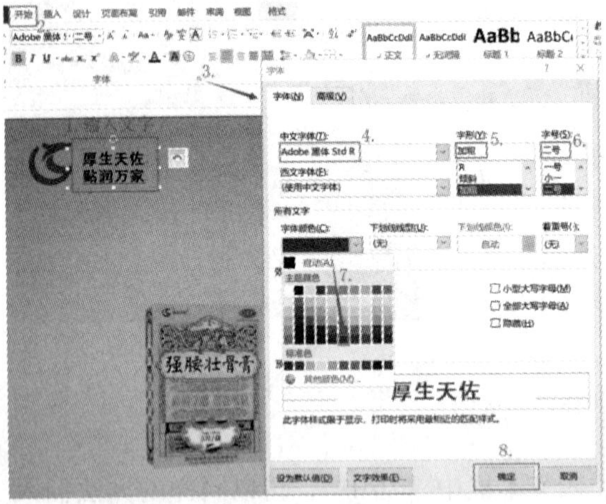

图 2-44　设置 logo 文字并调整字体样式

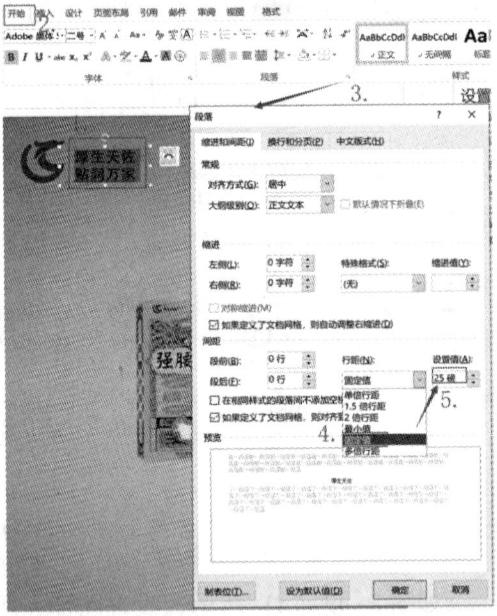

图 2-45　设置 logo 文字的段落行距

如图 2-46 所示，以同样的方法在文本框中间输入膏药功效宣传文字，“肾虚腰痛 补肾通络”“关节疼痛 轻松治痛”，并设置其字体（“华文隶书”）、字形（“加粗”）、字号（“38”）、字体颜色（“橙色，着色 2，深色 50%”）、段落行间距（“固定值‘45 磅’”）。

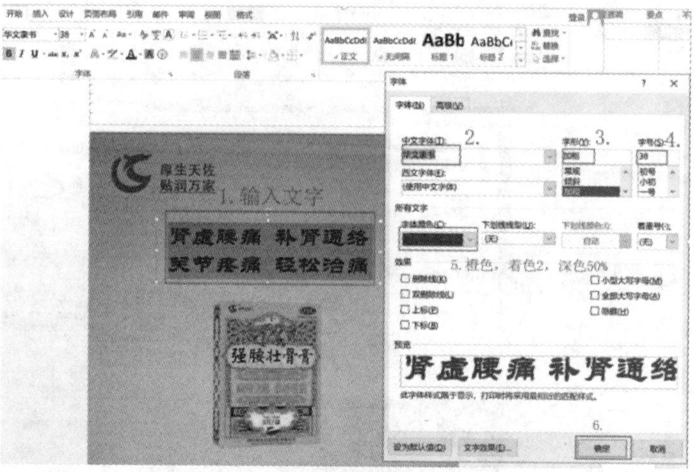

图 2-46　添加膏药功效宣传文字

依次单击选择“插入”—“艺术字”，得到如图 2-47（a）所示艺术字输入框，输入“四百年蒙古秘方”，并调整到适宜大小，并且为文字添加下划线，如图 2-47（b）所示。

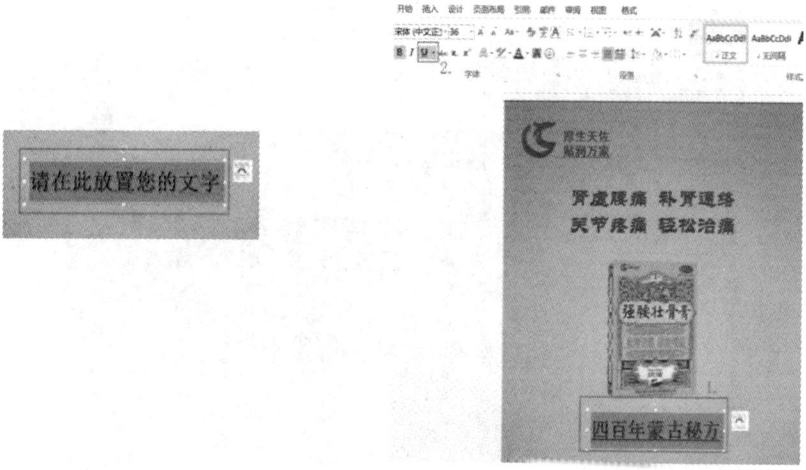

（a）　　　　（b）

图 2-47　添加膏药药方宣传文字

依次单击“插入”—“SmartArt”，选择“堆叠列表”。如图 2-48 所示。

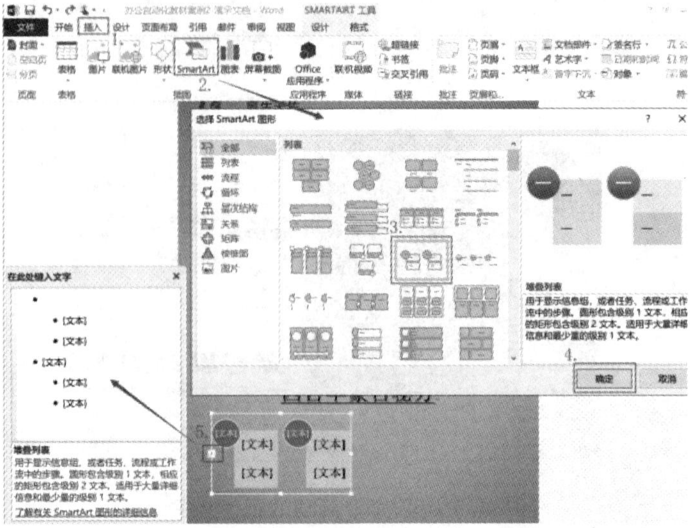

图 2-48　插入堆叠列表 SmartArt 图形

如图 2-49 所示，输入膏药“配方”“辅料”“工艺”等宣传信息，编辑各项目标题优先级，并调整大小位置至适宜状态。

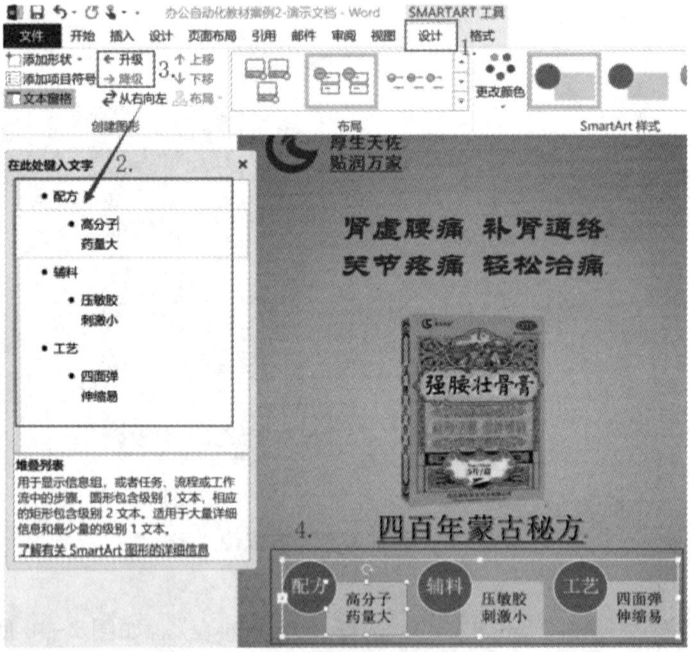

图 2-49　添加膏药“配方”“辅料”“工艺”等宣传信息

在页面最下方两个文本框中输入图 2-50 所示的文字及符号，并设置“字体（宋体）”“字形（加粗）”“字号（20）”“对齐方式（分散对齐）”，并且调整文本框到页面居中位置。

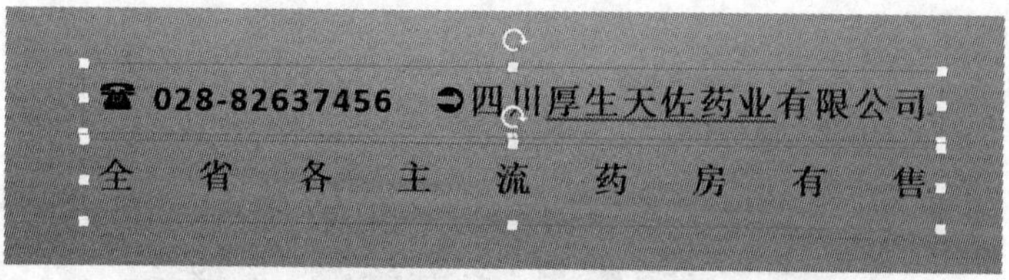

图 2-50 页面下方添加联系方式及购买渠道

选中联系电话文本框中的文字，并依次单击“开始”—“段落”—“边框和底纹”，打开如图 2-51 所示“边框和底纹”对话框，并且选择“设置（自定义）”—“预览（选中上、下两条边框线）”—“颜色（黑色）”—“宽度（1.0 磅）”。单击“确定”按钮，得到如图 2-52 所示效果图。

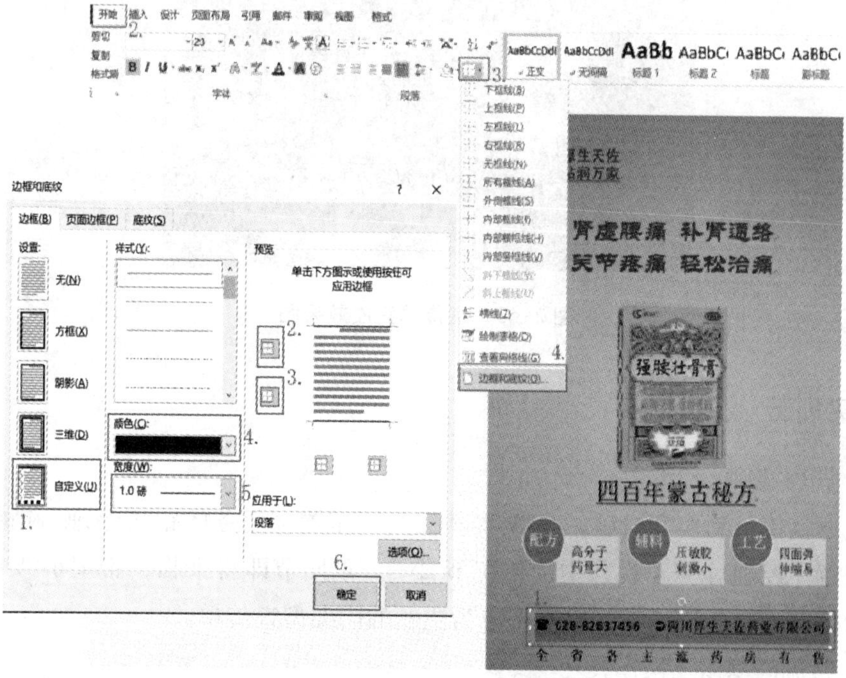

图 2-51 联系方式文字设置边框线

图 2-52 联系方式文字添加边框线效果图

至此，得到宣传单最终成品，如图 2-53 所示。

图 2-53　宣传单完成效果图

4. 实训营

（1）训练实例

在上述宣传单制作完成后，小 A 将其提交给布置该任务的销售经理，销售经理看后非常满意。经理对小 A 说，中国传统节日——重阳节即将来临，希望小 A 能够有针对性地为公司的膏药设计一份以重阳节为主题的同类型宣传单。

（2）常见问题以及操作技巧

问题 1：消除 Word 文本文字下方的波浪线。

Word 自带的拼写检查功能会在系统认为有拼写错误的文字、词组下面画上波浪线，将光标插入到画波浪线文字或词组中某一位置，单击鼠标右键，选择“忽略一次”即可消除下方波浪线。

问题 2：插入电话符号。

单击“插入”选项卡，在“符号”分栏中依次单击“符号”—“其他符号”，在“字符”对话框中“字体”选择“Wingdings”，第一行便有所需要的电话符号。

问题 3：编辑 SmartArt 文字同级别内增加换行。

选中某一级别 SmartArt 文字，插入鼠标光标至文字末尾，按 Shift+Enter 组合键可以实现同级别内换行。

问题 4：设置段落“边框和底纹”。

应该和设置“页面边框”功能区分使用。

问题 5：艺术字字体样式设置。

艺术字除了系统预先设定的样式之外，还可以利用 Word 2013 中字体设置功能来修改所选择的预设定字体样式。

案例三　制作企业常用文档
——Word 公文书写操作

任务三　制作红头文件模板

【情景导入】

华新电器公司为了战略发展，对公司机构和人员做了大调整，同时新请了很多员工。小 A 恰逢际遇，虽然只是公司的一般文员，但这是一个大公司，未来机会很多，小 A 暗下决心，一定要珍惜这个机会，在这个公司里认真工作，努力学习新技能。小 A 入职后的第一个任务是编辑所有有变动的员工的任命文件，包括升职、调换部门以及新进员工。

这可是上百份文档，难道要一份份编辑打印吗？而且要尽快将文件发出，必须提高工作效率并保证格式一致，输入内容准确无误。有什么办法呢？

小 A 努力回忆在“办公自动化高级应用案例教程”课程中学到的知识，记得有“模板”能保证格式的统一，也有“域”作为提示按钮在统一模板下输入不同的内容。于是小 A 通过查阅资料，分析了任务技能点，掌握了预备知识，现在就差具体实践了，我们跟着小 A 一起来完成这项任务吧。

1. 学习目标

- 掌握红头文件的概念。
- 掌握模板的定义以及自定义模板的创建方法、保存方法和使用方法。
- 掌握插入域并定制带提示按钮的两种方法。

2. 预备知识

（1）红头文件的概念

“红头文件”并非法律用语，一般是指规范性文件，主要是由行政机关制定并发布，在一定范围时间内对公民、法人和其他组织具有普遍约束力的文件。比如上级下发的带有大红字标题和红色印章的文件、声明、公告、公示类等的俗称，图 3-1 为红头文件的示例。

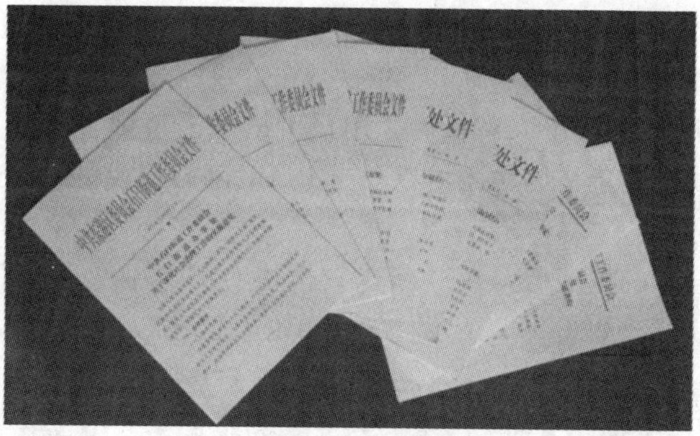

图 3-1　红头文件示例

（2）模板的概念

Word 模板是指 Microsoft Word 中内置的包含固定格式设置和版式设置的模板文件，用于帮助用户快速生成特定类型的 Word 文档。一个模板一般包含以下信息：

①文本的格式，包括分页、段落、字体、图文框、表格等。

②样式，预先定义好的文本格式用于快速格式化文本。

③内容，包括文本（包括占位符）、图片、OLE 对象、表格等。

④自定义工具栏、宏、快捷键、自动图文集词条。

⑤宏按钮（带指示定位符、提示输入信息）等。

因此，模板是一个用来创建文档的原型，是一种特殊的文档，Word 2013 中提供了很多现成的模板，除了通用型的空白文档模板之外，还内置了多种文档模板，如博客文章模板、书法字帖模板、求职信模板、简历模板、约会日程表模板，等等。当我们在 Word 2013 中新建一个文件时，在“特色”选项卡下就能看到这些内置的模板，如图 3-2 所示。另外，Office 网站还提供了证书、奖状、名片、简历等特定功能模板，借助这些模板，用户可以创建比较专业的 Word 2013 文档。

图 3-2　Word 2013 中内置的模板

在 Word 2013 中使用内置模板创建文档的方法：

步骤 1：打开 Word 2013 文档窗口，依次单击“文件”—“新建”。

步骤 2：在打开的“新建”模板中，用户可以单击“博客文章”“书法字帖”等 Word 2013 自带的模板创建文档，还可以单击 Office 网站提供的“名片”“日历”等在线模板。

步骤 3：单击合适的模板后，在“新建”模板右侧选中“文档”或某项模板，假设选择“蓝色求职信”，如图 3-3 所示，然后单击“创建”按钮。

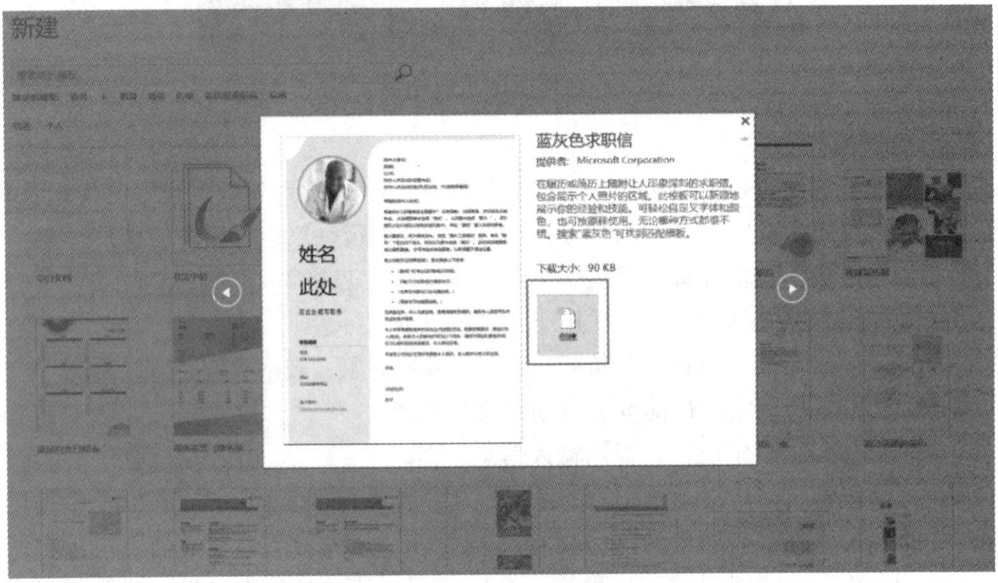

图 3-3　打开 Word 2013 自带模板

步骤 4：打开使用选中的模板创建的文档，同学们就可以在该文档中进行编辑了。

小提示：除了使用 Word 2013 已安装的模板，用户还可以按照自己的需要创建个人模板和利用 Office 网站提供的模板。在下载 Office 网站提供的模板时，Word 2013 会进行正版验证，非正版的 Word 2013 版本无法下载 Office Online 提供的模板。

刚才我们使用的是 Word 2013 自带的模板，小 A 目前遇到的难题是需要自己创建一个公司的任命文件模板。那么如何使用 Office 2013 来制作 Word 自定义模板呢？很多同学都不是很清楚方法。其实只要我们把用 Word 创建的模板设定在特定文件夹，然后按照下面的操作步骤就可以导入自定义模板。下面我们就来操作如何在 Office 2013 中创建自定义 Word 模板。

步骤 1：创建自定义模板。Word 默认状态下是没有自定义模板的，需要自己设置。现在我们在 Office 2013 安装文件夹中新建一个文件夹，命名为“个人模板”，如图 3-4 所示。这作为以后自己创建模板的默认保存位置。

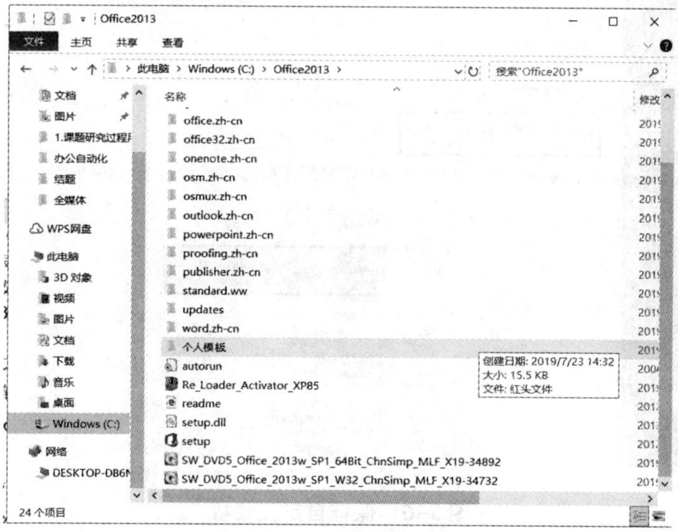

图 3-4　创建自定义模板

步骤 2：在 Word 2013 中设置个人模板保存位置。打开“文件”—“选项”，在弹出的“Word 选项”对话框中找到“保存”选项卡，我们会发现“默认个人模板位置”是空白的，因为系统默认状态下是没有的，需要我们自己进行设置，输入刚才创建的文件夹位置“C:\Office 2013\个人模板”作为默认个人模板保存路径，如图 3-5 所示，然后单击“确定”按钮。

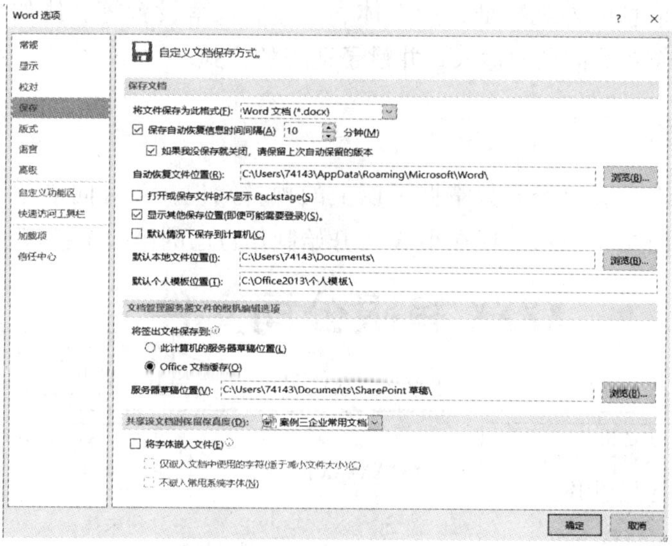

图 3-5　设置默认个人模板

步骤 3：保存模板的文件（格式和内容已设置好了的）。依次单击“文件”—“导出”—“更改文件类型”—“模板”（.dotx 文件）—“另存为”，找到刚才自己设定的文件夹保存即可，如图 3-6 所示。

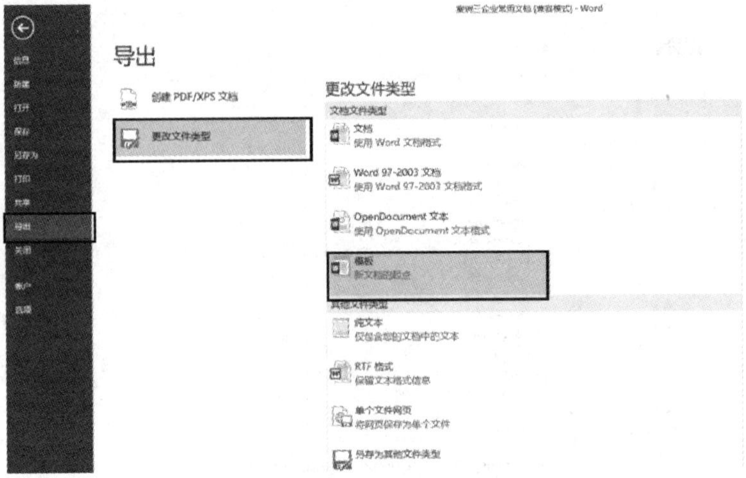

图 3-6　保存自定义模板

（3）提示按钮的概念

所谓提示按钮，是指一个“域”。域是保存在文档中的可能发生变化的数据，比如这次小 A 遇到的人名、部门、职位等信息是变动的，而其他的内容相对不变。最常用到的域是 PAGE 域，即在添加页码时插入的能够随文档的延伸而变化的符号。相信大家都有设置页脚时插入页码的经验。利用“域”可以在文档的特殊位置布置一些提示信息，告诉用户可以单击该信息，并输入新的文字代替这些信息。同时，新输入的文字可以继承提示信息的外观特征，如字体、字号、段落设置等。比如，需要在一个模板中指明标题、作者等信息的输入，并赋予适当的格式。

3. 回到场景

小 A 接到任务后，已经充分掌握了以上的预备知识，并且向前辈了解了红头文件的规范格式，如图 3-7 所示。现在小 A 要开始制作自己的第一个模板了。

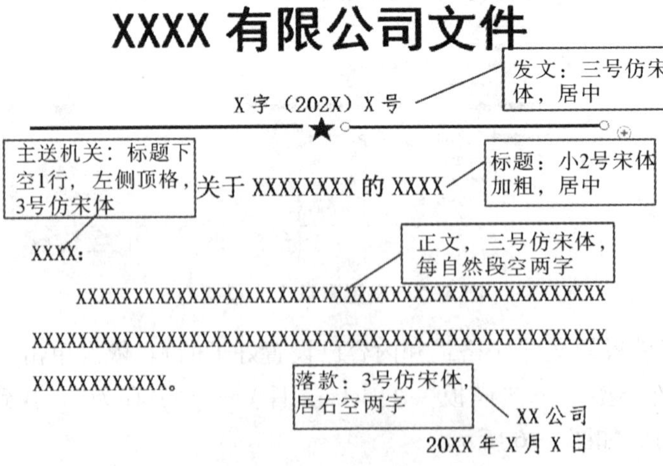

图 3-7　红头文件的规范格式

创建、保存自定义模板的操作步骤如下：

步骤 1：创建任命文件模板初稿。在这一步，我们需要确定任命文件的规范格式、固定内容，这个步骤有三个方法可以实现。

方法一：

由于小 A 是第一次进行自定义模板，当打开“文件”—“新建”—“个人选项卡”时，显示是空白的，如图 3-8（a）所示［如果成功创建自定义模板，显示效果如图 3-8（b）所示］。这时，我们可以按照刚才的预备知识来操作。依次单击“文件”—“新建”一个空白文档，按照图 3-7 所示的标准红头文件规范格式，输入任命文件中的固定部分内容，有变动的部分（比如名字、部门、职位等）暂时以 XXX 代替，如图 3-9 所示。

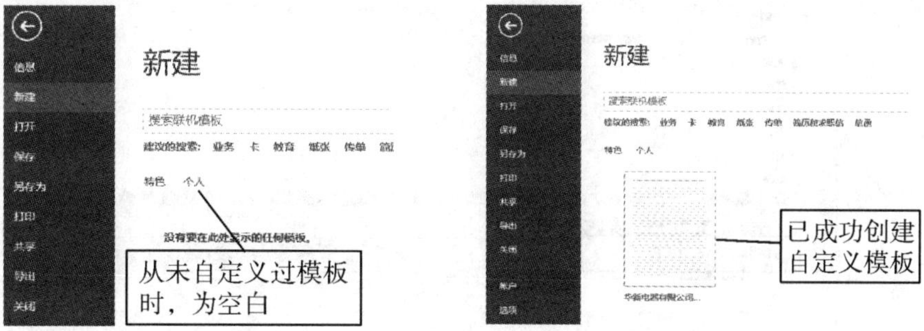

（a）　　　　（b）

图 3-8　自定义模板创建前后对比

华新电器有限公司文件

人力资源部字（2020）第 X 号

★

关于 XXX 同志任命|录用的通知

集团各中心、部（室）、属下各单位：

根据公司战略发展需要，经集团公司研究决定：

聘任 XXX 同志为 XXXX 部门 XXX 职位，从发文之日起执行。

特此通知。

华新电器有限公司

20XX 年 X 月 X 日

图 3-9　华新电器有限公司任命文件模板初稿

这时我们可以按照刚才预备知识的步骤来完成。依次单击“文件”—“导出”—“更改文件类型”—“模板”—“另存为”，弹出如图 3-10 所示的对话框中，输入这次的模板文件名“华新电器有限公司任命文件”，保存即可。这个方法下，“保存类型”自动设置为了“模板文件”，打开的路径自动弹出为我们刚才设置的默认个人模板位置“C:\Office 2013\个人模板”（注意，保存时观察一下保存路径，如果不是这个位置，需要人工选择为该路径）。关闭文件后，再重新单击打开“文件”—“新建”—“个人选项卡”时，就会发现刚才小A创建的第一个模板已经显示在里面。如图3-8（b）所示。

方法二：

在方法一的最后一步，不是进行“导出”，而是选择“文件”—“另存为”，依然会弹出如图3-10的对话框，只是这时必须手动选择“保存类型”为“模板文件”，保存路径为默认个人模板位置“C:\Office 2013\个人模板”，然后输入文件名“华新电器有限公司任命文件”，保存即可。

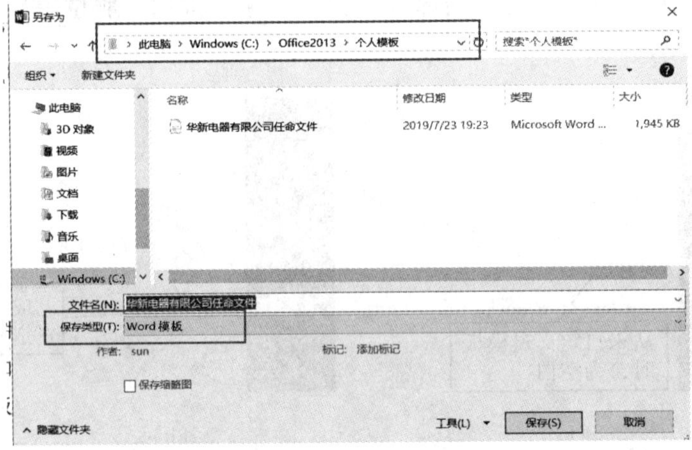

图3-10　另存为“Word模板”

方法三：

方法一和方法二所创建的模板都会显示在新建文档时的个人模板中，如图3-8（b）所示，因为我们在保存模板的时候选择了默认个人模板位置。这两种方法在以后新建文档的时候会非常方便。当然我们也可以将模板保存在自己方便操作的工作文件夹中，只是“保存类型”也必须设置为“模板文件”。采用这个方法的话，每次都需要进入到这个工作文件夹，然后双击模板才能够基于该模板创建新文档。

步骤2：制作提示按钮。这一步，我们将变化的内容部分以提示按钮“域”的形式来呈现。调出刚才制作的任命文件模板，首先将标题行“关于XXX同志任命|录用的通知”中XXX部分的内容设置为提示按钮。

方法一：

删除标题行中“同志”前的所有X符号，将鼠标置于“同志”前，接着按“Ctrl+F9”组合键，这时会插入一对标明域代码的花括号{}。我们在花括号中输入“MACROBUTTON Nomacro 请输入调任或者录用的同志姓名”，如图3-11所示。其中“MACROBUTTON Nomacro”为域代码类型，“请输入调任或者录用的同志姓名”为提示信息，提示我们要更新替换的内容，输入新的内容后这部分内容会被完全覆盖，但格式会完整继承下来。

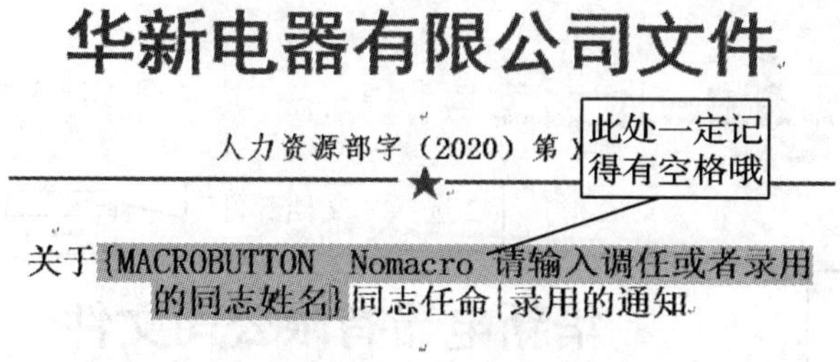

图 3-11　插入域代码

插入域代码步骤完成后，我们还需要进行切换域代码操作。这时将光标定位在提示信息的任意处，单击鼠标右键，选择“切换域代码”，如图 3-12 所示。

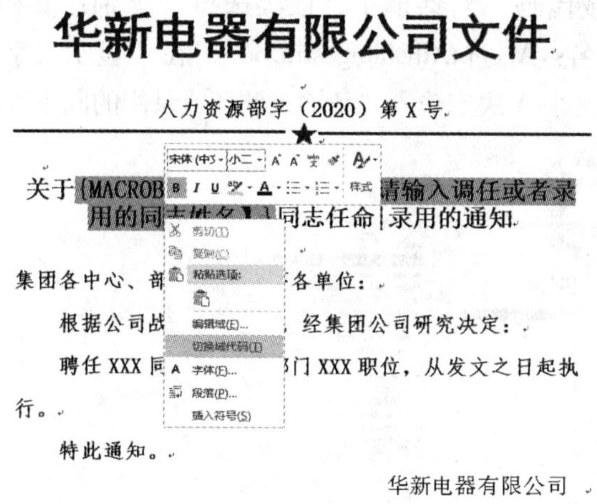

图 3-12　切换域代码

这时我们的任命文件模板显示效果如图 3-13 中的（1）所示。当把鼠标放在提示信息的任意位置时，这部分内容会高亮显示，如图 3-13 中的（2）所示。这时我们输入录用的同志姓名“张三”，原有的提示信息被自动完全覆盖，如图 3-13 中的（3）所示。

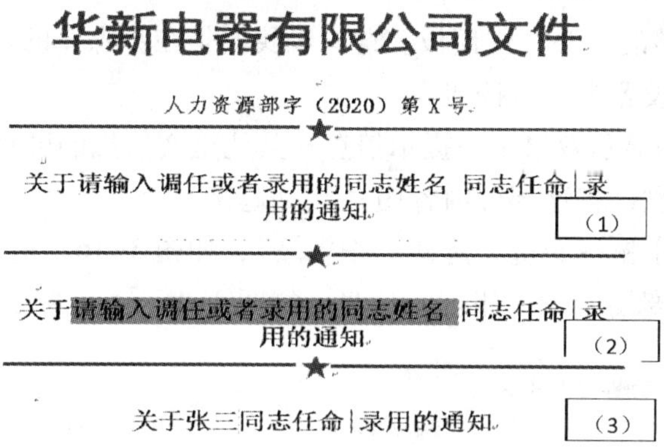

图 3-13　设置提示按钮的过程

方法二：

将光标置于标题行“同志”前，打开“插入”选项卡，选择“文本”部分的“文档部件”选项，然后选择“域”，如图 3-14 所示。

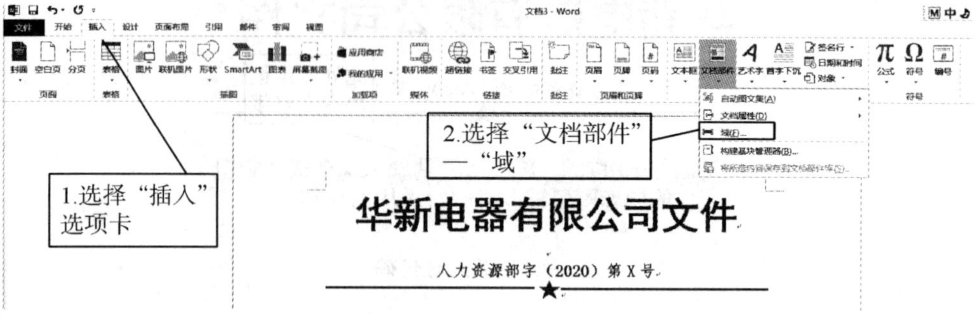
1.选择“插入”选项卡
2.选择“文档部件”—“域”
华新电器有限公司文件
人力资源部字（2020）第 X 号

图 3-14　插入域代码过程

这时在弹出的“域代码”对话框中，依次选择“类别：文档自动化”—“域名：Macro Button”—“宏名：AcceptAllChangesInDoc”，在“显示文字”文本框中输入提醒我们要录入的信息，于是小 A 决定输入“请输入调任或录用的同志姓名”，如图 3-15 所示。

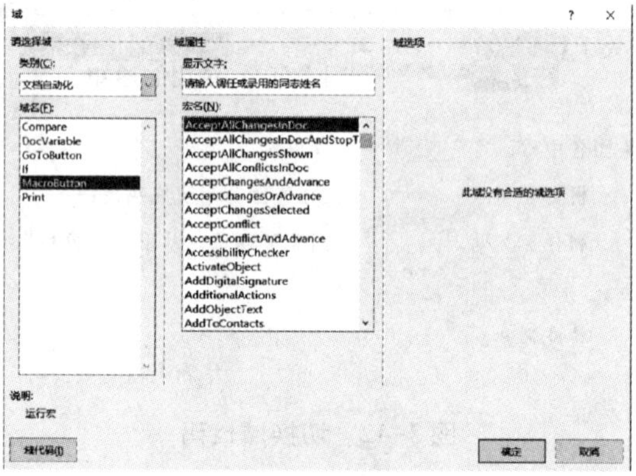

图 3-15　在域对话框进行设置

方法二的显示效果依然如图 3-13 所示，在提示信息部分单击鼠标右键同样可以进行“切换域代码”和“编辑域”操作。

步骤 3：创建完整的红头文件模板。这一步我们是在步骤 2 的基础上，将模板中所有有变化的内容全部设置为提示按钮。

在图 3-17 所示的显示效果中，提示信息与其他正文信息的区别度不大，小 A 决定在此改进一下提示信息，将这部分内容用【】括起来。

在提示按钮处单击鼠标右键，选择“编辑域”，如图 3-16（a）所示。在弹出的对话框中“显示文字”部分修改一下提示信息，如图 3-16（b）所示。

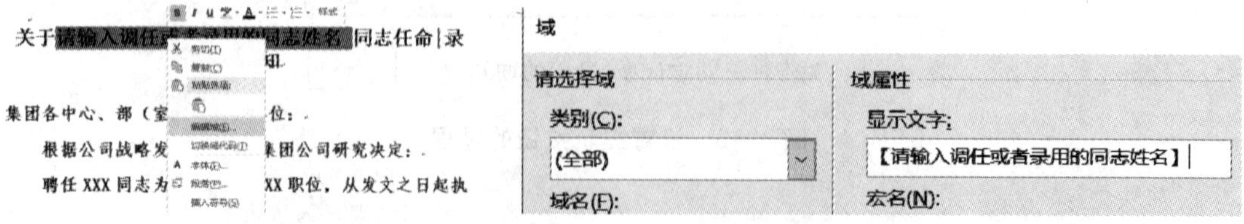

（a）　　（b）

图 3-16　通过“编辑域”来修改提示信息

接下来任意使用步骤 2 的方法一或方法二来设置其他提示按钮。显示效果如图 3-17 所示，所有的提示按钮都以【】来进行显示。看起来最后一排的年月日信息破坏了原有的格式，但只要单击后重新输入新内容，无论是一个字符还是几百个字符，原来的提示信息就会被覆盖，而格式沿用。

华新电器有限公司文件

人力资源部字（2020）第【请输入最新文件号】 号

★

关于【请输入调任或者录用的同志姓名】 同志
【请输入任命|录用】 的通知

集团各中心、部（室）、属下各单位：

根据公司战略发展需要，经集团公司研究决定：

聘任【请输入调任或者录用的同志姓名】 同志为【请输入部门名称】 部门【请输入拟任职位】 职位，从发文之日起执行。

特此通知。

华新电器有限公司

20【请输入年份】 年【请输入当前月份】 月【请输入日期】 日

图 3-17　华新电器有限公司任命文件模板终稿

步骤 4：保存红头文件模板。小 A 的第一份模板就创建成功了，注意需要使用步骤 1 的方法来进行保存。依次单击“文件”—“导出”—“更改文件类型”—“模板”—“另存为”，文档类型和文件名保持不变。最终版本的任命文件模板就覆盖步骤 1 的初稿了。

步骤 5：利用自定义模板创建新文档。

回到图 3-8 所示的过程，这时我们依次单击“文件”—“新建”—“个人”，刚刚成功创建的模板“华新电器有限公司任命文件”就出现了，选中它后双击，这时 Word 2013 会打开一个默认名为“文档 *.docx”的文件，现在我们开始制作第一份任命文件吧。只需要对所有的提示信息按公司的聘任情况来进行编辑替换，如图 3-18 所示，最后按照普通文档进行保存就可以了。

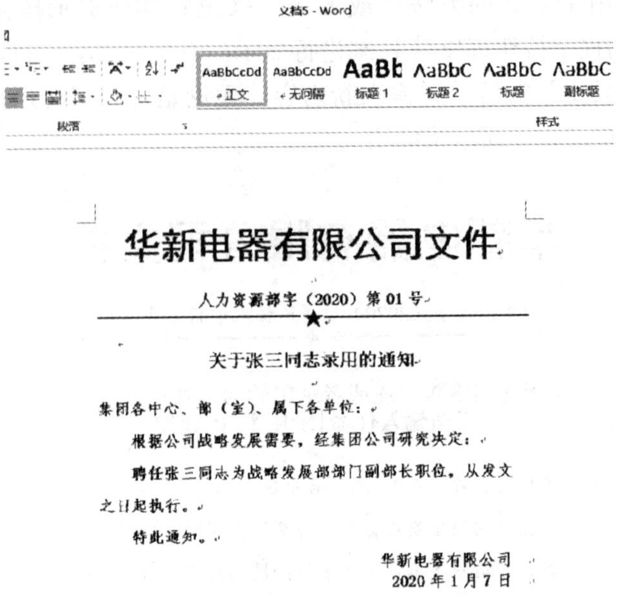
文档5 - Word
AaBbCcDd
正文
AaBbCcDd
无间隔
AaBb
标题 1
AaBbC
标题 2
AaBbC
标题
AaBbC
副标题
段落
样式
华新电器有限公司文件
人力资源部字（2020）第 01 号
关于张三同志录用的通知
集团各中心、部（室）、属下各单位：
根据公司战略发展需要，经集团公司研究决定：
聘任张三同志为战略发展部部门副部长职位，从发文之日起执行。
特此通知。
华新电器有限公司
2020 年 1 月 7 日

图 3-18　利用自定义模板创建普通文档

4. 实训营

（1）训练实例

小 A 又接到新任务了，这次华新电器集团不断有关于公司发展的各种战略文件，有时还是几个部门联合发文，小 A 想了想，干脆做一个通用型的模板吧，变化最多的部分就是文件的正文部分，这部分空着，而抬头和结尾都是雷同的，重要的是文件格式必须统一，这一点红头文件模板简直太好用了。图 3-19 就是小 A 设计的通用模板，你觉得做得好吗？还有需要完善的吗？

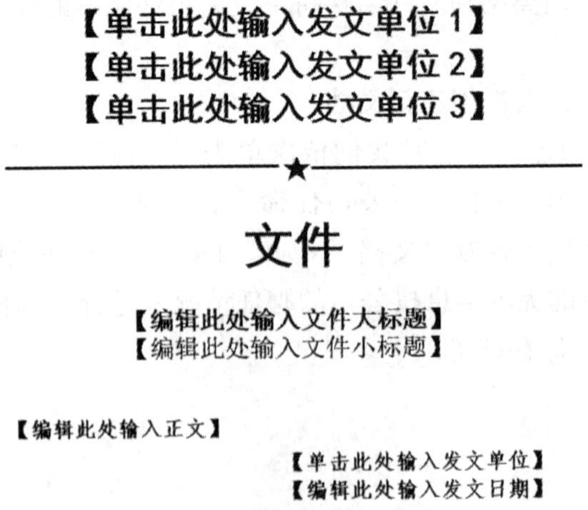
【单击此处输入发文单位 1】
【单击此处输入发文单位 2】
【单击此处输入发文单位 3】

文件

【编辑此处输入文件大标题】
【编辑此处输入文件小标题】

【编辑此处输入正文】

【单击此处输入发文单位】
【编辑此处输入发文日期】

图 3-19　通用型红头文件模板

（2）常见问题以及操作技巧

①插入域的花括号必须通过 Ctrl+F9 组合键的方式插入，自己手工通过键盘输入的{}无效。

②插入域代码时，“Nomacro”和后面的提示内容之间必须要有一个空格；否则，在下一步切换域代码时将无法显示。

③创建自定义模板时，选择的方式是“文件”—“导出”，而不是“另存为”，这样能保证保存路径为默认个人模板位置；否则，需手动设置。

④创建自定义模板时，“保存类型”需设置“模板文件”。

⑤使用自定义模板创建的新文件为普通 Word 文档，所做的任何操作不会对模板造成任何影响。要想修改模板，必须在保存时按照新建的步骤一步步操作，只是文件名选择原来的名字就可覆盖了。

⑥红头文件中，标题和正文部分的分割线可以不采用形状中的直线而用“——”（破折号），字体为华文行楷或黑体，这样横线就是连贯的了；“★”通过“插入”—“符号”进行插入。

⑦设置提示按钮信息的文字格式时，一般继承原位置的格式，如果要重新设置，可以切换域代码后选中相应的内容进行设置，也可以切换成提示信息选中后进行设置。

⑧制作多个提示按钮时，如果格式不变，只需要“复制”+“粘贴”就可以了，然后在新位置选择“切换域代码”，修改一下提示信息就可以了。

任务四　利用邮件合并批量制作文档

【情景导入】

华新电器有限公司成立快 20 年了，此时又是公司战略发展转型的关键时期，于是公司领导层决定隆重举行周年庆，并将邀请所有客户。这次周年庆既是公司形象宣传的好机会，也是向大家公布公司战略规划的好时机。

那么小 A 的任务来了。李经理给小 A 提供了若干个客户信息的文件，请小 A 给这些文件里的客户都寄去一封邀请函。这些文件来自母公司下不同子公司的客户信息，有的是 Word 文档，有的是 Excel 文档。

小 A 仔细分析了这次的任务：①客户信息是现成的，都存在文件里，至少有上千个客户；②信函正文里邀请的内容和格式是统一的；③信封的落款是统一的，要体现公司文化元素。小 A 想到了上节课学到的模板，能够重复利用相同的内容，但是这次客户信息量实在是太大了，难道要一个个地复制粘贴吗？这样能保证在制作的过程中不出错吗？

小 A 努力回忆在“办公自动化高级应用案例教程”课程中学到的知识，如 Word 提供了一项数据管理工具——“邮件合并”功能，它可以将多种数据源的数据整合到 Word 中，从而为制作批量文档提供了解决方案，大大提高了工作效率。于是小 A 通过查阅资料，分析了任务技能点，掌握了预备知识，现在就差具体实践了，让我们跟着小 A 一起来完成这项任务吧。

1. 学习目标

- 掌握邮件合并的概念以及应用场景。
- 掌握 Word 2013 邮件合并的三个基本过程。
- 利用 Word 2013 邮件合并向导和信封制作向导简化批量制作信函和信封的过程。
- 掌握 Word 2013 中表格数据的录入、编辑以及美化等基本操作。

2. 预备知识

（1）邮件合并的概念

通常所说的“邮件”是指通过传递方式处理的文件，即邮局传递的函件和包裹的统称。这里所提到的“邮件合并”，最初是在批量处理“邮件文档”时提出的。

“邮件”包括两个文档：一个是 Word 文档，包含所有文件共有内容的标准文档，通常被称作“主文档”；另一个是以 Excel 文档为代表的“数据源”，主要包含变化信息（如填写的收件人、地址、发件人、邮编等）。

所谓“合并”，就是把主文档中的不变内容与数据源中的大量信息合并在一起而重新组合成新的文件。

（2）邮件合并的应用场景

当需要批量处理的信函、工资条、成绩单、信封等文档具备以下两个规律时通常使用邮件合并，这样可以大大提高办公效率。

①需要制作的数据量比较大。

②文档内容分为固定不变的内容和变化的内容。如图 3-20 所示的信封，信封上的寄信人地址、邮编和落款等是固定不变的内容；而收信人的地址、姓名、邮编等是变化的内容。其中变化的内容部分可以由数据表中含有标题行的数据记录表表示，而这部分变化的内容其格式又是相对固定不变的。含有标题行的数据记录表通常是指由字段列和记录行构成，字段列规定该列存储的信息，每条记录行存储这一个对象的相应信息。

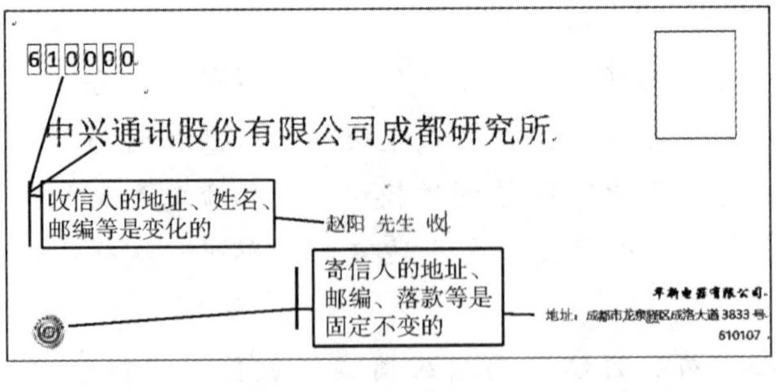
610000
中兴通讯股份有限公司成都研究所
收信人的地址、姓名、邮编等是变化的
赵阳 先生 收
寄信人的地址、邮编、落款等是固定不变的
610107

图 3-20　以信封为例来看文档中固定不变的内容和变化的内容

（3）邮件合并的三个基本过程

邮件合并可以通过建立主文档、准备数据源、把数据源合并到主文档中三个基本过程来实现，具体如图 3-21 所示。

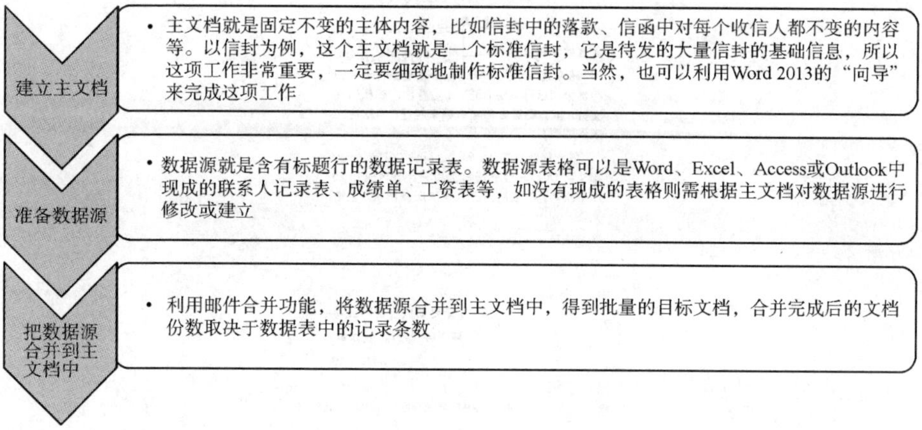
建立主文档
• 主文档就是固定不变的主体内容，比如信封中的落款、信函中对每个收信人都不变的内容等。以信封为例，这个主文档就是一个标准信封，它是待发的大量信封的基础信息，所以这项工作非常重要，一定要细致地制作标准信封。当然，也可以利用Word 2013的“向导”来完成这项工作
准备数据源
• 数据源就是含有标题行的数据记录表。数据源表格可以是Word、Excel、Access或Outlook中现成的联系人记录表、成绩单、工资表等，如没有现成的表格则需根据主文档对数据源进行修改或建立
把数据源合并到主文档中
• 利用邮件合并功能，将数据源合并到主文档中，得到批量的目标文档，合并完成后的文档份数取决于数据表中的记录条数

图 3-21　邮件合并的三个基本过程

3. 回到场景

（1）创建主文档

要批量生成给客户的一封信，首先需要创建出信函的模板文件，保证所有客户收到的信函是统一的格式和内容。我们和小 A 一起来制作完成给客户的一封信的模板文件吧。

步骤 1：创建一个名为“邀请函.docx”的主文档。依次单击“文件”—“新建”—“空白文档”，然后进行页面设置。依次单击“页面布局”—“页面设置”—“纸张大小”，在打开的“页面设置”对话框中将纸张大小设置为“信纸”（或者是 Letter），如图 3-22 所示。

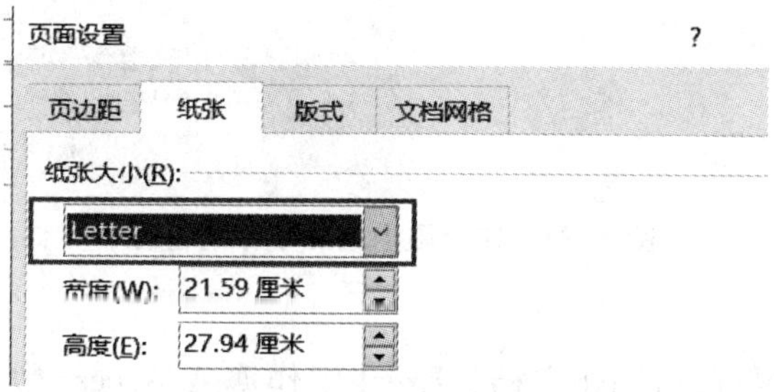
页面设置
?
页边距
纸张
版式
文档网格
纸张大小(R):
Letter
宽度(W):
21.59 厘米
高度(E):
27.94 厘米

图 3-22　设置信函的纸张大小

步骤 2：输入固定不变的内容，并进行格式设置，反复调整到满意的效果，作为邀请函的模板，效果如图 3-23 所示。将公司的基本信息设置在页眉和页脚，并在信函中加入水印“20 周年庆典”，过程如图 3-24 所示。单击“页面布局”，在“页面背景”选项框中，依次单击“水印”—“自定义水印”，在打开的水印对话框中，选择“文字水印”，然后在“文字”的文本框中输入“20 周年庆典”。

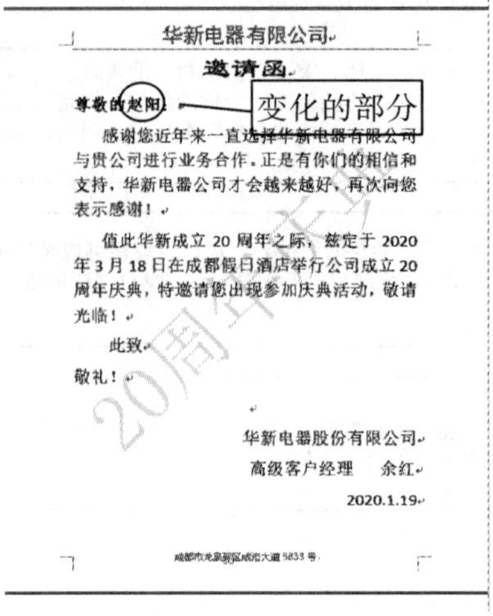

图 3-23　邀请函主文档效果图

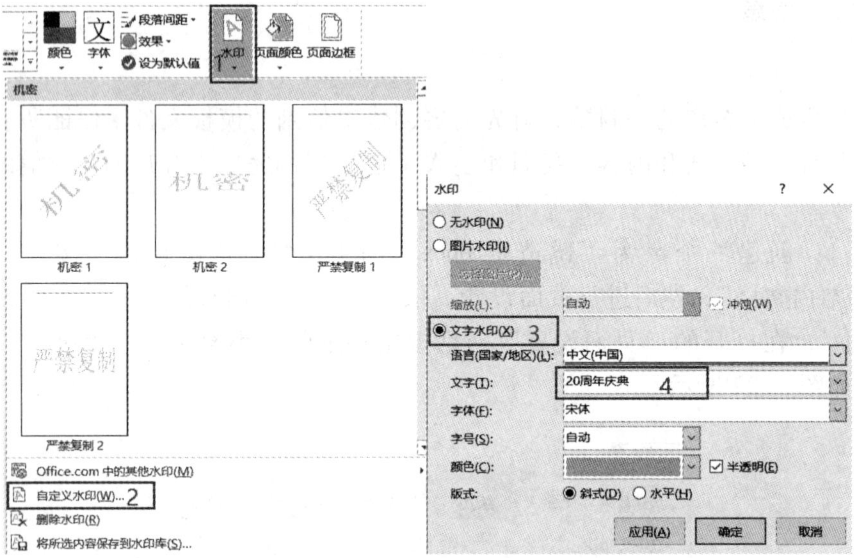

图 3-24　在信函中增加水印的过程

（2）准备数据源

邮件合并的数据源可以是 txt 文档、Excel 工作簿或 Access 数据库等。小 A 手上已经有大家提供的现成的客户信息了，只是这些信息的内容不太规范，于是小 A 准备先把这些客户信息表规范一下，合并为一个文件。

操作步骤为：仅保留含有标题行的数据记录表，即第一行的内容必须是清晰代表每列意义的字段名，如图 3-25 所示，第一行是子公司的客户表表名，第二行的每列内容才是字段名，所以需要将第一行删除，将原来的第二行变为第一行。图 3-25 中，有的表里有电子邮件信息，有的表则没有，对于这次周年庆来说，我们需要的信息包括姓名、地址、邮编，其他信息都是多余的，因此可以将这些无效信息删除，同时保证每个表的字段名顺序一致，然后将多个文件合并，另存为“客户信息表规范汇总.xlsx”，效果如图 3-26 所示。这里我们保留了“性别”字段，因为下面会用到该信息。

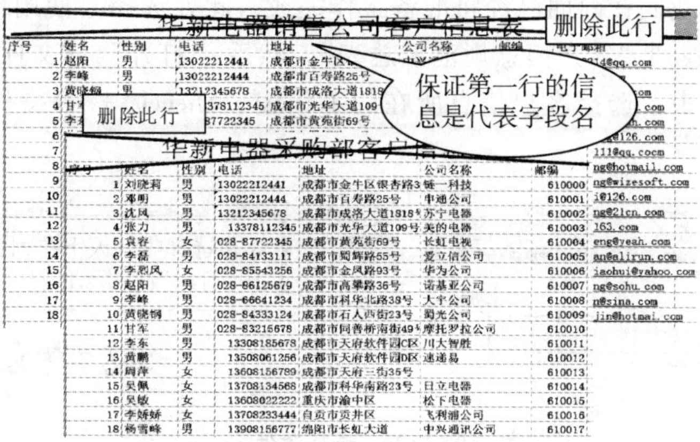

删除此行
保证第一行的信息是代表字段名
删除此行

图 3-25　未规范前的客户信息表

姓名	性别	地址	邮编
赵阳	男	成都市金牛区银杏路33	610000
李峰	男	成都市百寿路25号	610001
黄晓钢	男	成都市成洛大道1818号	610002
甘军	男	成都市光华大道109号	610003
李东	男	成都市黄苑街69号	610004
黄鹏	男	成都市蜀辉路55号	610005
刘晓莉	女	成都市金凤路93号	610006
邓明	男	成都市高攀路36号	610007
沈风	男	成都市科华北路38号	610008
张力	女	成都市石人西街23号	610009
袁蓉	女	成都市同善桥南街49号	610010
李磊	男	成都市天府软件园C区	610011
李烈风	男	成都市天府软件园D区	610012

图 3-26　规范后的客户信息表

（3）将数据源合并到主文档中

准备工作已经完毕，现在开始批量制作邀请函。打开主文档“邀请函. docx”，开始邮件合并，即将数据源“客户信息规范汇总表”合并到主文档“邀请函”中。

步骤 1：依次单击“邮件”—“开始邮件合并”—“信函”，操作过程如图 3-27 所示。

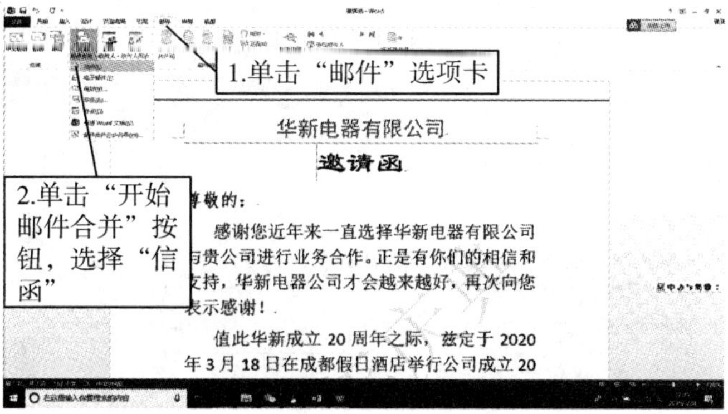

1.单击“邮件”选项卡
华新电器有限公司
邀请函
2.单击“开始邮件合并”按钮，选择“信函”
尊敬的：
感谢您近年来一直选择华新电器有限公司与贵公司进行业务合作。正是有你们的相信和支持，华新电器公司才会越来越好，再次向您表示感谢！
值此华新成立 20 周年之际，兹定于 2020 年 3 月 18 日在成都假日酒店举行公司成立 20

图 3-27　开始“邮件合并”

步骤 2：依次单击“邮件”—“选择收件人”—“使用现有列表”，操作过程如图 3-28 所示。因为我们在前面已经将准备工作完成，此处选择“使用现有列表”，在打开的文件夹中，找到“客户信息规范汇总表”，然后“打开”该文件，在弹出的“选择表格”对话框中，选择客户信息所在的工作表“Sheet1 $”，操作过程如图 3-29 所示。

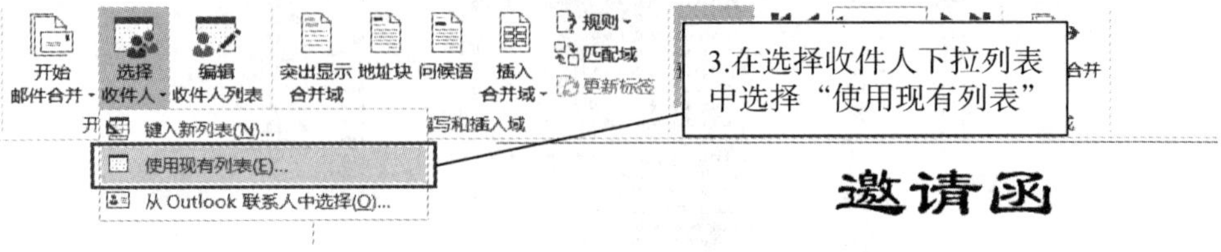

图 3-28　选择收件人

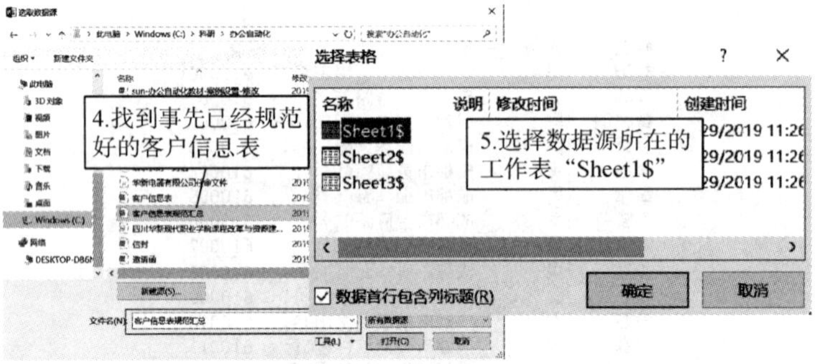

图 3-29　选择数据源

如果没有现成的数据源，也可以选择“键入新列表”，打开对话框中输入要使用的数据信息，如图 3-30 所示，然后键入数据。

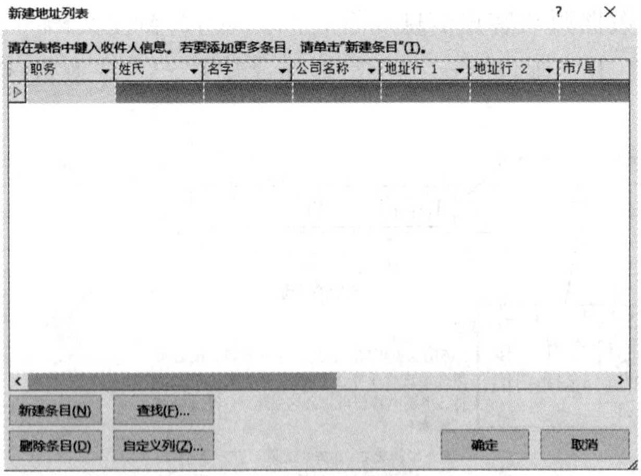

图 3-30　新建数据源

步骤 3：将鼠标定位到需要插入姓名的位置，即内容依赖于数据源而进行变化的部分，如图 3-23 的“赵阳”处，删除“赵阳”，然后单击“插入合并域”。我们会发现，在弹出的下拉列表中仅有“姓名、性别、地址、邮编”四项信息，这是因为我们在前面规范信息的时候，只保留了需要的字段，这时选择“姓名”，操作过程如图 3-31 所示。

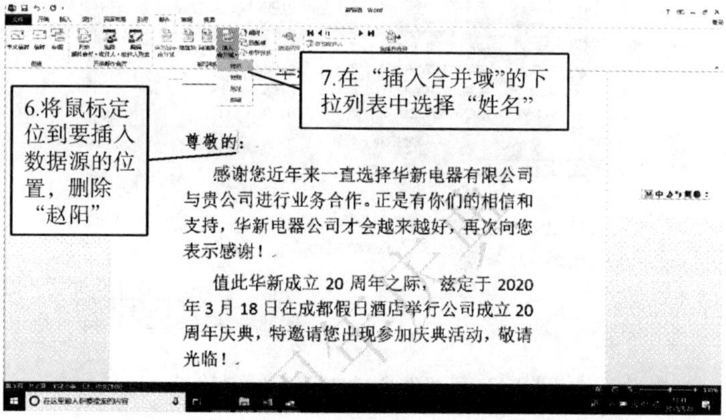
7.在“插入合并域”的下拉列表中选择“姓名”
6.将鼠标定位到要插入数据源的位置，删除“赵阳”
尊敬的：
感谢您近年来一直选择华新电器有限公司与贵公司进行业务合作。正是有你们的相信和支持，华新电器公司才会越来越好，再次向您表示感谢！
值此华新成立 20 周年之际，兹定于 2020 年 3 月 18 日在成都假日酒店举行公司成立 20 周年庆典，特邀请您出现参加庆典活动，敬请光临！

图 3-31　插入合并域

步骤 4：效果预览。通过上述步骤，数据源中该字段就合并到了主文档中的指定位置，而且用“《》”括起来，以便和文档中的普通内容相区别，如图 3-32（1）所示。这时单击“效果预览”，正文中《》括起来的内容会显示数据源中第一条记录该字段的内容，如图 3-32（2）所示。

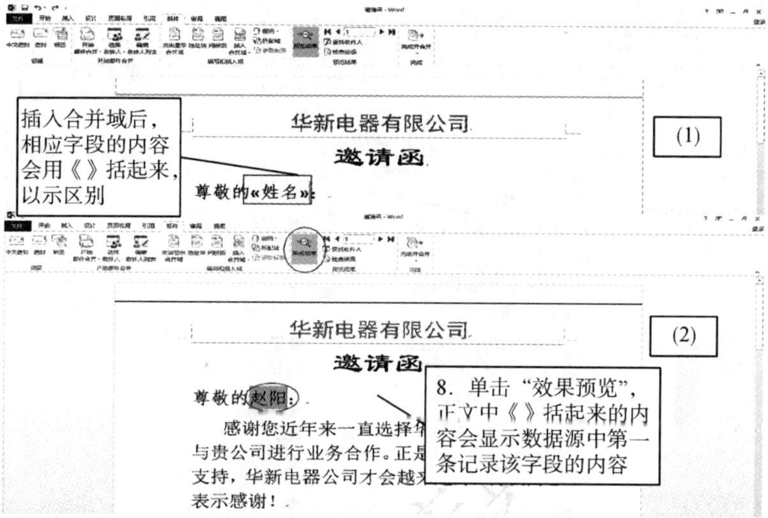
插入合并域后，相应字段的内容会用《》括起来，以示区别
华新电器有限公司
邀请函
尊敬的«姓名»：
(1)
华新电器有限公司
邀请函
尊敬的赵阳：
(2)
8. 单击“效果预览”，正文中《》括起来的内容会显示数据源中第一条记录该字段的内容

图 3-32　将数据源合并到主文档后的效果预览

步骤 5：在确定格式和内容无误后，完成邮件合并。

首先，依次单击“邮件”—“编辑收件人列表”，这时在打开的“邮件合并收件人”对话框中（如图 3-33 所示），检查一下是否所有人都需要发送邀请函，如果不需要，在相应的记录前将“√”去掉，然后单击“确定”按钮。

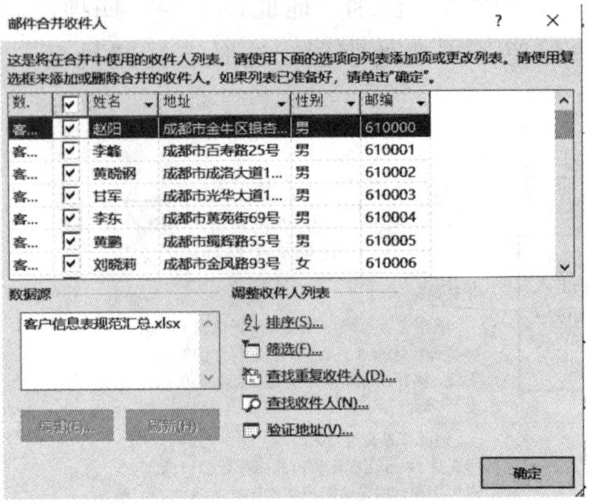

图 3-33　邮件合并收件人信息确认

其次，依次单击“邮件”—“完成并合并”—“编辑单个文档”，在弹出的“合并到文档”对话框中选择“全部”记录，因为刚才我们已经确认了收件人信息，单击“确定”按钮。这时系统自动生成一个名为“信函 1”的新文档，单击“保存”按钮，并以合适的文件名保存，假设保存为“邀请函合并文档”。操作过程如图 3-34 所示。

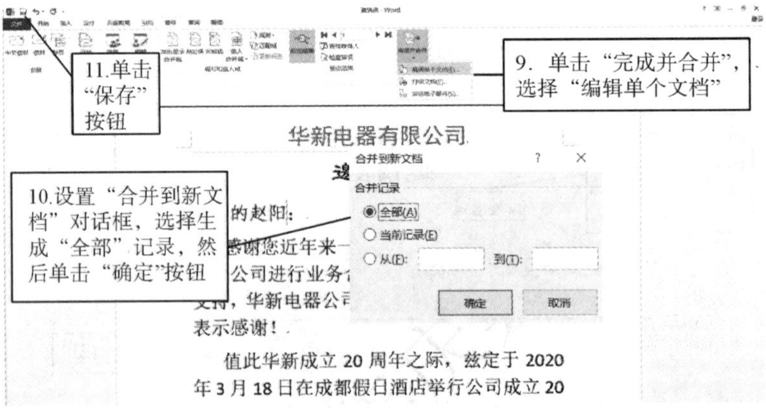

图 3-34　完成邮件合并

打开刚才保存的“邀请函合并文档”，我们会发现所有的客户信息都单独生成了一份邀请函，可以直接打印，也可以需要时再打印，还可以以邮件形式直接发送。这时我们单击“打印预览和打印”，记录表中一共有 36 条记录，对应生成了 36 份邀请函，效果如图 3-35 所示。

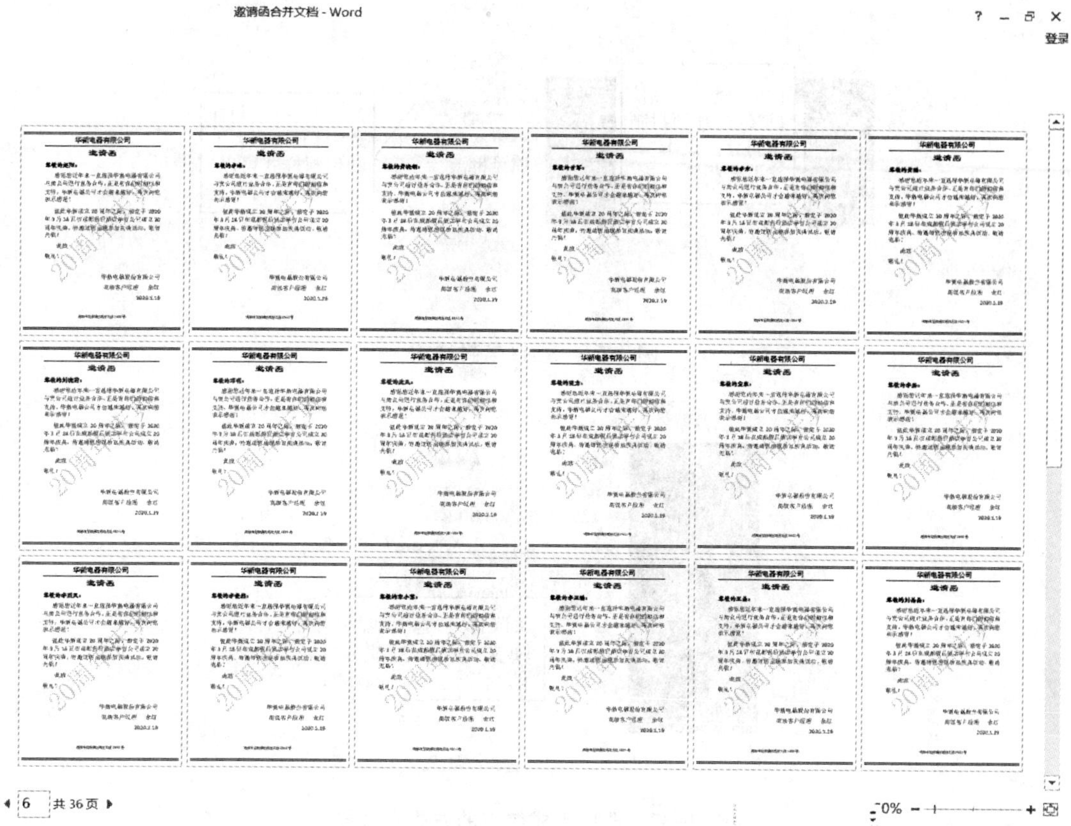

图 3-35　完成邮件合并后的邀请函效果

4. 实训营

（1）训练实例

①训练实例 1

信函已经写好了，但小 A 还需要设置一下信封，来跟着小 A 一起完成吧。

方法一，通过信封制作向导来完成。操作步骤如下：

步骤 1：依次单击“邮件”—“中文信封”—“选择信封样式”。Word 2013 提供了一些信封模板，格式都已经设置好了，不需要再另行设置。在“信封样式”下拉列表中选中“样式”，假设选择“国内信封-ZL（230X120）”，确定下方复选框的内容是否选择，窗口下方可以进行预览，确认后单击“下一步”。操作过程如图 3-36 所示。

步骤 2：选择生成信封的方式和数量。由于我们有现成的客户信息表，所以选择“基于地址簿文件，生成批量信封”，如图 3-37 所示。然后单击“下一步”。

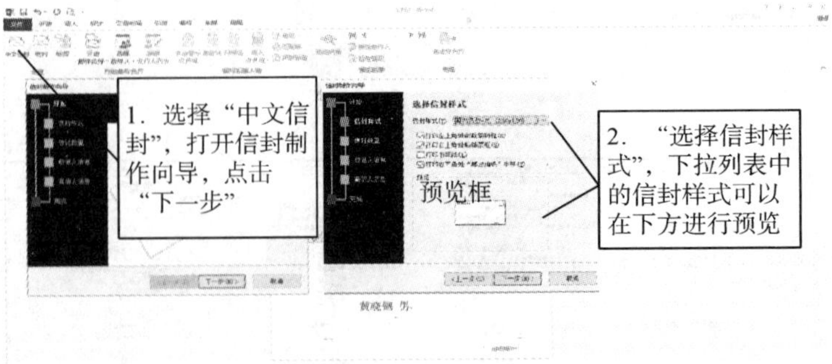
1. 选择“中文信封”，打开信封制作向导，点击“下一步”
2. “选择信封样式”，下拉列表中的信封样式可以在下方进行预览
预览框

图 3-36 选择信封样式

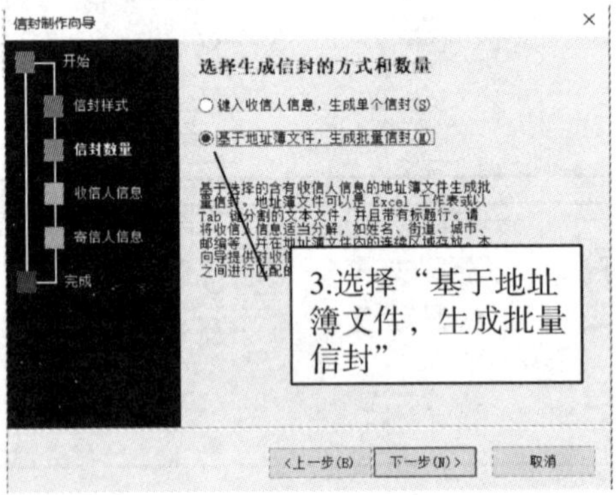
信封制作向导
开始
信封样式
信封数量
收信人信息
寄信人信息
完成
选择生成信封的方式和数量
键入收信人信息，生成单个信封(S)
基于地址簿文件，生成批量信封(M)
3.选择“基于地址簿文件，生成批量信封”
<上一步(B)
下一步(N)>
取消

图 3-37 选择生成信封的方式和数量

步骤 3：设置收信人信息。操作过程如图 3-38 所示，在“从文件中获取并匹配收信人信息”对话框中，单击“ 选择地址簿”，找到我们前面保存的“客户信息表规范汇总”文件，注意文件类型选择“excel”，单击“打开”。回到“从文件中获取并匹配收信人信息”对话框，这时我们可以看到“选择地址簿”旁边的数据源已经导入，由于该文件我们只保留了“姓名”“性别”“地址”“邮编”四项信息，依次将收信人中的“姓名”“称谓”“地址”“邮编”和地址簿中的对应项建立关系，单击“下一步”。

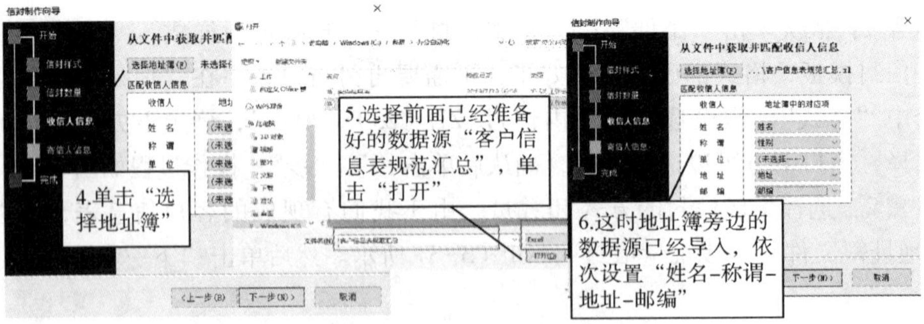
4.单击“选择地址簿”
5.选择前面已经准备好的数据源“客户信息表规范汇总”，单击“打开”
6.这时地址簿旁边的数据源已经导入，依次设置“姓名-称谓-地址-邮编”
从文件中获取并匹配收信人信息

图 3-38 设置收信人信息

步骤 4：输入寄信人信息，完成信封制作向导。在相应的“单位”“地址”“邮编”中输入寄信人的信息，这些内容是每个信封固定不变的落款部分，没有的内容可以不

填，比如“姓名”，如图 3-39（a）所示。单击“下一步”，来到信封制作向导的最后一步，单击“完成”，如图 3-39（b）所示。生成后的信封效果图如图 3-40 所示。

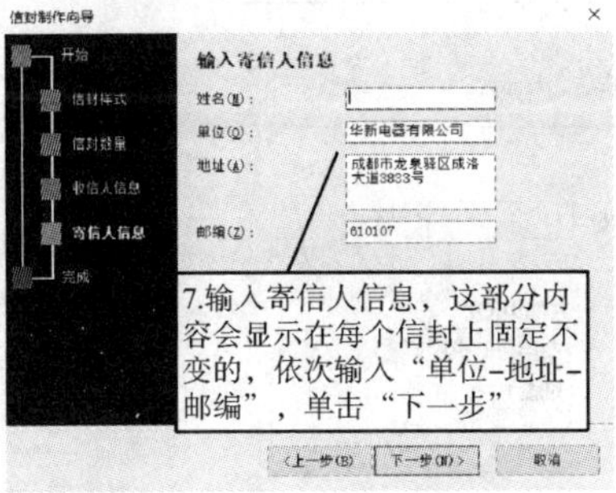

（a）

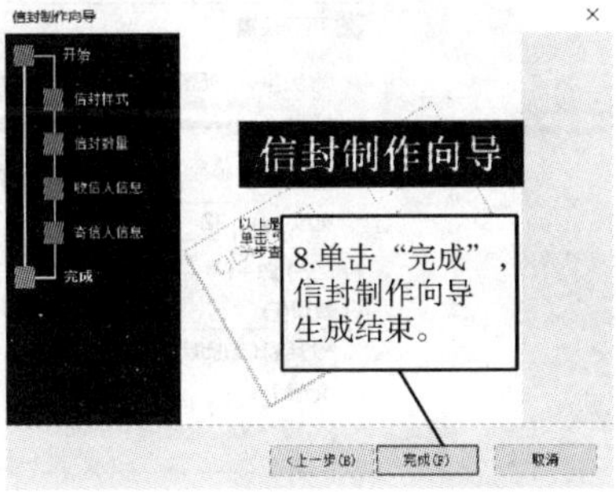

（b）

图 3-39　输入寄信人信息后完成信封制作向导

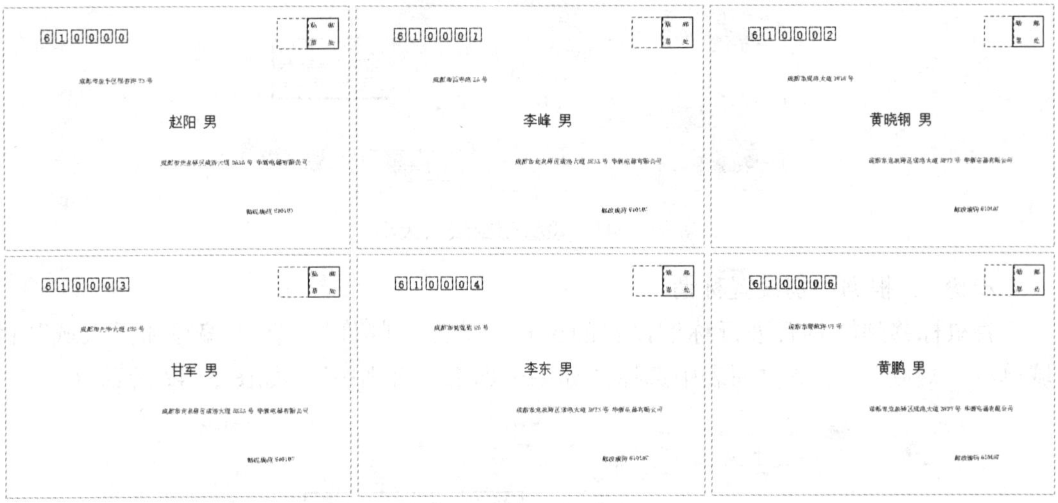

图 3-40　使用信封制作向导后完成的效果图

方法二，自己设置信封内容和格式，仍然通过邮件合并完成。

图 3-40 中，不知道大家注意到了吗，收件人的称谓“赵阳 男”看起来是不是有点怪异呢？

回过头再去看一下图 3-20，我们已经有了一个自己设计好的信封模板，华新电器公司的信息元素包括公司 logo 已经加入。现在我们以此为主文档，按照前面邮件合并的步骤来完成就可以了。只是怎样将称谓“先生/女士”与“性别”字段里的“男/女”对应起来呢？小 A 继续去请教高手，现在我们接着来设计信封吧。操作步骤如下：

步骤 1：设计好主文档。

首先，依次单击“页面布局”—“页面设置”—“纸张”，将“纸张大小”设置为“5 号信封”，如图 3-41 所示。其次，进行简单的编辑，得到如图 3-20 所示的效果。

步骤 2：进行邮件合并。

参照前面邮件合并的过程，选择“信函”方式，仍然使用“客户信息表规范汇总”作为数据源，只是图 3-20 中变化的部分内容在“插入合并域时”依次与数据源中的“邮编”“地址”“姓名”建立对应关系。

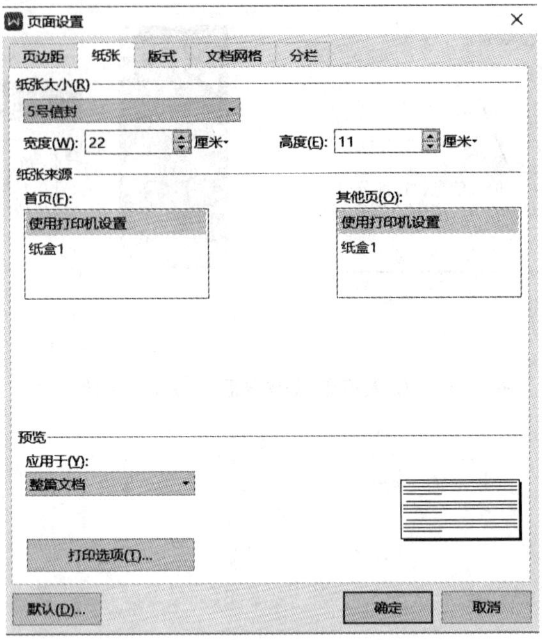

图 3-41　设置信封纸张大小

步骤 3：根据性别设置称谓。

将鼠标移到姓名后进行称谓设置的位置，单击“邮件”，在“编写和插入域”区域单击“规则”，在下拉列表中选择“如果…那么…否则…”，如图 3-42 所示。

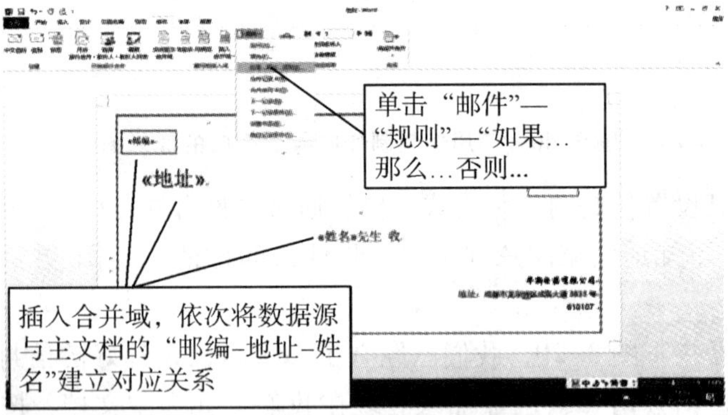

图 3-42　设置信封中插入合并域的字段

在打开的“插入 Word 域：IF”对话框中进行设置，过程如图 3-43 所示。在“域名”选择“性别”，比较条件选择“等于”，比较对象选择“男”；在“则插入此文字”文本框中输入“先生”，在“否则插入此文字”文本框中输入“女士”。表明当字段“性别”中的信息为“男”时，将显示“先生”，否则显示“女士”。

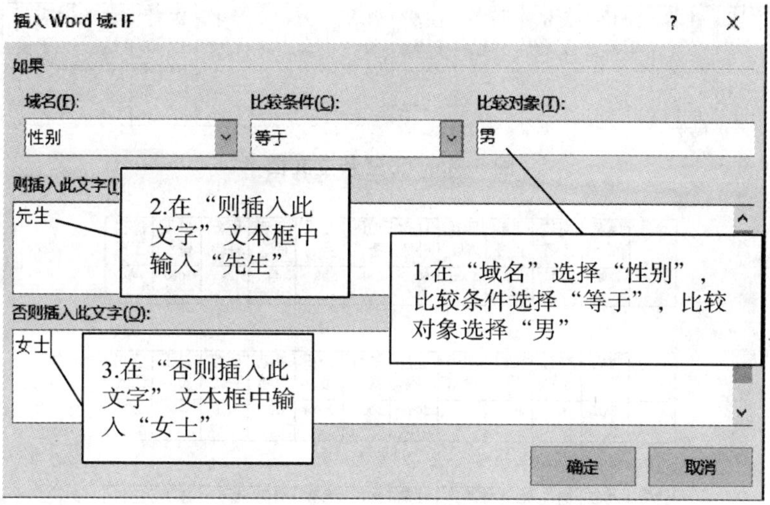

图 3-43　根据性别设置称谓

步骤 4：完成邮件合并。

完成后续邮件合并，在指定的位置保存为“信封合并后”。打开可以看见完成邮件合并后的效果，如图 3-44 所示。

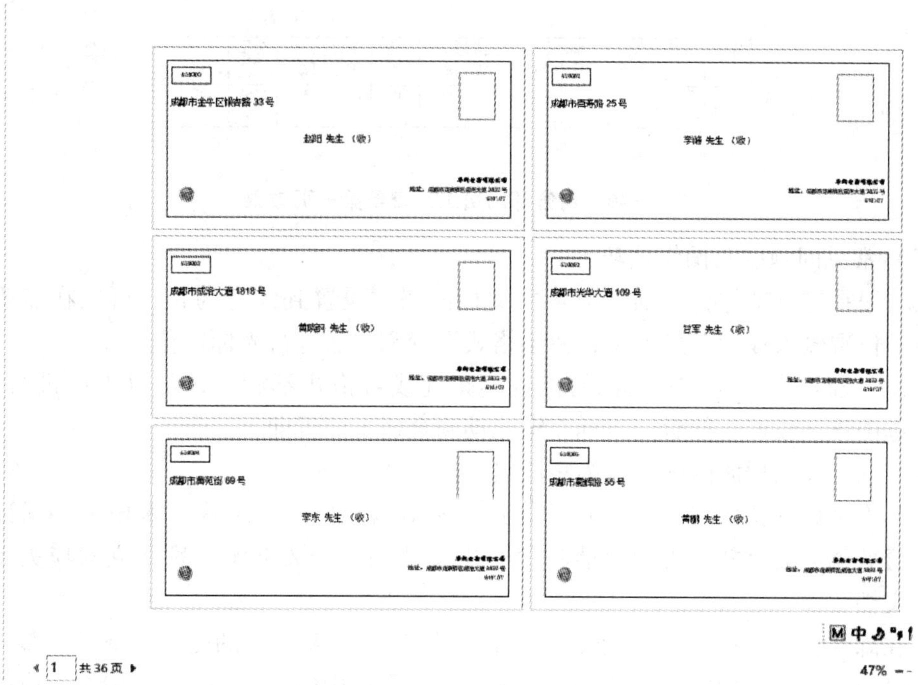

图 3-44　使用信函进行邮件合并后的信封效果

②训练实例 2

根据提供的主文档“工资条. docx”（如图 3-45 所示）和数据源“销售部员工工资. xlsx”，制作销售部门的员工工资条，要求每页最多打印 5 条。打印完成后的局部效果如图 3-46 所示。

序号	姓名	岗位工资	工龄工资	职务津贴	住房补贴	加班费	公积金	养老保险	医疗保险	总工资	应付工资

图 3-45　工资条主文档

序号	姓名	岗位工资	工龄工资	职务津贴	住房补贴	加班费	公积金	养老保险	医疗保险	总工资	应付工资
1	赵阳	2500	100	1000	600	800	288	144	72	5000	4496

序号	姓名	岗位工资	工龄工资	职务津贴	住房补贴	加班费	公积金	养老保险	医疗保险	总工资	应付工资
2	李峰	2000	80	800	500	600	230.4	115.2	57.6	3980	3576.8

序号	姓名	岗位工资	工龄工资	职务津贴	住房补贴	加班费	公积金	养老保险	医疗保险	总工资	应付工资
3	黄晓钢	2000	70	800	500	400	229.6	114.8	57.4	3770	3368.2

序号	姓名	岗位工资	工龄工资	职务津贴	住房补贴	加班费	公积金	养老保险	医疗保险	总工资	应付工资
4	甘军	2000	60	600	400	400	212.8	106.4	53.2	3460	3087.6

序号	姓名	岗位工资	工龄工资	职务津贴	住房补贴	加班费	公积金	养老保险	医疗保险	总工资	应付工资
5	李东	2000	60	600	400	500	212.8	106.4	53.2	3560	3187.6

图 3-46　销售部门员工工资条第一页效果

（2）常见问题以及操作技巧

①一般在进行邮件合并前，应将主文档的格式设置到满意为止，可以在需要插入合并域的位置输入提示信息占位，便于格式设置和之后进行光标定位。

②插入合并域之后，字段域的位置不正确或者格式不满意，可以再次进行设置，用鼠标选中该字段域，然后用鼠标左键拖动到合适的位置即可。

③必须保证数据源的第一行为字段名。

④有多个数据源的时候，一定要先逐个将其规范，字段顺序、字段名都保证统一后再进行数据源的合并，否则只能将每个主文档和每个数据源分别建立对应关系，生成多份文档。

⑤在邮件合并的第一步“开始邮件合并”时，如果选中的是“信函”，那么生成的文档是根据主文档内容而不断分页的内容；如果选中的是“目录”，那么生成的文档是以主文档为基础的连续内容；如果选中的是“信封”或者“标签”，那么生成的文档是特定格式的载体。

⑥通过邮件合并生成工资条的时候，需要在一页上显示多个人的工资信息，那么在第一步“开始邮件合并”时，需要选择“目录”。如果希望每条记录不连续显示，注意在主文档中需要在工资条编辑好后按 Enter 键。

案例四　毕业论文格式排版
——Word 提高操作

任务五　毕业论文正文的设计

【情景导入】

转眼就到了大学的最后一个学年，小 A 完成了所有的课程学习，剩下毕业前的一项重要任务——毕业论文撰写。学校要求学生在专业教师的指导下完成 8 000 字以上的毕业论文。学校对毕业论文的格式有专门要求：论文的内容包括摘要、关键词、正文和参考文献等；采用国际标准 A4 型纸打印；论文标题用三号黑体字体，顶部居中排列，上下各空一行……。由于在大学的课程学习中，小 A 很认真地学习了所有专业课程，他很快地拟定了论文提纲，完成了论文的内容撰写。如何按照学校的要求设置论文的格式呢？这可愁坏了小 A，于是小 A 查阅文档资料，分析相关任务技能点，并掌握了预备知识，现在就差具体实践了，让我们跟着小 A 一起来完成这项任务吧。

1. 学习目标

- 掌握样式、字体、段落、项目、首字下沉、缩进和间距、题注和尾注等排版技巧。
- 掌握编辑公式。
- 掌握分节及页码设置。
- 掌握使用组织结构图。

2. 预备知识

(1) 毕业论文的格式要求

毕业论文一般由以下部分组成：论文封面、中文摘要及关键词、英文摘要及关键词、目录、引言、正文、结语、参考文献、后记等。

①论文封面

论文封面采用学校统一印制的封面，用三号宋体字体打印封面论文题目，四号宋体字体打印封面院系、专业、届别、学号、姓名、指导老师姓名和职称，底部××大学教务处及论文完成时间用小四号宋体字体打印。

②中文摘要及关键词

“摘要”标题用四号宋体字体，加粗、居中打印，用五号宋体字体及1.5倍行距打印摘要的正文，用四号宋体字体加粗打印“关键字”，用五号宋体字体打印关键词，并按词条外延层次从小到大排列，中间空两个字符。

③英文摘要及关键词

“Abstract”标题用四号宋体字体，加粗、居中打印，用五号“Times New Roman”字体、单倍行距、英文标点符号和上下行首尾对齐打印摘要的正文，用四号“Times New Roman”字体加粗打印“Keywords”，用五号“Times New Roman”字体和小写英文打印关键词。

④目录

“目录”使用四号宋体字体，加粗、居中打印。目录使用正文标题生成即可，采用小四号宋体字体打印，页码个位数必须对齐。

⑤引言

“引言”使用标题并前后各空一行，引言内容使用小四号宋体字体、1.5倍行距和中文标点符号打印。

⑥正文

层次大标题可用“一”“二”“三”加顿号序号，小四号宋体字体，居中（可加粗），上、下各空一行打印。

子标题可用“（一）”“（二）”“（三）”加括号序号，小四号宋体字体（可加粗），居左，注意向右缩进两格，上、下不空行打印。

内容部分用小四号宋体字体，全部1.5倍行距，注意每段首行向右缩进两格打印。

“一”“二”“三”序号后加顿号；“（一）”“（二）”“（三）”序号后不能加标点；“1”“2”“3”序号后加点号，不能加顿号；“（1）”“（2）”“（3）”序号后不加标点。

大段引文用小四号楷体字体，首行缩进两格，整体再缩进两格。

标点符号全部用中文格式，不用“,”“;”“.”“!”“?”“""”“...”“()”等英文半角格式。

插入图表均居中处理，要标序号，如：图1、图2，表1、表2等。

⑦结语

“结语”标题使用小四号宋体字体，居中，上、下各空一行打印，结语内容紧接正文，不另起一页，使用小四号宋体字体、1.5倍行距打印。

⑧参考文献

“参考文献”应根据论文写作中实际参考的文献按一定的顺序列出，格式应规范，内容包括作者姓名、文献名称、文献类型、翻译者（外文著作）、出版城市、出版单位、出版年份和杂志期号（加括号），网络文章必须附上网站名称和页面网址，并注意各部分间的标点符号。

注释及参考文献应当使用规范化标注，其类型及标识为：专著（M）、论文集（C）、报纸文章（N）、期刊文章（J）、学位论文（D）、研究报告（R）、标准（S）、专利（P）、论文集中析出文献（A）、其他（Z）、网络文献（EB/OL）。

⑨后记

“后记”另起一页，使用四号宋体字体、居中打印，其内容使用小四号宋体字体、1.5 倍行距，中文标点符号打印。

（2）设置正文样式

①样式的定义

简单地说，样式就是格式的集合。通常所说的“格式”往往指单一的格式，例如“字体”格式、“字号”格式、“段落”格式等。每次设置格式，都需要选择某一种格式。如果文字或段落的格式比较复杂，就需要进行不同的格式设置。而样式作为格式的集合，它可以包含几乎所有的格式，设置时只需选择某个样式，就能把其中包含的各种格式一次性设置到文字和段落上。

如图 4-1 所示，Word 默认提供了“正文”“标题 1”等样式。如果用选中文字或用格式栏来设定格式，一定要想想其他地方是否需要相同的格式，如果需要的话，最好就定义一个新的样式。对于相同排版表现的内容一定要坚持使用统一的样式，这样做能大大减少工作量和避免出错。如果要对相同样式的文档做格式调整，只需一次性修改相关样式即可。使用样式的另一个好处是可以由 Word 自动生成各种目录和索引。

图 4-1　Word 默认样式集合

②样式的修改

如果要进行样式修改，先不急于在论文中录入文字，需要先设置一下文字或段落的样式。通常，很多人都是在录入文字后，用“字体”“字号”等命令设置文字的格式，用“两端对齐”“居中”等命令设置段落的对齐，但这样的操作要重复很多次，而且一旦设置不合理，最后还要不断修改。

熟悉 Word 技巧的同学对于这样的格式修改并不担心，因为他们可以用“格式刷”将修改后的格式完全刷到其他需要改变格式的地方。然而，如果有几十个、上百个这样的修改，也得刷上几十次、上百次，对我们的手指和键盘会有极大压力。而使用了样式就不必有这样的担心。

样式的修改操作为：从菜单处单击“开始”命令，再单击“样式”功能区右下角中 图标，出现如图 4-2 所示的“样式”设计框，在右侧的任务窗格中即可设置或应用格式或样式。

“标题 1”～“标题 9”为标题样式，它们通常用于各级标题段落，与其他样式不同的是标题样式具有级别，分别对应级别 1～9。这样，就能够通过级别得到文档的结构图、大纲和目录。在如图 4-2 所示的样式列表中，只显示了“标题 1”～“标题 3”三个标题样式，如果标题的级别比较多，可在图 4-3（a）中的“选择要显示的样式”

下拉列表中选择“所有样式”，即可选择图 4-3（b）中的“标题 4”～“标题 7”等样式。

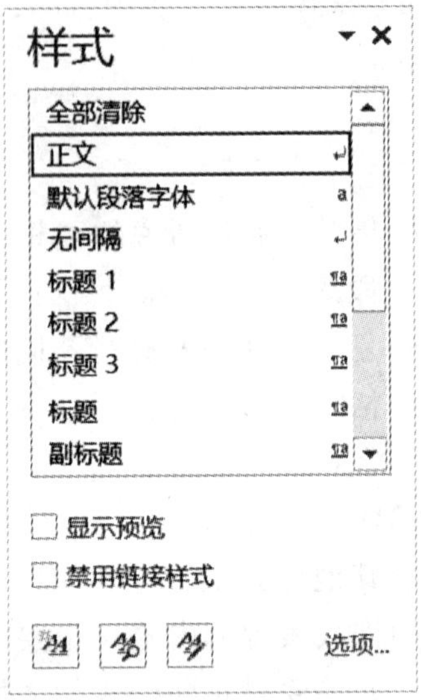

图 4-2　Word 样式列表

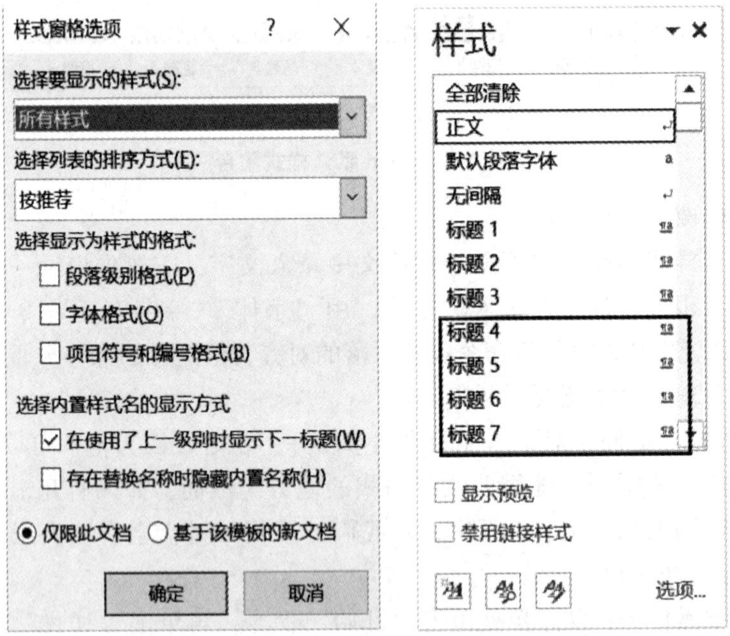

（a）　　　　　　　　（b）

图 4-3　Word 所有样式

③样式的应用

现在来规划一下论文可能用到的样式。对于论文中的大标题，采用“标题 1”样式，论文中的小标题，按层次分别采用“标题 2”～“标题 4”样式。论文中的说明文字，采用“正文首行缩进 2 字符”样式。规划结束之后，即可录入论文正文的内容了。

（3）设置字体

字体涵盖了中文及西文字体、字形和字号等格式。中文字体一般使用“宋体”，而西文字体一般使用“Times New Roman”。中西文字号对照表如表 4-1 所示。

表 4-1　中西文字号对照表

中文字号	三号	小三	四号	小四	五号	小五
西文字号	16	15	14	12	10. 5	9

①字体设置

从菜单处单击“开始”命令，再单击“字体”功能区右下角的图标，出现如图 4-4 所示的“字体”设置对话框。这时可以对中文字体、西文字体、字形、字号、颜色、效果等进行设置，并在预览栏中显示设置的效果。

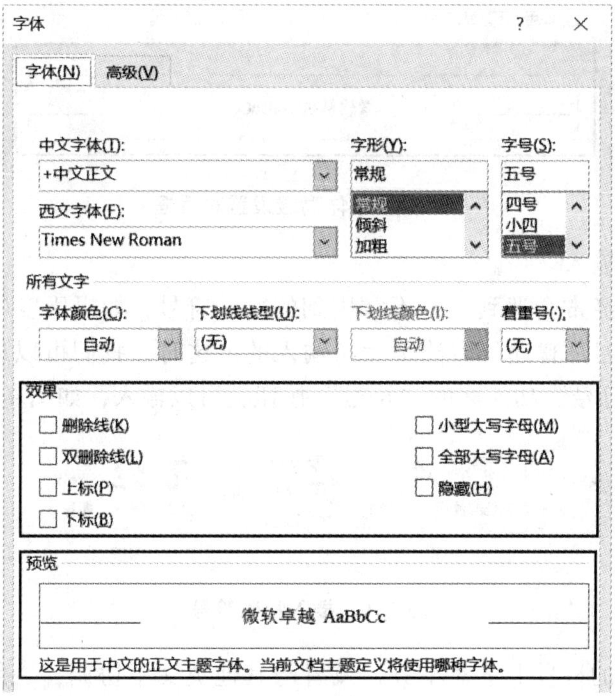

图 4-4　字体设置对话框

标题一般使用“字形”中的“加粗”，公式中的变量一般使用字形中的“斜体”，对选中文字内容还可以加下划线和删除线等。上下标也可以通过字体来设置。

②字体高级功能

在图 4-4 中单击上部的“高级”标签，出现如图 4-5 所示的字体高级设置对话框。选择“缩放”下拉框可以对选中内容进行 80%、150%等比例缩放；选择“间距”可以把文字的间距设置为“标准”“加宽”“紧缩”。设置后的效果可以在预览栏目中显示。

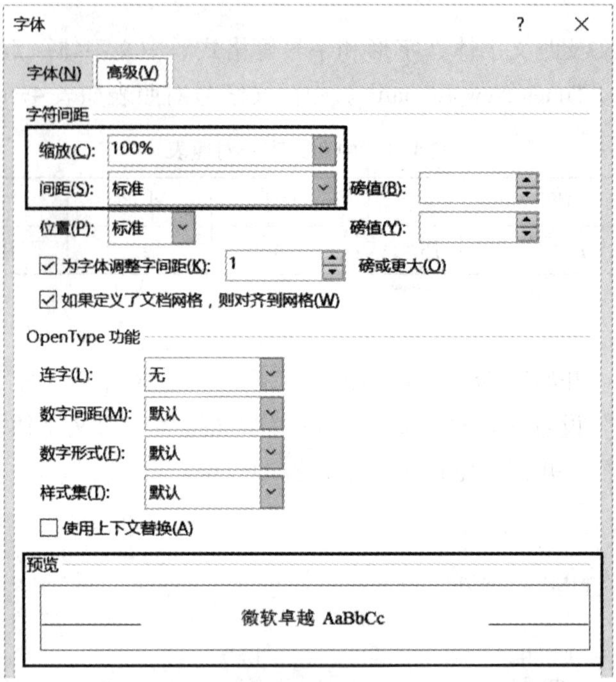

图 4-5　字体高级设置对话框

③特殊符号的输入

在论文排版中经常会遇到一些不常用到的特殊符号，如摄氏度(℃)、选择符(√)等，而这些特殊符号用普通的方法是无法输入的。这时，我们可以通过单击菜单“插入”，然后选择“符号”功能区的“符号”按钮就可以输入，如图 4-6 所示。

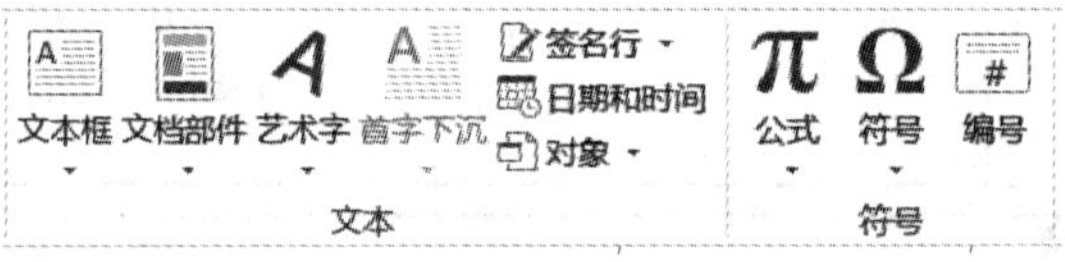

图 4-6　插入特殊符号

如果觉得插入的符号上下对不齐，或者与其他英文不协调，一般是由于符号的字体选用宋体的原因，改成“Times New Roman”字体就可以解决。

比较特殊的是摄氏度的符号，很多英文字体中都没有这个符号，建议使用大写 C 和小写字母 o（上标）的方法来写，否则很可能在一些电脑上无法正确显示。如果实在想用的话，在宋体的符号中有摄氏度的符号。另外，填写表格经常使用☑符号，可以通过选择功能区的“符号”按钮，在弹出的对话框中，选择字体 Wingdings 2 来输入，如图 4-7 所示。

建议不要使用 MathType 或 Word 自带的公式来输入正文中的符号，这样容易产生上下对不齐的问题，使用符号即可。另外，常用的符号字体还有 Symbol。

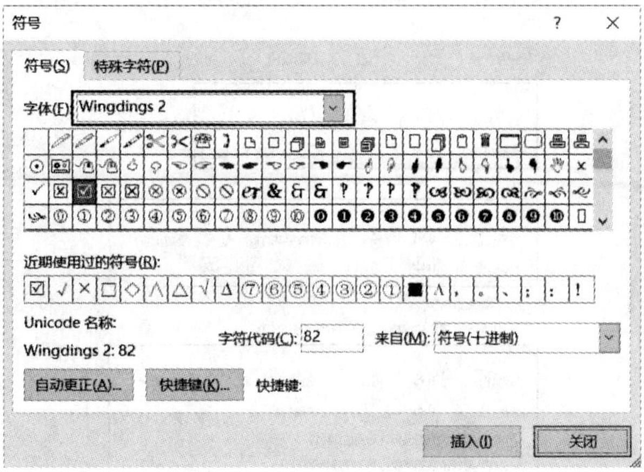

图 4-7　表格特殊符号

④脚注和尾注

脚注和尾注都是对文本的补充说明。脚注是对文档中某些文字的说明，一般位于文档某页的底部；尾注用于添加注释，例如备注和引文，一般位于文档的末尾，以对文档提供更多的信息。尾注和脚注一样，是由两个关联的部分组成，包括注释引用标记和其对应的注释文本。

用户可让 Word 自动为标记编号或创建自定义的标记。在添加、删除或移动自动编号的注释时，Word 将对注释引用标记重新编号。如图 4-8 所示的上半部分，可以单击菜单“引用”，在脚注功能区插入脚注或尾注，页面底部的脚注效果如图 4-8 所示的下半部分。

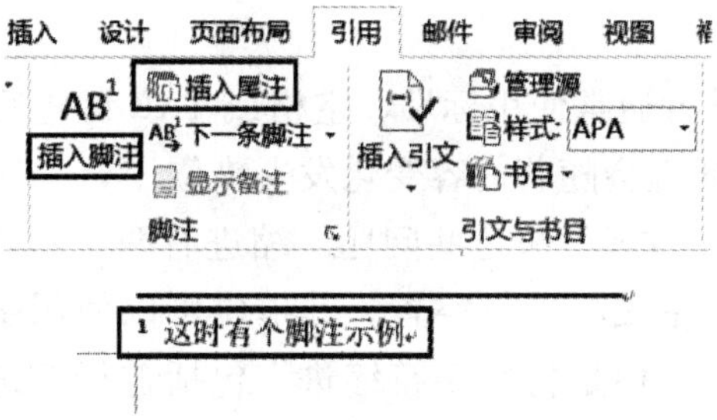

图 4-8　使用脚注或尾注

（4）设置段落

Word 中的段落一般是由回车键产生的，段落的设置包括对齐方式、缩进、行距、编号等功能。从菜单处单击“开始”命令，再单击“段落”功能区右下角中图标，出现如图 4-9 所示的“段落”设计框，就可以进行常规设置、缩进设置、间距设置，并在预览区进行直观查看。

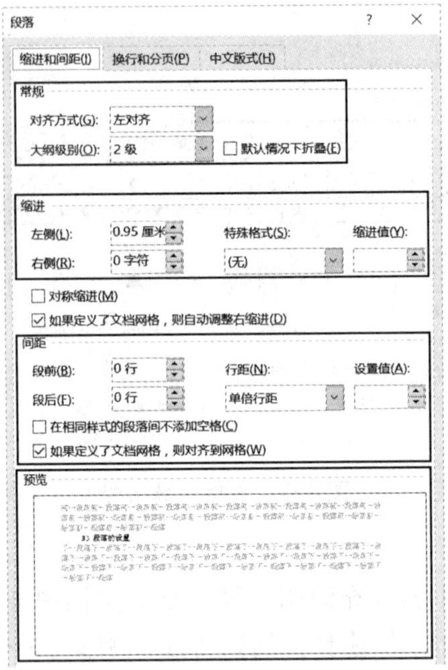

图 4-9　段落整体设置

①常规设置

对齐方式有两端对齐、分散对齐、左对齐、居中对齐、右对齐，中文论文一般选用两端对齐，英文论文一般选用左对齐。

一般只有章节标题、次级标题等使用大纲级别，分别对应 1 级、2 级、3 级等，其他全部采用正文文本样式。使用大纲级别后，能方便地使用“导航窗格”及生成目录。

②缩进设置

在正文排版中，初学者通常使用标尺、空格或 TAB 键进行对齐，但标尺的精度不容易控制，空格键和 TAB 键会随着内容变化发生错位。

因此，Word 采用缩进方式解决这些问题。缩进有两种形式：第一种是左缩进或右缩进，表示对段落整体上左或右进行空置，其单位可以使用字符或厘米，这种形式在论文排版中使用较少。第二种是特殊字符缩进，包括首行缩进和悬挂缩进，使用较多的是首行缩进，单位使用字符或厘米，设置为 2 字符是最常用的方式。

③间距设置

间距也称为行间距，根据论文要求，设置段前、段后和行距即可，其度量值使用行或磅。行间距可以使用符号进行上下微调，也可以直接输入某个数值和度量单位。

行距可以选择单倍行距、1.5 倍行距、2 倍行距；也可以选择固定值和最小值，然后在设置值中输入某个数值。

④多级列表和标题样式

在毕业论文中，除了习惯上是使用数字 1、2、3…表示多项内容外，还需要用 1.1、1.1.1 等表示多层级的列表。如图 4-10 所示，Word 提供“多级列表”产生多级自动编号的功能，通常使用“1.”“1.1.”“1.1.1.”的层级编号。编号级别可通过符号实现“减少缩进量”“增加缩进量”的效果。

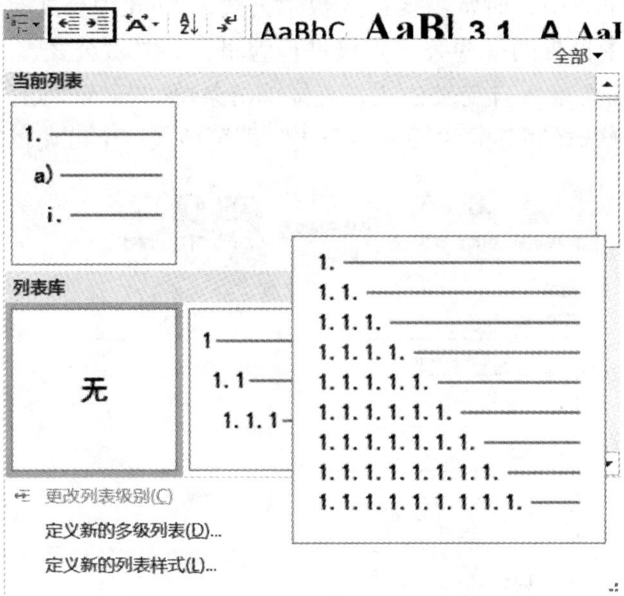

图 4-10　项目符号库和编号库

多级列表可以与标题样式联合使用，达到“标题 1”自动编号是“1.”，“标题 2”自动编号是“1. 1.”，“标题 3”自动编号是“1. 1. 1.”的功能。在图 4-10 中单击“定义新的多级列表”，出现“定义新多级列表”对话框后，单击左下角的“更多”按钮，出现如图 4-11 所示的设计框。在“单击选择要修改的级别”中选择对应的级别，在“将级别链接到样式”下拉框中选择对应的标题样式，这样将多个级别列表与标题样式对应，就可以直接在使用该标题样式后，自动具有定义好的级别编号。

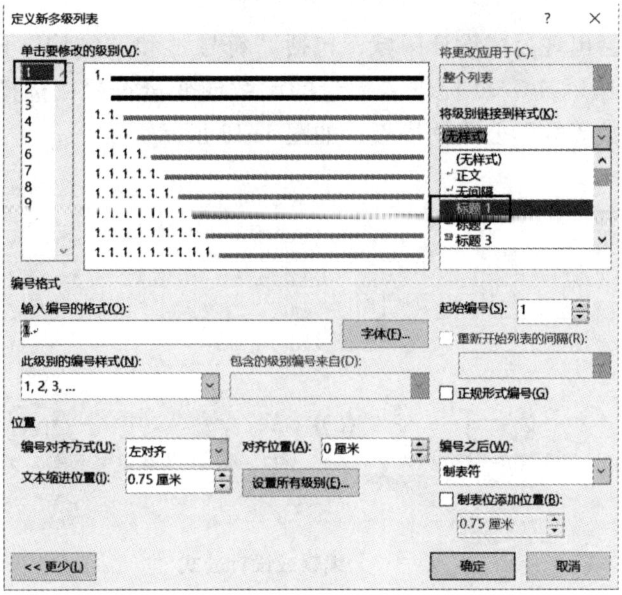

图 4-11　定义新多级列表与标题样式对应

（5）使用 MathType 插入公式

在毕业论文的书写中，时常需要插入数学公式，Word 中公式是一种特殊的对象。使用者可利用系统中自带的一些公式直接进行编辑，如二次公式、二项式定理等，如图 4-12 所示。如需要录入自定义公式，直接单击菜单“插入”后，在“符号”功能区中单击“符号”，选择底部的“插入新公式”即可插入一个可编辑的公式到文档中。

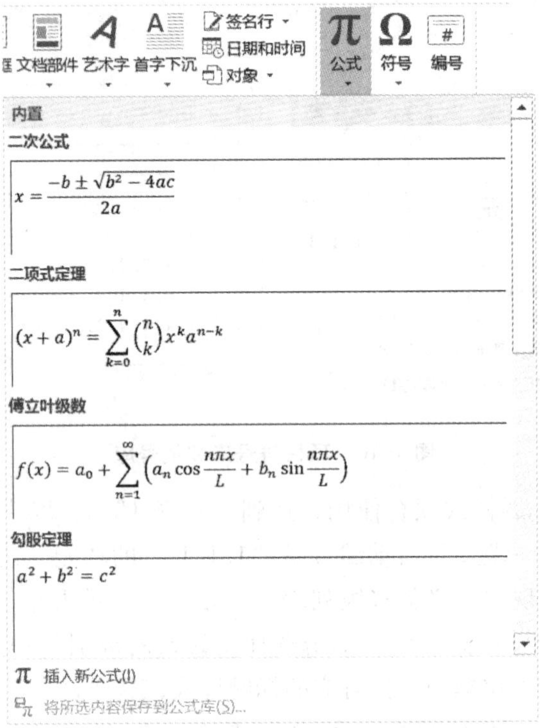

图 4-12　插入公式

插入公式后，会出现公式设计区域，包括“符号”和“结构”两个功能区。单击展开“符号”功能区后，Word 提供了大量的函数或变量符号；选择“结构”功能区后，也有积分、导数等数学公式的模板，如图 4-13 所示。

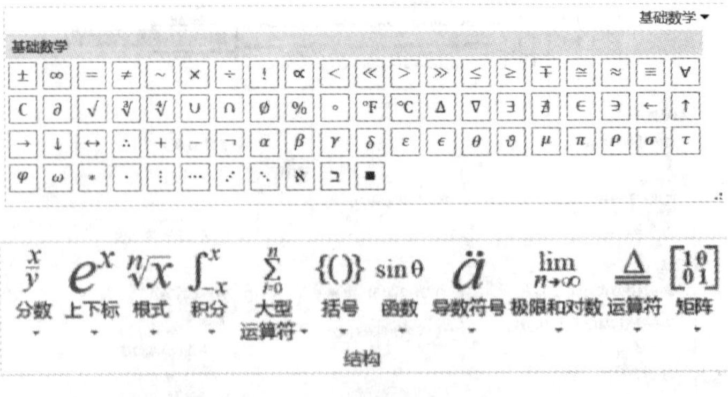

图 4-13　编辑或设计公式

（6）使用分页符和分节符

毕业论文的不同章节通常会另起一页开始，使用者习惯用加入多个空行的方法使新的部分另起一页，这是一种错误的做法，会导致修改时重复排版，降低工作效率。

Word 提供了插入分页符分页，通过单击菜单“插入”，选择“页面”功能区的分页来实现，无论当前位置的前后内容是否发生改变，都会显示或打印到新的一页中。

如希望实现在不同的章节中使用不同的页眉和页脚，就需要通过插入分节符来实现。如图 4-14 所示，单击菜单“页面布局”，在“页面设置”功能区中单击“分隔符”，出现了分页符和分节符两种分隔符。分节符是将不同的部分分成不同的章节，这样就会在当前光标位置插入一个不可见的分节符，这个分节符不仅将光标位置后面的内容分为新的一节，还会使该节从新的一页开始，实现既分节，又分页的功能，为后面不同的章节或奇偶页定义不同页面和页脚提供准备。

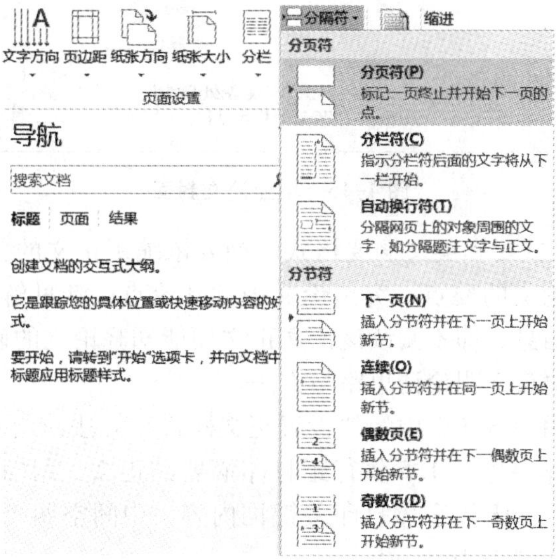
文字方向
页边距
纸张方向
纸张大小
分栏
分隔符
缩进
页面设置
导航
搜索文档
标题
页面
结果
创建文档的交互式大纲。
要开始，请转到"开始"选项卡，并向文档中
标题应用标题样式。
分页符
分页符(P)
标记一页终止并开始下一页的点。
分栏符(C)
指示分栏符后面的文字将从下一栏开始。
自动换行符(T)
分隔网页上的对象周围的文字，如分隔题注文字与正文。
分节符
下一页(N)
插入分节符并在下一页上开始新节。
连续(O)
插入分节符并在同一页上开始新节。
偶数页(E)
插入分节符并在下一偶数页上开始新节。
奇数页(D)
插入分节符并在下一奇数页上开始新节。

图 4-14　插入分页符和分节符

3. 回到场景

小 A 接到写毕业论文的任务后，首先与指导教师沟通论文的方向，其次到图书馆和网上查阅了大量的参考文献，终于准备好了论文需要的各种素材。接下来开始对论文的封面、摘要、正文等格式进行有效性设置，其中目录的设计放在下一个任务中讲解。毕业论文格式设计操作步骤如下：

步骤 1：设计毕业论文封面格式。大学的毕业论文封面均有标准的模板，使用者可根据毕业论文的实际内容填写。标题通常要求在 20 字以内，如一行太长，可以折行保持与标题的上一行两端对齐。在横线处填写拟定的题目，并单击“开始”菜单，通过“字体”功能区设置为三号宋体字体。院校、专业、届别、学号、指导教师按照实际内容填写在横线处。届别指毕业的学年，指导教师的名字与职称中间要一个空格，并通过“字体”功能区设置为四号宋体。底部××大学教务处及论文完成时间，通过“字体”

功能区设置为小四号宋体字体。

封面的最终效果如图 4-15 所示。

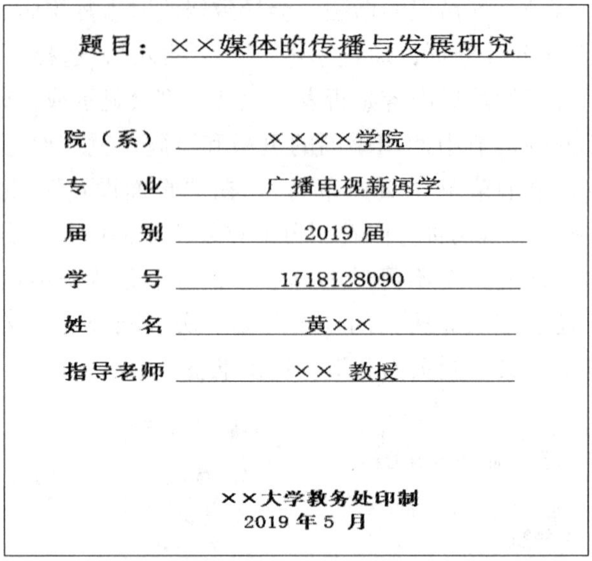

题目：××媒体的传播与发展研究

院（系） ××××学院

专　　业 广播电视新闻学

届　　别 2019 届

学　　号 1718128090

姓　　名 黄××

指导老师 ×× 教授

××大学教务处印制

2019 年 5 月

图 4-15　毕业论文封面

步骤 2：设计中文摘要和英文摘要格式。摘要浓缩了正文的关键内容及论证逻辑，即用简洁的语言概括论文的要点，突出论文中的新论点、新见解或新方法，应当含有整篇论文中最重要的信息，即不阅读该论文正文便能知晓论文的研究内容及主要观点。结尾还可以用简洁的语言点明论证思路与方法。

中文摘要标题使用预备知识中的“设置正文样式”方法，用四号宋体字体，加粗、居中打印，用五号宋体字体及 1.5 倍行距打印摘要的正文，用四号宋体字体、加粗打印关键词 3 个字，用五号宋体字体打印关键词内容，中间空两个字符，注意最后插入分页符。其最终效果如图 4-16 所示。

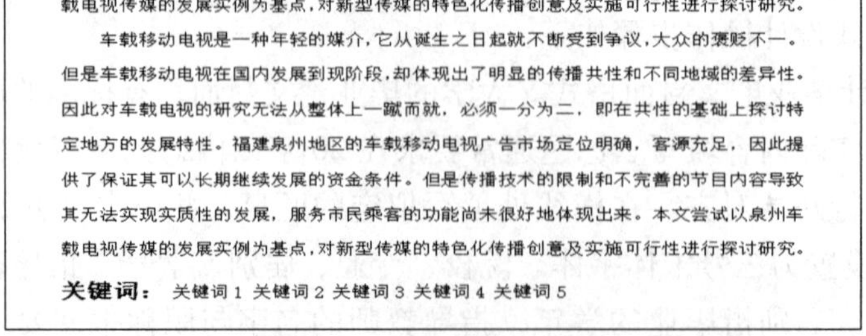

摘　要

车载移动电视是一种年轻的媒介，它从诞生之日起就不断受到争议，大众的褒贬不一。但是车载移动电视在国内发展到现阶段，却体现出了明显的传播共性和不同地域的差异性。因此对车载电视的研究无法从整体上一蹴而就，必须一分为二，即在共性的基础上探讨特定地方的发展特性。福建泉州地区的车载移动电视广告市场定位明确，客源充足，因此提供了保证其可以长期继续发展的资金条件。但是传播技术的限制和不完善的节目内容导致其无法实现实质性的发展，服务市民乘客的功能尚未很好地体现出来。本文尝试以泉州车载电视传媒的发展实例为基点，对新型传媒的特色化传播创意及实施可行性进行探讨研究。

车载移动电视是一种年轻的媒介，它从诞生之日起就不断受到争议，大众的褒贬不一。但是车载移动电视在国内发展到现阶段，却体现出了明显的传播共性和不同地域的差异性。因此对车载电视的研究无法从整体上一蹴而就，必须一分为二，即在共性的基础上探讨特定地方的发展特性。福建泉州地区的车载移动电视广告市场定位明确，客源充足，因此提供了保证其可以长期继续发展的资金条件。但是传播技术的限制和不完善的节目内容导致其无法实现实质性的发展，服务市民乘客的功能尚未很好地体现出来。本文尝试以泉州车载电视传媒的发展实例为基点，对新型传媒的特色化传播创意及实施可行性进行探讨研究。

关键词： 关键词 1 关键词 2 关键词 3 关键词 4 关键词 5

图 4-16　中文摘要和关键字

"Abstract"标题使用预备知识中的"设置正文样式"方法，用四号宋体字体，加粗、居中打印，用五号"Times New Roman"字体、单倍行距、英文标点符号和上下行首尾对齐打印摘要的正文，用四号"Times New Roman"字体、加粗打印 Keywords，用五号"Times New Roman"字体和小写英文打印关键词，关键字之间用英文逗号分隔，注意最后插入分页符。其最终效果如图 4-17 所示。

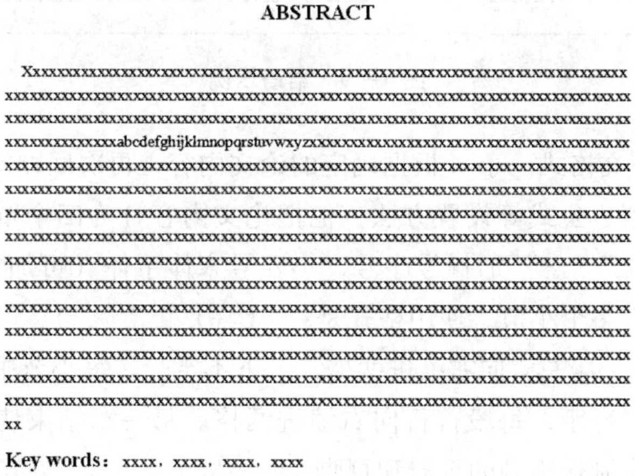

图 4-17　英文摘要和关键字

步骤 3：设计引言和结语格式。"引言"标题使用小四号宋体字体，居中，上、下各空一行打印。引言内容使用小四号宋体字体、1.5 倍行距和中文标点符号打印，注意最后插入分页符。其最终效果如图 4-18 所示。

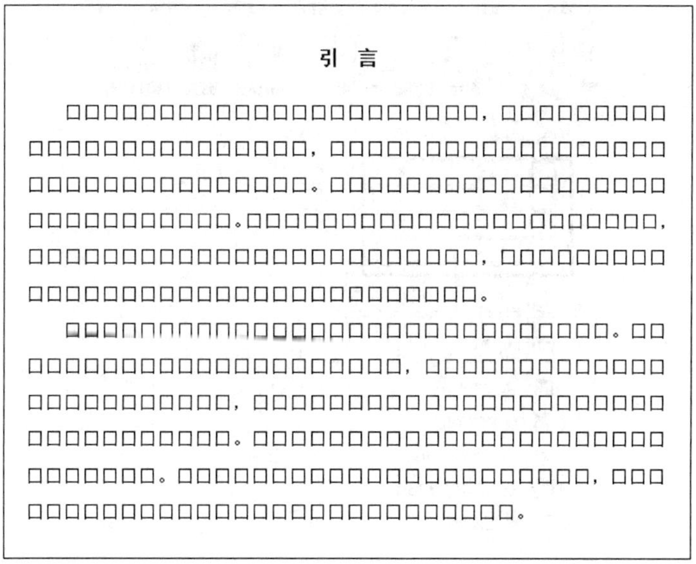

图 4-18　引言示例

"结语"标题使用小四号宋体字体，居中，上、下各空一行打印。结语内容紧接正文，不另起一页，使用小四号宋体字体、1.5 倍行距打印。其最终效果如图 4-19 所示。

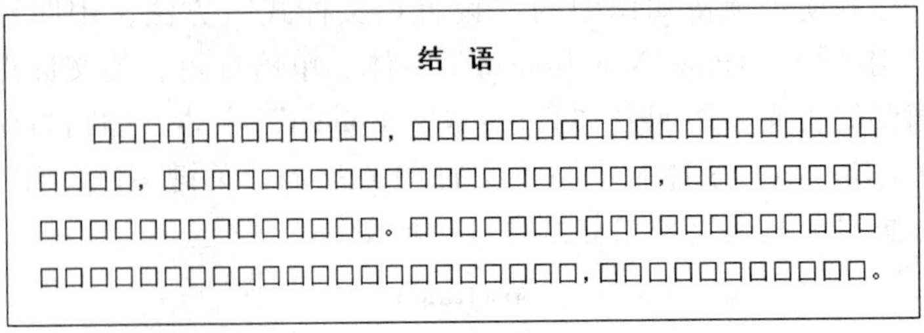

图 4-19　结语示例

步骤 4：设计正文格式。小 A 根据确定的论文内容，再次回顾了预备知识中关于正文样式、字体、段落、公式等设置方法。他把论文内容分为四个章节。每章的标题使用格式是："一""二""三"加顿号序号，小四号宋体字体（可加粗），居中，上、下各空一行。每章含有多个小节，使用格式是："（一）""（二）""（三）"序号，小四号宋体（可加粗），居左，向右缩进两格，上下不空行。每小节中文字设置为：小四号宋体，全部 1.5 倍行距，每段首行向右缩进两格。每一章结束使用分节符分隔成新的一页，以方便后期制作不同的页眉和页脚。

第一步，插入表格。在毕业论文的内容中，需要把一些数据用表格的形式写出来，单击"插入"—"表格"，出现如图 4-20 所示的对话框，可以用鼠标选中插入表格的行和列，也可以先不确定行列，等后期再在表格中插入、删除行和列。

图 4-20　插入表格

论文中的表格输入还有一种更方便的方法：使用 Excel 编辑好需要的表格后，直接选中需要的区域，可以直接复制到 Word 文档中，减少 Word 编辑表格的难度。

第二步，插入图片。在论文中，需要插入一些自己制作的图片，如操作步骤示意图、逻辑结构图等。单击“插入”菜单，在“插图”区域单击“图片”后，弹出如图 4-21 所示的对话框，选择需要插入的图片即可。

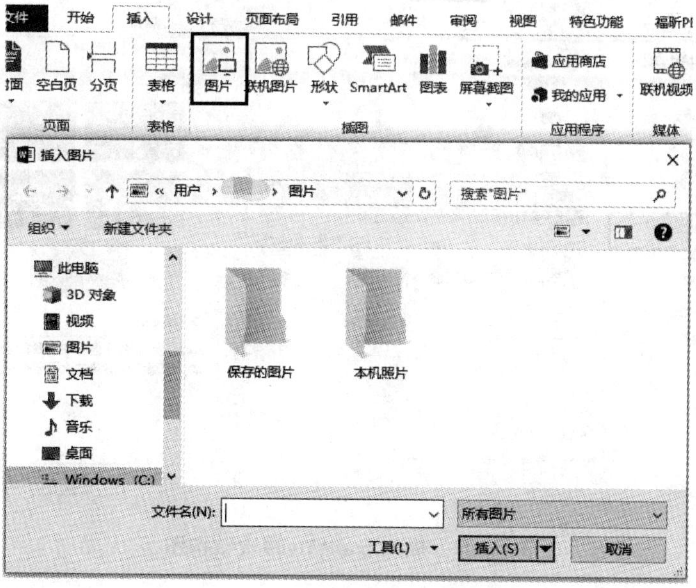

图 4-21　插入图片

插入图片也有一种便捷的方法：在看图软件中直接单击“复制”或键盘操作 Ctrl+C 组合键，然后在 Word 中执行“粘贴”或键盘操作 Ctrl+V 组合键即可。

注意一点，从插入表格、图片和将要讲到的组织结构图来看，这些设置都是把插入的内容作为一个对象来处理。Word 中的对象可以是一段文字、图片、表格、音频、视频等，理解了这一点，就很清楚 Word 对这些对象的处理方式了。

第三步，插入 SmartArt 层次结构图。在论文中，需要把一个公司的部门结构图表示出来，这个功能可以通过 Viso、亿图等第三方的画图软件一步步地完成，但比较复杂。Word 提供了专用的 SmartArt 功能可直接生成需要的公司组织结构图。单击“插入”菜单，在“插图”功能区中单击“SmartArt”，选择层次结构图按照提示进行编辑即可，如图 4-22 所示。

如果还想更改组织结构图的颜色，那么在“设计”菜单中选择“SmartArt 样式”功能区，单击“更改验收”，然后从中选择自己喜欢的一种颜色即可。

当需要编辑的组织结构图数据量比较大时，可以使用在预备知识中学习的多级列表功能。首先，把需要的组织结构编辑成对应的多级列表；其次，复制到组织结构图中，快速地生成需要的内容和图片。如图 4-23 所示。

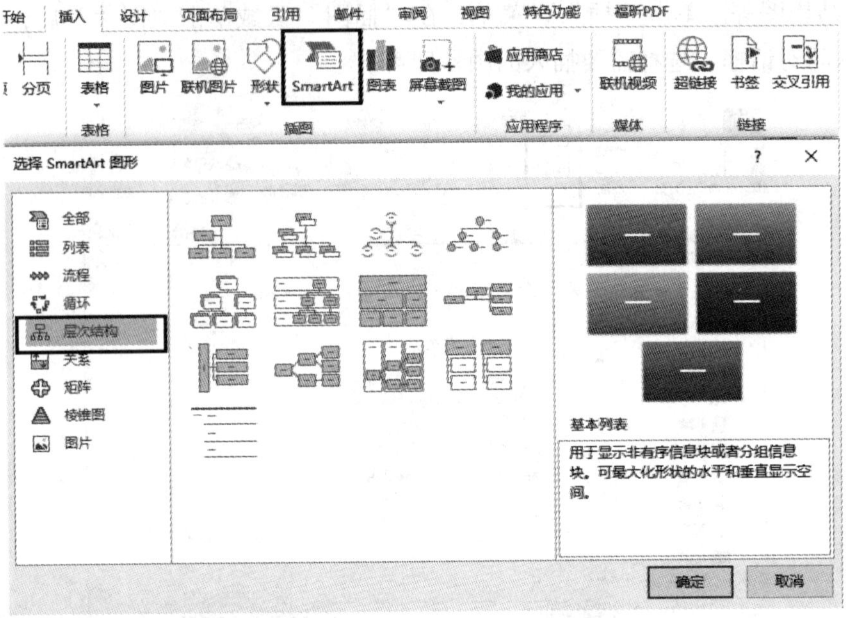

图 4-22　插入 SmartArt 层次结构图

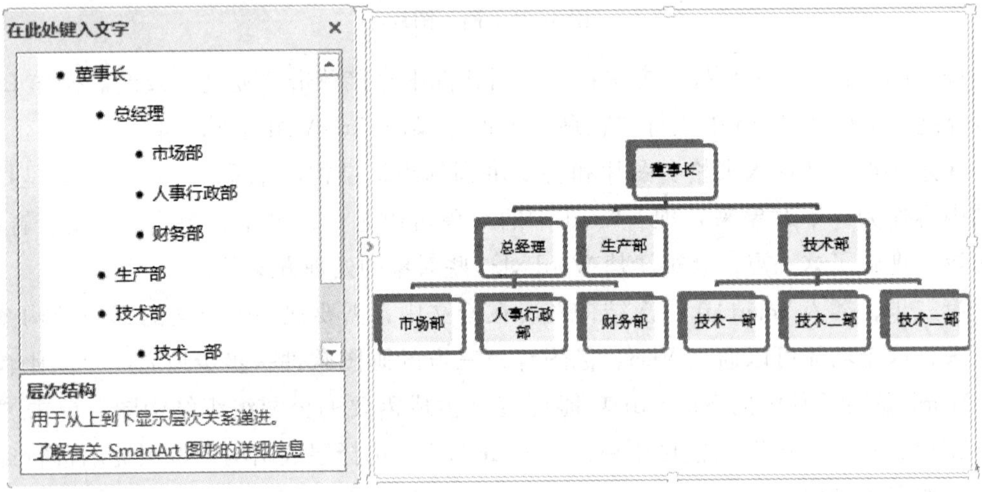

图 4-23　编辑和复制组织结构多级列表

通过上面输入文本、插入图表、插入公式、插入组织图等后，正文的内容显得比较丰富了，如图 4-24 所示。

步骤 5：设计参考文献格式。要求 15 篇以上，至少有 5 篇专著（标注为 M）。应根据论文写作中实际参考的文献按一定的顺序列出，格式应规范，内容包括作者姓名、文献名称、文献类型、翻译者（外文著作）、出版城市、出版单位、出版年份和杂志期号（加括号），网络文章必须附上网站名称和页面网址，并注意各部分间的标点符号。

标题使用四号宋体字体，居中，另起一页。文献使用小四号宋体字体，1.5 倍行距，指定标点符号，注意最后插入分页符。其最终效果如图 4-25 所示。

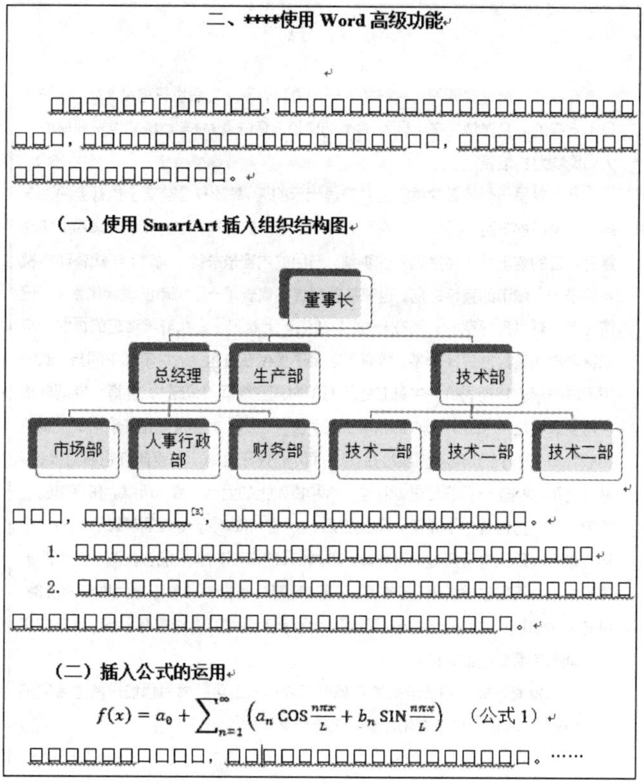
二、****使用 Word 高级功能

□□□□□□□□□□□□□□，□□□□□□□□□□□□□□□□□□□□□□□□□□□，□□□□□□□□□□□□□□□□□□□□□□□，□□□□□□□□□□□□□□□□□□□□□□□□□。

（一）使用 SmartArt 插入组织结构图

董事长
总经理
生产部
技术部
市场部
人事行政部
财务部
技术一部
技术二部
技术二部

□□□，□□□□□□[3]，□□□□□□□□□□□□□□□□□□□□□。

1. □□□□□□□□□□□□□□□□□□□□□□□□□□□□□□□□□□□□□□□。

2. □□□。

（二）插入公式的运用

$$f(x) = a_0 + \sum_{n=1}^{\infty}\left(a_n \mathrm{COS}\frac{n\pi x}{L} + b_n \mathrm{SIN}\frac{n\pi x}{L}\right) \quad （公式1）$$

□□□□□□□□□□□□，□□□□□□□□□□□□□□□□□□□□□。……

图 4-24　论文正文示例

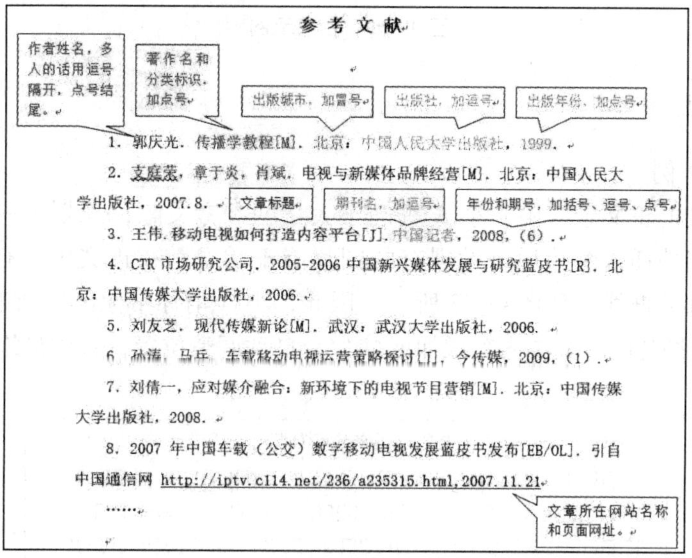

作者姓名，多人的话用逗号隔开，点号结尾。
著作名和分类标识，加点号。
出版城市，加冒号。
出版社，加逗号。
出版年份，加点号。
文章标题。
期刊名，加逗号。
年份和期号，加括号、逗号、点号。
文章所在网站名称和页面网址。

参 考 文 献

1. 郭庆光. 传播学教程[M]. 北京：中国人民大学出版社，1999.

2. 支庭荣，章于炎，肖斌. 电视与新媒体品牌经营[M]. 北京：中国人民大学出版社，2007.8.

3. 王伟. 移动电视如何打造内容平台[J]. 中国记者，2008，(6).

4. CTR 市场研究公司. 2005-2006 中国新兴媒体发展与研究蓝皮书[R]. 北京：中国传媒大学出版社，2006.

5. 刘友芝. 现代传媒新论[M]. 武汉：武汉大学出版社，2006.

6. 孙涛，马乐. 车载移动电视运营策略探讨[J]. 今传媒，2009，(1).

7. 刘倩一. 应对媒介融合：新环境下的电视节目营销[M]. 北京：中国传媒大学出版社，2008.

8. 2007 年中国车载（公交）数字移动电视发展蓝皮书发布[EB/OL]. 引自中国通信网 http://iptv.c114.net/236/a235315.html，2007.11.21

……

图 4-25　参考文献示例

步骤 6：设计后记格式。“后记”部分需另起一页，标题使用四号宋体字体、居中打印；其内容使用小四号宋体字体，1.5 倍行距，中文标点符号打印，底部写上签名和写作的日期。后记主要是写作回顾、心得感想以及鸣谢致意等内容，建议长度不超过一页，注意最后插入分页符。其最终效果如图 4-26 所示。

后 记

在修改这篇论文期间，我得知了一个消息，不久之后也将建设 BRT。这使我原本沉寂的心又燃烧起来。因为 BRT 的建设就意味着***车载移动电视规模的扩大和影响力的增强。

我本身是一个很喜欢乘坐公共交通出行的人，每次在公交车上也都会关注车载移动电视的节目，因此，我深深了解一个受众的心理。在封闭的环境中，被动接受广告的袭击是一件很痛苦的事情，节目的内容是关键。同时，车载移动电视真的是一个城市的宣传之窗，也在某些程度上代表了一个城市的现代化水平。记得去年足球世界杯期间，我在***的公共汽车上看到了令我非常难忘的画面，车载移动电视直播世界杯赛事，所有乘客都不愿坐在位置上，往车厢中间挤，欢呼声不时响起，就连司机先生都在红绿灯的时间空隙间“偷瞄”，世博会期间直播世博景象时也是如此。那时的我就在想，***什么时候也能有这般景象？大家争相收看那个小小的屏幕所带来的信息，而不是不予理睬，甚至嫌弃它制造噪音。地域上不过相差一百多公里，但是技术和投入上却大相径庭。所以，在写作的过程中，我一直抱着一个希望，不久之后，***的车载移动电视能够真正成为一个具有服务性质的电视频道。到时候，市民们在乘车的时候，能够从这个小小的屏幕中知道今天的重要新闻，天气情况，股市状况，也能够收看到重大事件的直播，具有文化知识和时尚资讯的节目等等，大家都专注地盯着小屏幕，利用乘车的空余时间充实着自己的大脑。

一切皆有可能，相信未来的车载电视媒体一定可以成为我们日常生活中的“调味剂”，真正实现“文化公交，快乐公交”。

黄***

2019 年 5 月 18 日

图 4-26 后记示例

4. 实训营

(1) 训练实例

在进行论文的正文录入中，小 A 查阅了大量的参考文献，规划了一些图片来丰富论文的内容。当他插入图片后，发现有的图片能正常显示在正文中，有的图片仅仅显示最底部的一部分框线，如图 4-27 所示。因此，小 A 请你帮他出谋划策，想办法解决以上问题，并让图片随着文本内容增加或减少会自动调整位置，希望最终效果如图 4-28 所示。

(一) 当前车载移动电视发展中的普遍性问题

□□□□□□□□□□□□□，□□□□□□□□□□□□□□□□□□□□□□□□□□，□□□□□□□□□□□□□□□□□□□□□□□[4]，□□□□□□□□□□□□□□□□□□□□□□□□□。□□□。

1. □□□。

图 4-27 正文图片显示不全示例

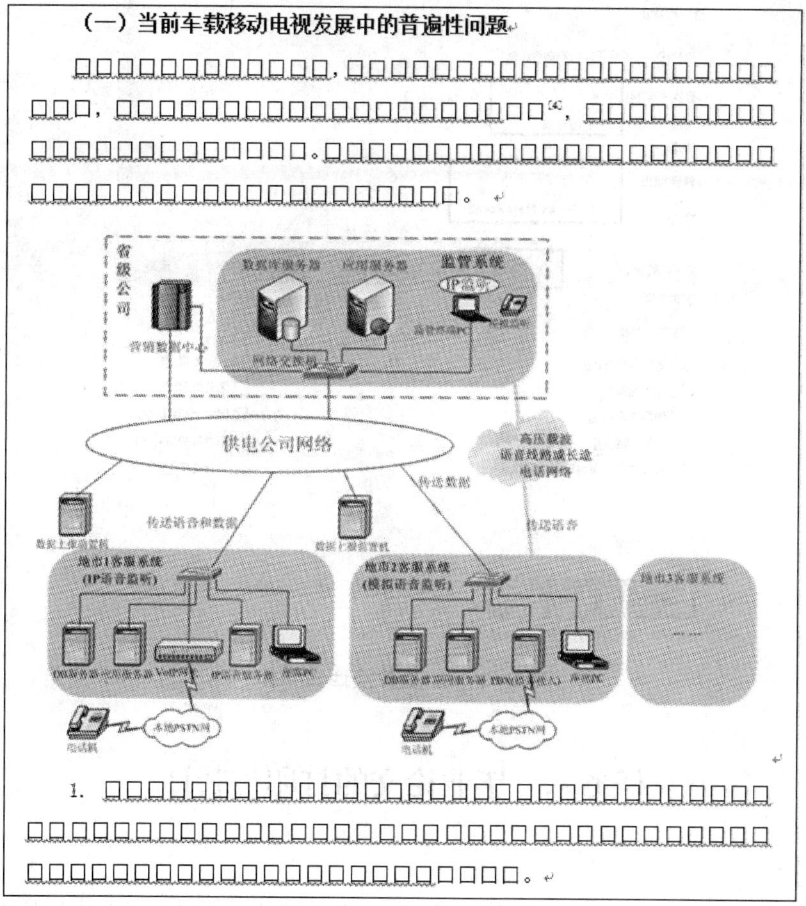

图 4-28　正文图片显示完整示例

（2）常见问题以及操作技巧

在论文的编辑过程中，要求中文选用“宋体”字体，西文选用“Times New Roman”字体。而使用者为了简便，通常采用选中全部文本，统一设置为“宋体”，因此，这样产生了一个问题：把西文字体也变成了“宋体”，不符合毕业论文的要求。那么，如何批量设置中西文字体呢？

解决办法：使用“替换”来完成。选中需要修改的论文正文部分，使用 Ctrl+H 组合键，单击“更多”，弹出如图 4-29 所示的对话框；定位到“查找内容”，单击下部的“特殊格式”按钮，选择“数字”，则显示如图 4-29 中的“^#”；定位到“替换为”，单击下部的“格式”按钮，选择字体为“Times New Roman”；最后单击“替换”完成自动修改，英文字母的修改操作类似。

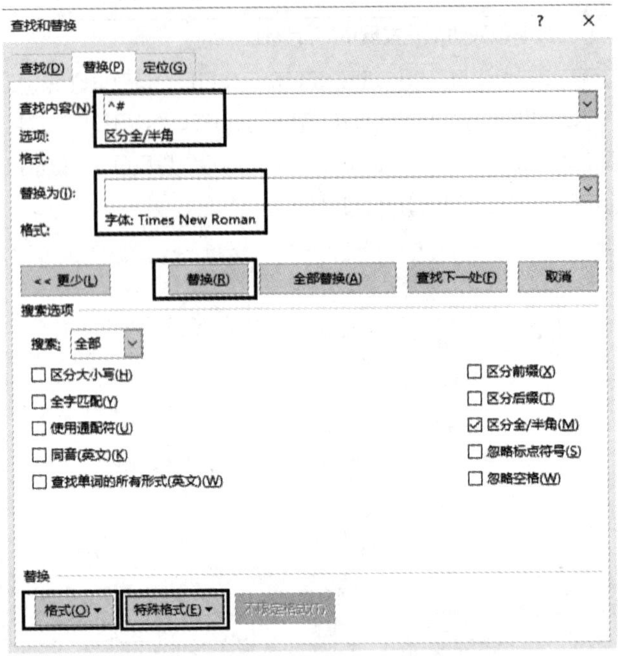

图 4-29　批量替换西文字体

任务六　毕业论文的打印与装订

【情景导入】

撰写完成毕业论文后，小 A 也按照学校对格式的要求进行了设置。接下来是打印和装订要求：第一页封面，第二页目录，第三页内容摘要，第四页正文，倒数第二页参考文献；设置不同的奇偶页页眉和页脚；打印两本，上交电子版……。小 A 在学习 Word 软件时，对目录、个性化页眉和页脚、自定义页码等都不熟悉，于是他把这些任务分解成目录、页眉和页脚、页码、打印等几个技能点。他上网查阅了大量的资料，掌握了预备知识，现在就差具体的设计和实践了，让我们跟着小 A 一起来完成这项任务吧。

1. 学习目标

- 掌握大纲视图与文档结构图。
- 掌握目录导航。
- 设置页眉和页脚。
- 掌握页面设置和打印设置。

2. 预备知识

（1）毕业论文的打印与装订

①打印封面

封面用 A4 标准纸张输出，单面打印。

②页码、页眉和页脚

中英文摘要、引言和目录的页码从编号 1 开始，没有页眉。正文的页码从 1 重新开始编码，其每页均有页眉，每一章从奇数页开始，首页无页眉，偶数页页眉设置为“××××大学毕业论文”，奇数页页眉设置为“第×章 ××××”。

③打印中英文摘要、引言、正文、参考文献、结语、后记

英文摘要、引言、正文、参考文献、结语、后记全都用 A4 标准纸输出，双面打印。

（2）大纲视图与文档结构图

“视图”就是查看文档的方式。同一个文档可以在不同的视图下查看，虽然文档的显示方式不同，但是文档的内容是不变的。Word 2013 提供了“阅读视图”“页面视图”“Web 版式视图”“大纲视图”“草稿”五种视图模式供用户选择。

①阅读视图

“阅读视图”适于阅读长篇文章而不是撰写的工具，如果字数较多，它会自动分成多屏，以图书的分栏样式显示。阅读视图的目标是增加可读性，可以方便地增大或减小文本显示区域的尺寸，而不会影响文档中的字体大小。在阅读版式视图中，用户还可以单击“工具”按钮选择各种阅读工具。想要停止阅读文档时，单击“阅读版式视图”工具栏上的“关闭”按钮，或者按 Esc 或 Ctrl+C 组合键，就可以从阅读版式视图切换回来。

②页面视图

“页面视图”主要用于版面设计。在页面视图下可以进行文本输入、编辑和排版，还可以处理包括页眉、页脚、图形对象、分栏设置、页面边距等，是最接近最终的打印结果的视图模式。但在页面视图下占用计算机资源相对较多，使计算机的处理速度变慢。

③Web 版式视图

“Web 版式视图”以网页的形式显示 Word 文档，适用于发送电子邮件和创建网页。

④大纲视图

“大纲视图”适合于编辑文档的大纲，以便能审阅和修改文档的结构。在大纲视图中，可以折叠文档以便只查看到某一级的标题或子标题，也可以展开文档查看整个文档的内容。在大纲视图下，“大纲”工具栏替代了水平标尺。使用“大纲”工具栏中的相应按钮可以容易地“折叠”“展开”文档，对大纲中各级标题进行“上移”“下移”“提升”“降低”等调整文档结构的操作。大纲视图常用于长文档的快速浏览和设置。

⑤草稿视图

“草稿视图”取消了页面边距、分栏、页眉页脚和图片等元素，仅显示标题和正文，是最节省计算机系统硬件资源的视图方式。

⑥文档结构图

文档结构图是一个完全独立的窗格，它由文档各个不同等级的标题组成，显示整

个文档的层次结构，可以对整个文档进行快速浏览和定位。如图 4-30 所示，选择“视图”菜单，单击“显示”功能区的“导航窗格”，就可以显示文档结构，单击某个标题项，就能快速定位到文档中的位置。

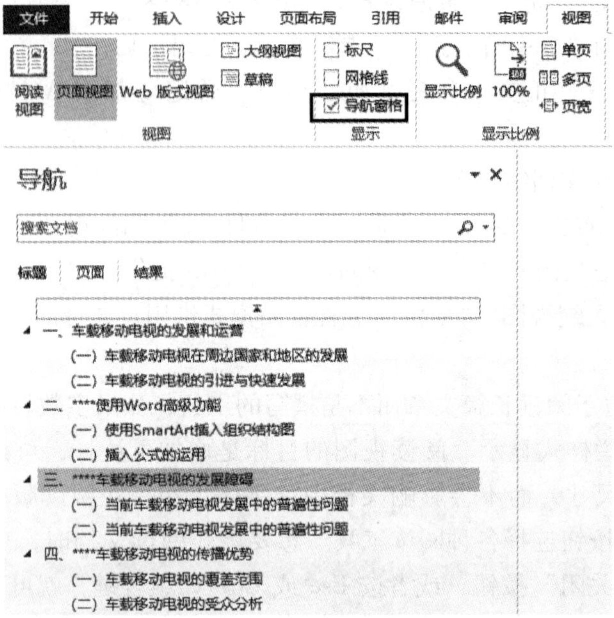

图 4-30　文档结构图示例

论文中的文档结构图是通过把相关的内容设置为前面介绍的“标题”样式，通过“标题 1”“标题 2”“标题 3”等样式就可以产生图 4-30 所示的目录导航结构。

（3）目录

在论文中完成对多级标题的设置后，就产生了目录导航。毕业论文要求：使用四号宋体字体，加粗，居中打印“目录”，目录使用正文标题生成即可，采用小四号宋体字体打印，页码个位数必须对齐。

①新建目录

毕业论文中目录不用手工输入排版，可选择“引用”菜单，在“目录”功能区中，单击“目录”按钮，选择一种版式自动生成目录，如图 4-31 所示。

②更新目录

毕业论文中目录是以“域”的方式插入到文档中的（会显示灰色底纹），因此可以进行更新。当文档中的内容或页码有变化时，可在目录中的任意位置单击鼠标右键，选择“更新域”命令，出现“更新目录”对话框，如图 4-32 所示。如果只是页码发生改变，可选择“只更新页码”；如果有标题内容的修改或增减，可选择“更新整个目录”。

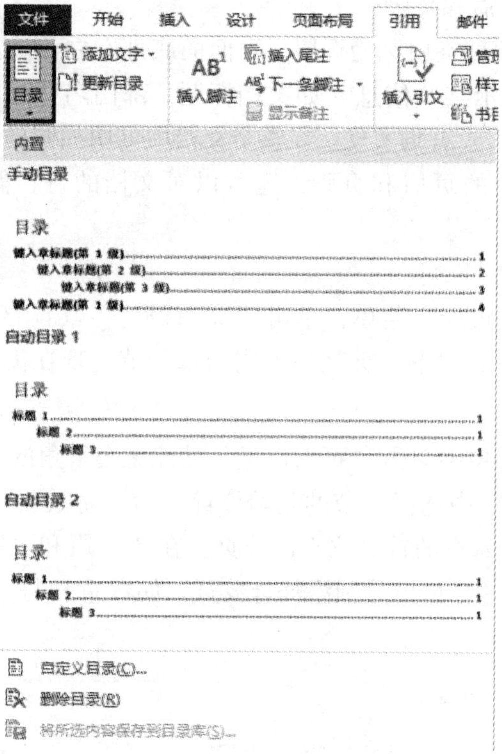

图 4-31　生成目录示例

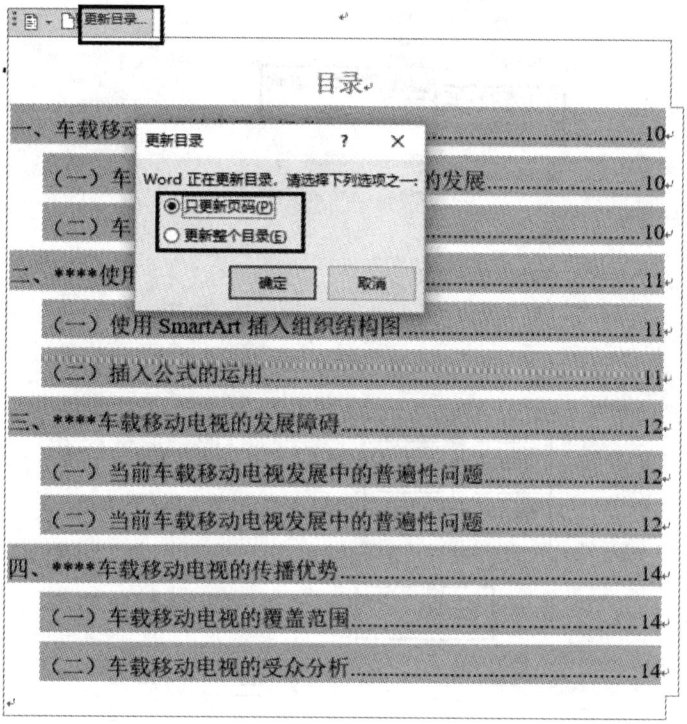

图 4-32　更新目录示例

(4) 设置每节的页眉和页脚

Word 文档页面的顶部空白称为页眉，页面的底部空白称为页脚。如果要在文档每页的顶部或底部重复显示某些信息（如文档标题、部门名称、日期、作者姓名、页码等），可以通过创建页眉、页脚实现。在整个文档中可用相同的页眉和页脚，也可在文档的不同章节使用不同的页眉和页脚，还可以对文档的奇、偶页使用不同的页眉和页脚。

①设置分节

文档中选择“页面布局”菜单，单击“页面设置”功能区的“分隔符”按钮后，选择“分节符”模块下的“下一页”为不同的章分节，现在需要将节、页眉和页脚进一步设置。

在“页面布局”菜单中单击“页面设置”功能区右下角的 图标，所示效果图如图 4-33 所示。在“节”中选择“节的起始位置”为“奇数页”，这样可以让每一节都从奇数页开始，从而让每章的首页位于奇数页。在“页眉和页脚”中选择“奇偶页不同”和“首页不同”，这样可以分别添加奇数页、偶数页和每一节首页的页眉和页脚，并使其内容不同。

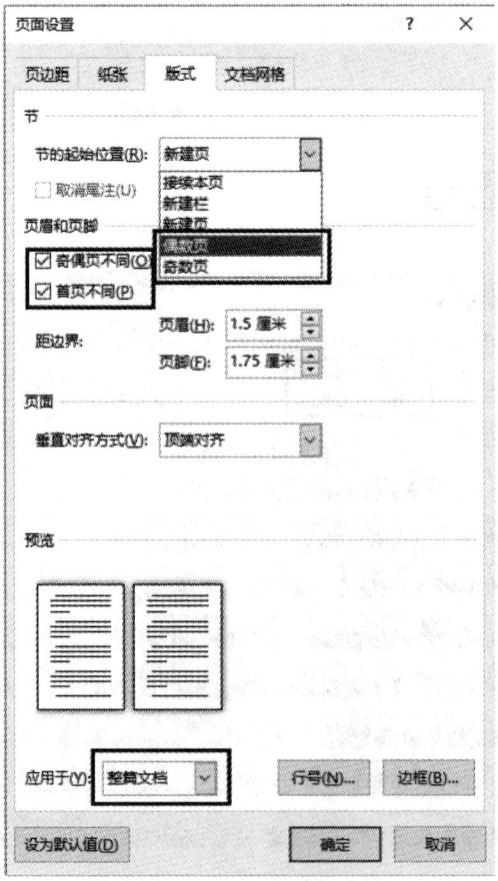

图 4-33　页面设置版式示例

在“预览”中选择“应用于”为“整篇文档”。如果此时打印预览，会看到在目录前和第 1 章前等位置出现空白页。这是因为每一节都从奇数页开始的缘故。当上一节的文字在奇数页就结束时，为了让本节从奇数页开始，就会自动加入空白页。特别要注意，这个空白页只有打印预览时才可看到，在编辑状态下无法看到，不要误以为没有加入空白页。

②添加页眉和页脚

如图 4-34 所示，在“插入”菜单中，选择“页眉和页脚”可以为文档添加“页眉”和“页脚”。通常文章的封面和目录不需要添加页眉，只有正文开始时才需要添加页眉，因为前面已经对文章进行分节，所以很容易实现这个功能。页眉的内容一般是章节标题或学校名称，页脚的内容一般是页码或日期，页码是 Word 中一种特殊的变量，可以设置并随着文档内容的变化而自动调整。

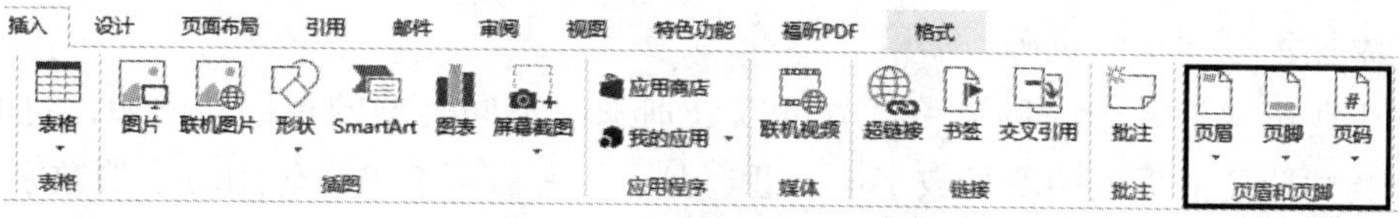

图 4-34　插入页眉和页脚示例

设置页眉和页脚时，最好从文章最前面开始，这样不容易混乱。按 Ctrl+Home 组合键快速定位到文档开始处，从文档中双击页眉或页脚，进入“页眉和页脚”编辑状态。如需进入文档编辑状态，只需在文档任意位置双击即可。如图 4-35 所示的“设计”菜单中，可以对图 4-36 所示的文档的页眉或页脚进行编辑。

图 4-35　页眉和页脚工具栏

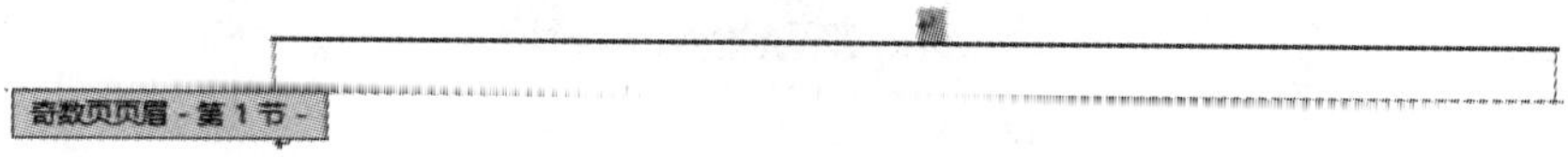

图 4-36　封面页眉编辑示例

注意在页眉的左上角显示有“奇数页页眉 - 第 1 节 -”的提示文字，表明当前是对第 1 节的奇数页设置页眉。由于第 1 节是封面、中英文摘要、引言等内容，不需要设置页眉，因此可在图 4-36 的设计工具栏中单击“下一节”按钮，显示并设置下一节的页眉。

第 2 节的页眉如图 4-37 所示，注意页眉的右上角显示有“与上一节相同”的提示文字，表示第 2 节的页眉与第 1 节一样。如果现在在页眉区域输入文字，则此文字将会出现在所有节的页眉中，因此不要急于设置。

图 4-37　正文页眉编辑示例

在“页眉和页脚”工具栏中有一个“链接到前一条页眉”按钮，默认情况下它处于按下状态，单击此按钮便可取消此设置，这时页眉右上角的“与上一节相同”提示文字消失，表明当前节的页眉与前一节不同。

此时再在页眉中输入文字，例如可用整篇文档的大标题“××××”作为奇数页页眉。后面的其他节无须再设置页眉，因为后面节的页眉默认为“同前”，即与第 2 节相同。在偶数页页眉的设置中与奇数页设置类似，这里就不再赘述。

在“页眉和页脚”工具栏中单击“关闭”按钮，退出页眉编辑状态。用打印预览可以查看各页页眉的设置情况，其中封面和目录没有页眉，目录之后才会在每页显示页眉。

③添加不同类型的页码

在毕业论文设计中，目录和章节可以分别采用不同类型的页码。例如，封面、目录和中英文摘要的页码用罗马数字Ⅰ、Ⅱ、Ⅲ、Ⅳ等，章节的页码用阿拉伯数字 1、2、3 等。要实现这样的页码编排，同样要借助分节来实现。

在“页眉和页脚”工具栏单击“在页眉和页脚间切换”按钮，切换到页脚，显示第 1 节首页页脚，第 1 节是目录，需要添加罗马数字的页码。选择“插入”菜单，在“页眉和页脚”功能区单击“页码”命令，选择“页面底端”模块下的“普通数字 3”，让页码位于外侧的效果。

单击“设置页码格式”按钮，显示“页码格式”对话框，可设置页码的格式和起始编号，如图 4-38 所示。在“数字格式”中选择罗马数字格式“Ⅰ，Ⅱ，Ⅲ，…”，在“页码编排”中选择“起始页码”为“Ⅰ”，单击“确定”按钮结束设置。如图 4-39 所示，注意这里是设置的首页/奇数页的页码为罗马数字，因此第 2 节的页脚提示文字变为“首页页脚 -第 2 节-”，并没有出现预期的页码。

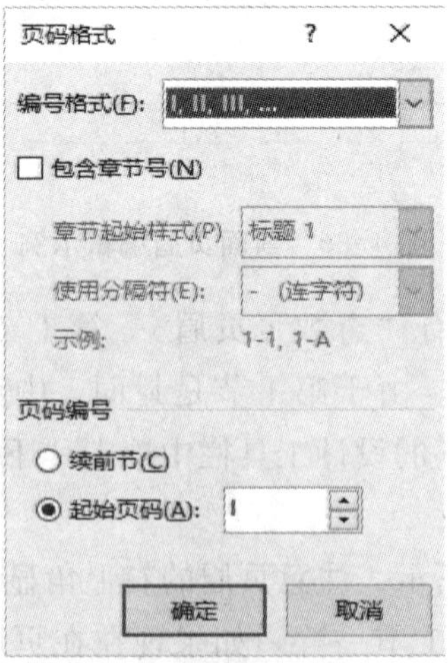

图 4-38　设置罗马数字格式页码示例

图 4-39　设置不同节的格式页码示例

（5）页面设置和打印设置

毕业论文要求的格式是：A4 纸；要有封面和目录，单面打印；除封面和目录外，每页的页眉是奇数页，且和偶数页不同；页码分别在页面底端的左右侧，封面和目录没有页码，目录之后为第 1 页，双面打印。

①设置纸张和文档网格

在写毕业论文时，不要急于动笔，先要找好尺寸合适的“纸”，这个“纸”就是 Word 中的页面。单击“页面布局”，在“页面设置”功能区中单击“纸张大小”按钮，可以设置纸张（页面）大小，如图 4-40 所示。

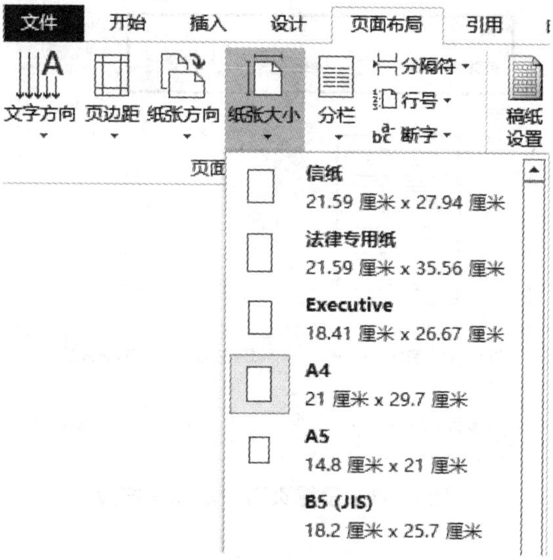

图 4 40　设置页面纸张大小

通常纸张大小都用 A4 纸，所以可采用默认设置。有时也会用 B5 纸，只需从“纸张大小”中选择相应类型的纸即可。很多人习惯先录入内容，最后再设纸张大小。由于默认是 A4 纸，如果改用 B5 纸，就有可能使整篇文档的排版不能很好地满足要求。所以，先进行页面设置，在录入时可以直观地看到页面中的内容和排版是否适宜，避免事后的修改。

如考虑到密密麻麻的文字阅读起来比较费力，还可以调整一下文字，通常使用者都采用增大字号的办法。其实，可以在页面设置中调整字与字、行与行之间的间距，这样即使不增大字号，也能使内容看起来更清晰。

如图 4-41 所示，单击“页面布局”，在“页面设置”功能区右下角单击 ，在弹出的“页面设置”对话框中选择“文档网格”选项卡。选中“指定行和字符网格”，在“字符”设置中，默认为“每行 39”个字符，可以适当减小，例如改为“每行 37”个字符。同样，在“行”设置中，默认为“每页 44”行，可以适当减小，例如改为“每页 42”行。这样，文字的排列就均匀清晰了。

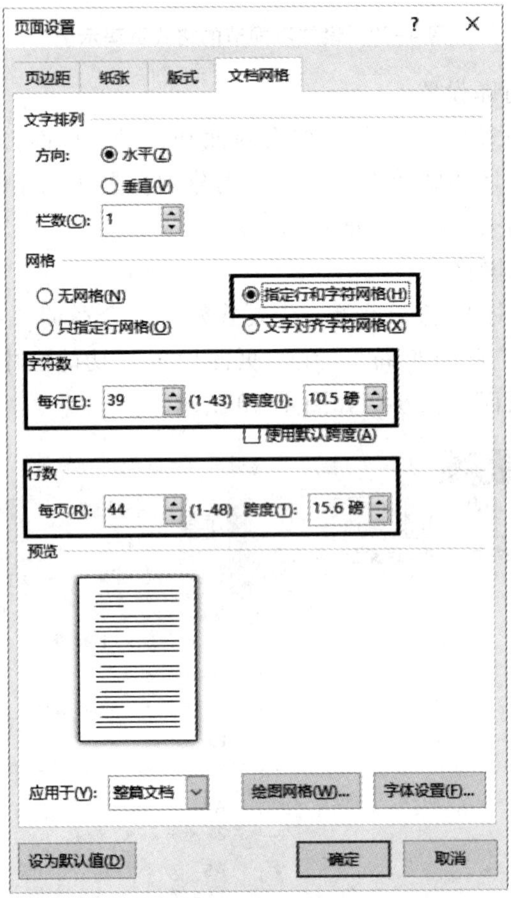

图 4-41　设置页面行数和字符数

②全自动双面打印

全自动双面打印需要采用具备双面打印功能的打印机。利用打印机的设置，就能在打印完一张奇数页后，自动将纸重新卷回并打印背面的偶数页，如图 4-42 所示。具体用法可参见双面打印机的使用说明，可以采用“翻转长边的页面”和“翻转短边的页面”两种方式，一般采用前者，而其他打印设置中通常采用默认设置即可。

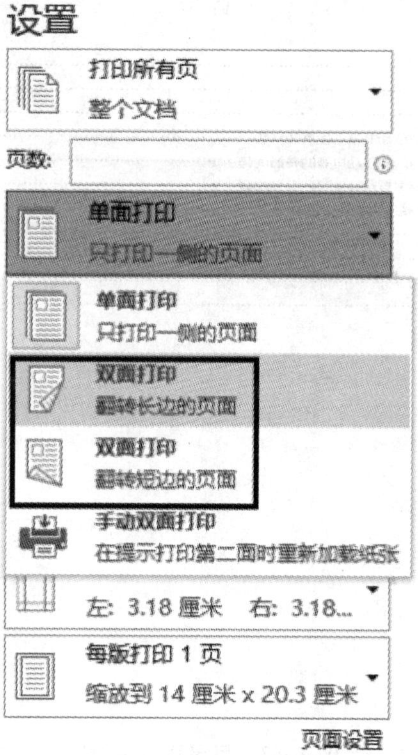

图 4-42　全自动双面打印设置

3. 回到场景

在前期的任务中，小 A 基本完成了论文内容的撰写，现在他需要按照学校的要求完成论文的打印和装订。在掌握了关于毕业论文打印与装订的预备知识后，小 A 开始对论文的封面、摘要、正文等格式进行设置并打印。操作步骤如下：

步骤 1：打印论文封面。毕业论文的封面打印效果如图 4-15 所示，没有页眉和页脚，不需要在页面底部添加页码，只需要设计成单独的一节。

步骤 2：打印中英文摘要、引言。毕业论文的中英文摘要、引言作为第二节，需要在右下角添加页码。中英文摘要和引言的页码格式是罗马数字“Ⅰ，Ⅱ，Ⅲ，…”，其打印效果如图 4-16、图 4-17 和图 4-18 所示。

步骤 3：打印目录。目录使用正文标题生成即可，用四号宋体字体，加粗、居中打印“目录”，用小四号宋体字体打印目录内容，页码续用第二节的页码编号。其效果如图 4-43 所示。

步骤 4：打印正文。毕业论文的正文采用双面打印，每一章单独分为一个小节，其奇数页和偶数页的页眉和页脚各有不同。奇数页的页眉是“××××大学毕业论文”，页脚的页码是右对齐，打印效果如图 4-44 所示；偶数页的页眉是“第××章 ××××××”，页脚的页码是左对齐，打印效果如图 4-45 所示。

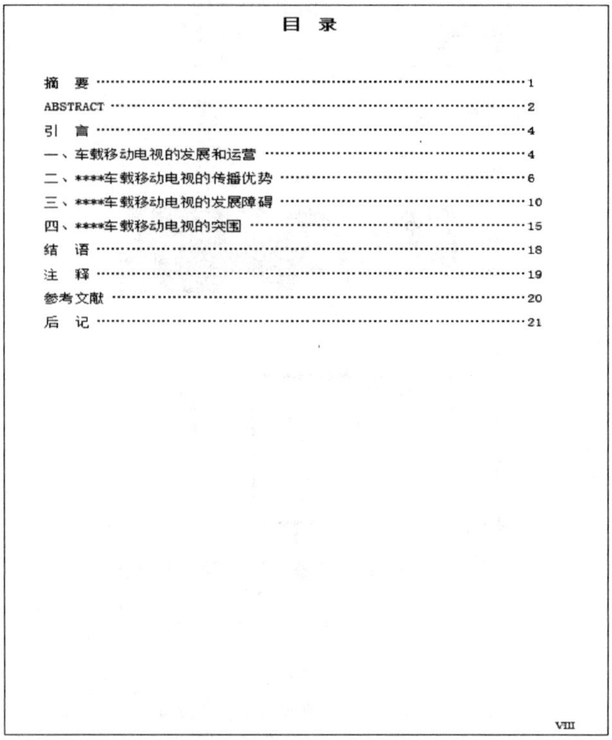

目 录

摘 要 …… 1
ABSTRACT …… 2
引 言 …… 4
一、车载移动电视的发展和运营 …… 4
二、****车载移动电视的传播优势 …… 6
三、****车载移动电视的发展障碍 …… 10
四、****车载移动电视的突围 …… 15
结 语 …… 18
注 释 …… 19
参考文献 …… 20
后 记 …… 21

VIII

图 4-43　目录页打印效果

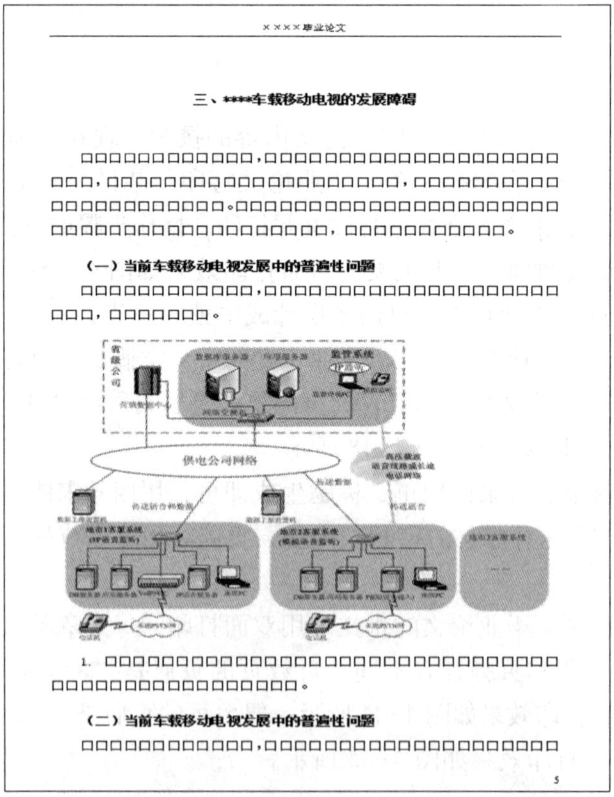

××××毕业论文

三、****车载移动电视的发展障碍

□□□□□□□□□□□□□，□□□□□□□□□□□□□□□□□□□□□□□□□□□，□□□□□□□□□□□□□□□□□□□□□□□，□□□□□□□□□□□□□□□□□□□□□□□□。□□□，□□□□□□□□□□□□。

（一）当前车载移动电视发展中的普遍性问题

□□□□□□□□□□□□□，□□□□□□□□□□□□□□□□□□□□□□□□□□□，□□□□□□□。

1. □□。

（二）当前车载移动电视发展中的普遍性问题

□□□□□□□□□□□□□，□□□□□□□□□□□□□□□□□□□□□□□□

5

图 4-44　奇数页打印效果

图 4-45　偶数页打印效果

4. 实训营

（1）训练实例

在进行论文的撰写中，小 A 查阅了大量的参考文献，规划了一些图例来丰富论文的内容。他在论文中插入图表的时候，发现当图表数量达几十个时，其编号就不太好控制了。如此时需对中间某章节的图片进行删除或新增后，其后面的图表编号通常就会发生混乱，而在文中的图表引用也需要进行修改。因此小 A 请你帮他出谋划策，想办法解决以上问题，并让图表的编号随着增加或减少会自动发生改变。

（2）常见问题以及操作技巧

如图 4-46 所示，在论文的编写过程中，使用者在添加页眉时，常常会为所有的页面都增加了带有横线的页眉，通常的方法无法去掉该标记。那么，如何去掉封面页眉中的横线呢？

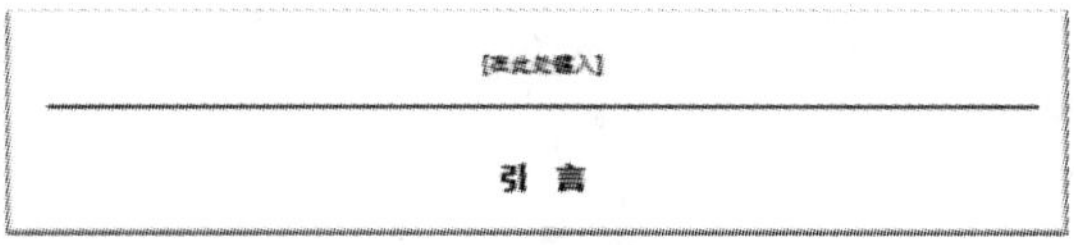

图 4-46　带横线的页眉

解决办法：如图 4-47 所示，双击页眉，进入页眉的编辑模式，选中页眉的内容。单击“开始”菜单，在“样式”功能区单击“正文”，即可消除该横线，其消除后效果如图 4-48 所示。当然，页眉和页脚的内容也可以进行字体设置。

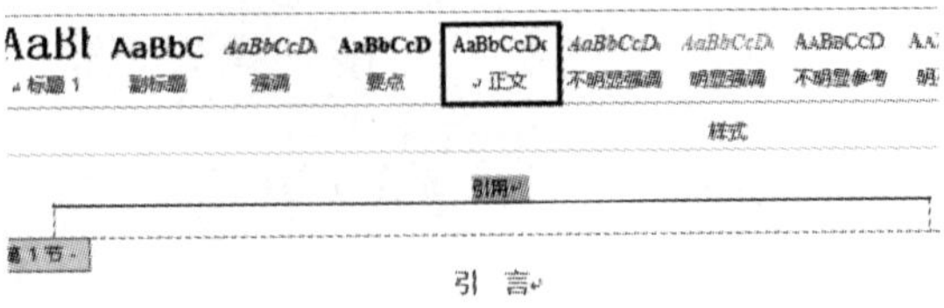

图 4-47　用“正文”样式消除页眉横线

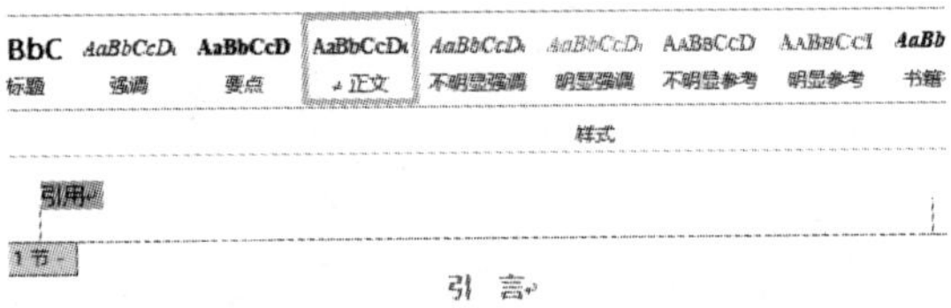

图 4-48　消除页眉横线的示例

案例五　制作公司常用表格
——Excel 进阶

任务七　制作员工入职登记表

【情景导入】

完成了毕业论文，顺利毕业后，小 A 在一家公司人事部获得了一份工作，负责公司人员的档案管理、业绩汇总工作，由于熟练地掌握了 Excel 基本操作，小 A 工作起来得心应手。领导看在眼里，于是给小 A 交办了一项工作：由于公司业务扩大，要陆续招聘新人入职，为更好地实现无纸化办公的同时高效填写入职登记表，请小 A 制作具有有效性控制的电子入职登记表格。这可超出了小 A 对 Excel 的认知，因为之前都是填写纸质登记表，在填写过程中确实有些内容存在差异，比如“政治面貌”有人填“党员”，有人填“中共党员”，不统一。要如何既提高工作效率又保证输入内容准确无误呢？于是小 A 通过查阅资料，分析了任务技能点，掌握了预备知识，现在就差具体实践了，让我们跟着小 A 一起来完成这项任务吧。

1. 学习目标

- 掌握定义单元格区域名称的三种方法。
- 掌握制作下拉列表的两种方法。
- 掌握对单元格数据有效性的判断方法。
- 掌握提示信息、出错警告框的编辑。

2. 预备知识

（1）定义单元格区域名称

名称是工作簿中某些项目的标识符，用户在 Excel 的工作过程中可以为单元格区域建立一个名称，当单元格区域有了名称后，我们就可以在公式或函数中通过该名称来引用它，这样可以增加公式或函数的可读性。

定义单元格区域名称有三种方法：

方法一：根据选定内容快速创建名称。选中创建名称的单元格区域，选择“公式”菜单，在工具栏“定义名称”中单击“根据所选内容创建”命令，在弹出的“以选定区域创建名称”对话框中勾选“首行”复选框，单击“确定”按钮即可，如图 5-1 所示。

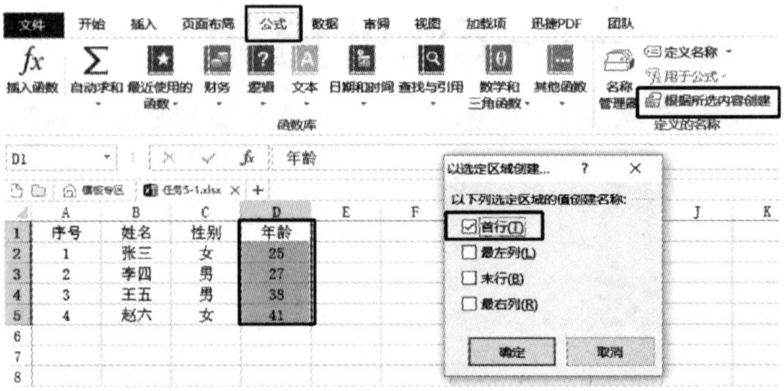

图 5-1　利用菜单创建名称

于是，当我们选择 D2:D5 单元格区域后，在名称框中就会显示此区域的名称，如图 5-2 所示。

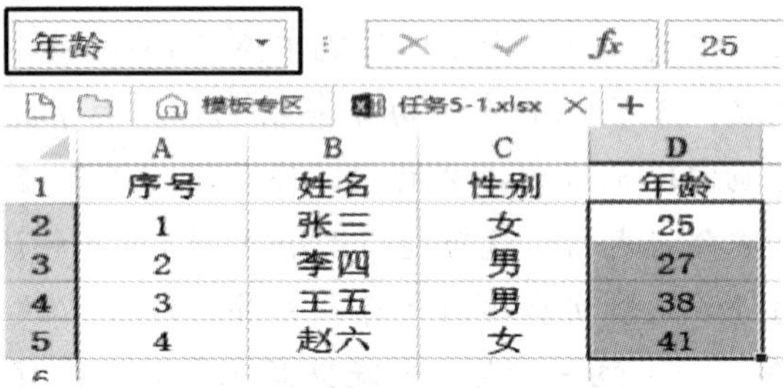

图 5-2　利用菜单创建名称的效果

方法二：使用对话框创建名称。选择“公式”菜单，在工具栏中单击“定义名称”按钮，在弹出的“新建名称”对话框中的“名称”框中输入名称，单击“引用位置”右侧的单元格引用按钮，在工作表中选择要定义名称的单元格区域，单击单元格引用按钮返回到对话框，单击“确定”按钮即可，如图 5-3 所示。

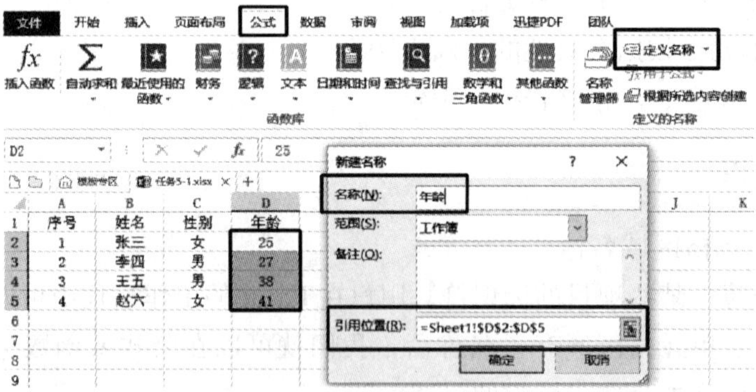

图 5-3　使用对话框创建名称

方法三：使用名称框定义名称。选中要定义为名称的单元格区域，在名称框中输入名称，按下回车键确认即可。

（2）创建下拉列表

如果想将 Excel 单元格中输入的内容统一，且限制在几个选项之中，可以用 Excel 中的“数据有效性”菜单制作一个下拉列表。制作方法有两种：

方法一：在创建了单元格区域名称的前提下，在菜单栏上选择“数据”—“数据验证”，在弹出的对话框中，切换到“设置”选项卡，将“允许”设置为“序列”，在“来源”中填写“=性别”，单击“确定”按钮即可，如图 5-4 所示。

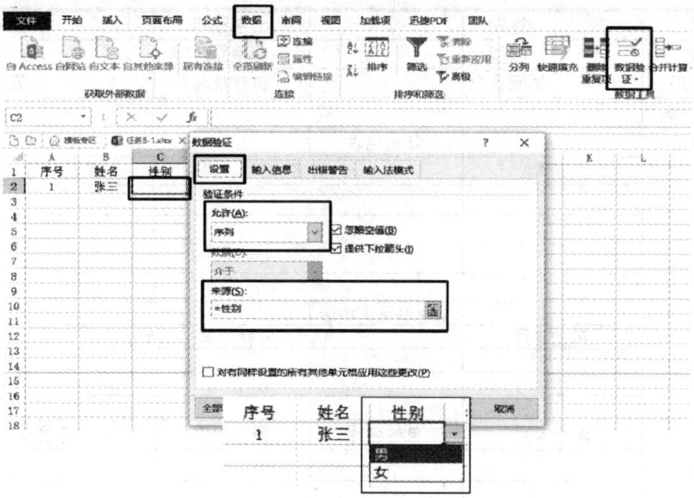

图 5-4　下拉列表的制作方法一

方法二：不需要提前指定名称，在菜单栏上选择“数据”—“数据验证”，在弹出的对话框中，切换到“设置”选项卡，将“允许”设置为“序列”，唯一不同之处是在“来源”中填写“男，女”，单击“确定”按钮即可，如图 5-5 所示。

图 5-5　下拉列表的制作方法二

3. 回到场景

小 A 接到任务后，首先制作了员工入职登记表基础版，如表 5-1 所示。并在掌握了以上预备知识后，开始对该表格进行有效性设置，内容包括：性别、民族、血型、政治面貌、最高学历、婚姻状况等。

表 5-1　华新电器有限公司员工入职登记表

<table>
<tr><td>姓名</td><td></td><td>性别</td><td></td><td>出生日期</td><td></td><td rowspan="5">蓝底证件照</td></tr>
<tr><td>民族</td><td></td><td>血型</td><td></td><td>政治面貌</td><td></td></tr>
<tr><td>最高学历</td><td></td><td>婚姻状况</td><td></td><td>健康状况</td><td></td></tr>
<tr><td>身份证号码</td><td colspan="5"></td></tr>
<tr><td>现住地址</td><td colspan="2"></td><td>联系电话</td><td colspan="2"></td></tr>
<tr><td rowspan="5">家庭主要成员</td><td colspan="2">称谓</td><td colspan="2">姓名</td><td colspan="2">单位/职业/职务</td></tr>
<tr><td colspan="2"></td><td colspan="2"></td><td colspan="2"></td></tr>
<tr><td colspan="2"></td><td colspan="2"></td><td colspan="2"></td></tr>
<tr><td colspan="2"></td><td colspan="2"></td><td colspan="2"></td></tr>
<tr><td colspan="2"></td><td colspan="2"></td><td colspan="2"></td></tr>
<tr><td>紧急联系人</td><td colspan="2"></td><td>紧急联系人电话</td><td colspan="3"></td></tr>
<tr><td rowspan="4">学习经历</td><td colspan="2">起止年月</td><td colspan="4">就读学校、专业</td></tr>
<tr><td colspan="2"></td><td colspan="4"></td></tr>
<tr><td colspan="2"></td><td colspan="4"></td></tr>
<tr><td colspan="2"></td><td colspan="4"></td></tr>
<tr><td rowspan="5">主要工作经历</td><td colspan="2">起止年月</td><td>单位名称</td><td>所在岗位</td><td colspan="2">主要业绩</td></tr>
<tr><td colspan="2"></td><td></td><td></td><td colspan="2"></td></tr>
<tr><td colspan="2"></td><td></td><td></td><td colspan="2"></td></tr>
<tr><td colspan="2"></td><td></td><td></td><td colspan="2"></td></tr>
<tr><td colspan="2"></td><td></td><td></td><td colspan="2"></td></tr>
<tr><td>技能/特长</td><td colspan="6"></td></tr>
<tr><td>试用薪资级别</td><td colspan="3"></td><td>转正后薪资级别</td><td colspan="2"></td></tr>
</table>

操作步骤如下：

步骤 1：输入表格内容。启动 Microsoft Excel 2013，在 Sheet1 工作表中输入表格内容，如图 5-6 所示。

	A	B	C	D	E	F	G	H
1		华新电器有限公司员工入职登记表						
2	姓名		性别		出生日期			
3	民族		血型		政治面貌		蓝底证件照	
4	最高学历		婚姻状况		健康状况			
5	身份证号							
6	现住地址				联系电话			
7	家庭主要	称谓	姓名	单位/职业/职务				
8								
9								
10								
11								
12	紧急联系人			联系电话				
13	学习经历	起止年月		就读学校、专业				
14								
15								
16								
17	主要工作	起止年月		单位名称	所在岗位		主要业绩	
18								
19								
20								
21								
22	技能/特长							
23	试用薪资级别				转正后薪资级别			

图 5-6　员工入职登记表基本内容

步骤 2：设置表格格式。

第一步，选中 A1:G1 区域—“合并后居中”—设置字号“18”，加粗，如图 5-7 所示。

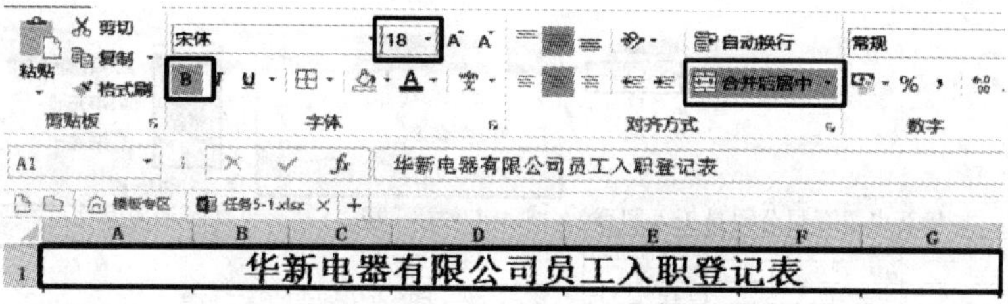

图 5-7　表格标题格式设置

第二步，选中 A2:F23 区域—Ctrl+I 组合键打开“设置单元格格式”对话框—切换到“边框”选项卡—设置外边框为“双线”，内边框为“单线”—切换到“对齐”选项卡—设置“水平对齐”为“居中”，“文本控制”勾上“自动换行”—单击“确定”按钮。如图 5-8（a）、图 5-8（b）所示。

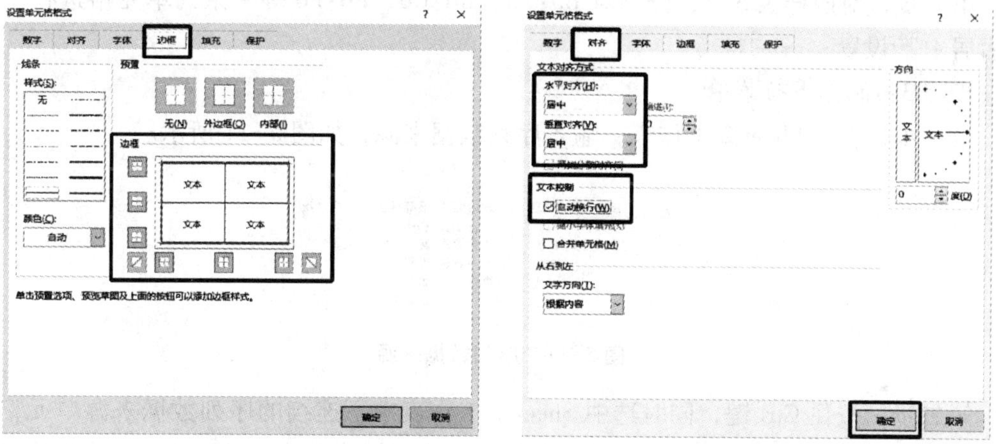

（a）　　　　　　　　　　　　　　　　（b）

图 5-8　表格边框和“自动换行”设置

第三步，选中 G2:G6 区域，单击“合并后居中”按钮，如图 5-9 所示。

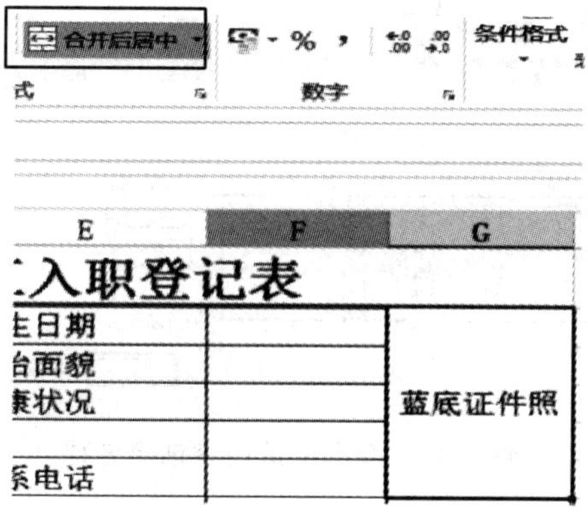

图 5-9　“照片”区域设置

第四步，选中 A7:A11 区域—“合并后居中”［如图 5-10（a）所示］，单击“方向”右侧下拉列表框，选择“竖排文字”—“行高”设置为“18”［如图 5-10（c）所示］。对 A13:A16 区域和 A17:A21 区域进行相同的设置。

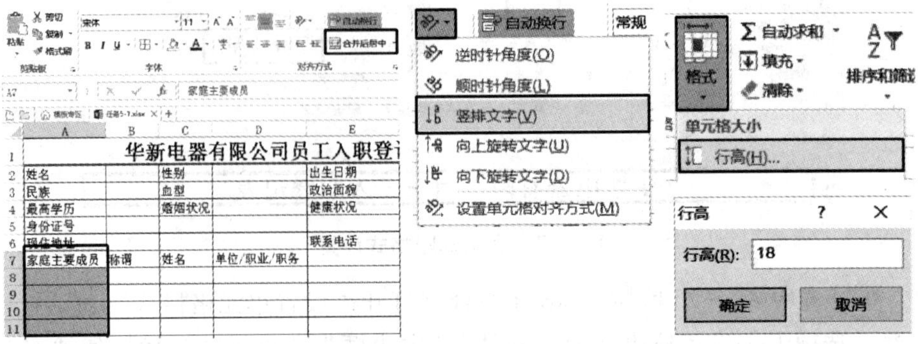

（a）　　　　（b）　　　　（c）

图 5-10　“家庭主要成员”“学习经历”“主要社会经历”单元格设置

第五步，对照样表 5-1，分别对 B5:F5、B6:C6、E6:F6 等一系列单元格进行“合并后居中”设置。

步骤 3：制作下拉菜单。

第一步，新建 Sheet 2 工作表，输入序列数据来源，如图 5-11 所示。

	A	B	C	D	E	F
1	性别	民族	血型	政治面貌	最高学历	婚姻状况
2	男	汉族	A型	共青团员	初中	已婚
3	女	少数民族	B型	中共党员	高中/中专	未婚
4			O型	民主党派	专科	
5			AB型	群众	本科	
6					研究生	

图 5-11　序列数据来源

第二步，按住 Ctrl 键，同时选中 Sheet 2 工作表中不连续的序列数据来源单元格区域，根据“预备知识”中介绍的“根据选定内容快速创建名称”的方法，一次性定义好图 5-11 所示的 6 个区域名称，如图 5-12 所示。建立的名称在名称框中可查看，如图 5-13 所示。

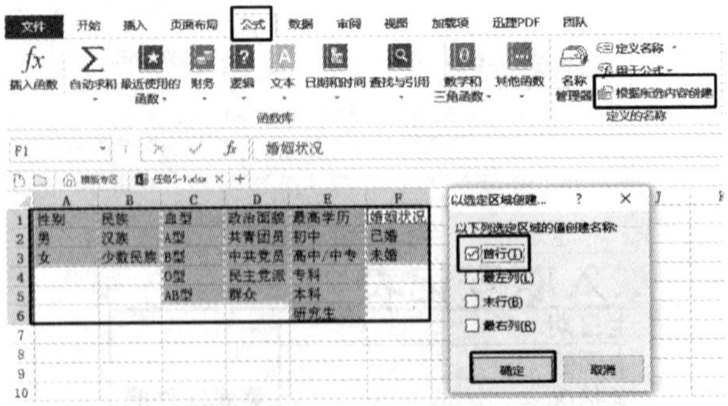

图 5-12　根据所选内容创建名称

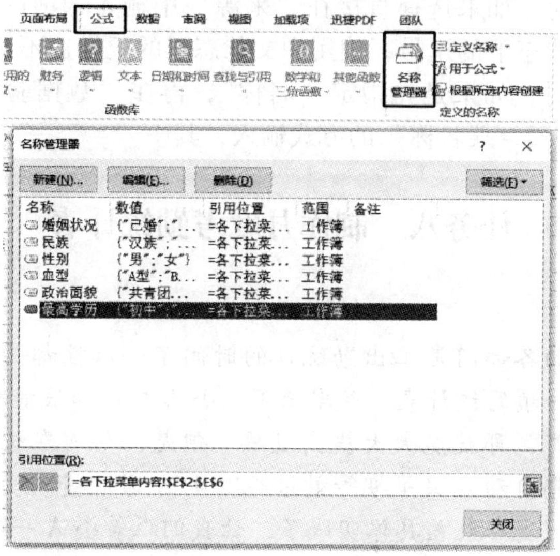

图 5-13　查看建立的名称

这里可采用“预备知识”介绍的其他方法创建名称。方法略。

第三步，制作下拉列表。切换到 Sheet 1 工作表，根据“预备知识”中介绍的制作下拉列表的方法一（参照图 5-4 所示步骤）进行操作，依次完成“性别”“民族”“血型”“政治面貌”“最高学历”“婚姻状况”单元格的下拉列表制作。

4. 实训营

（1）训练实例

在上述员工入职登记表中，小 A 发现身份证号码较长，如果不将单元格设置为“文本”格式，在填写后，身份证号码后 4 位会变为 0；另外，如果不做长度有效性控制，容易出错，因此小 A 请你帮他出谋划策，想办法解决以上问题，并能在输入身份证号位数出错时弹出警告信息。效果如图 5-14 所示。

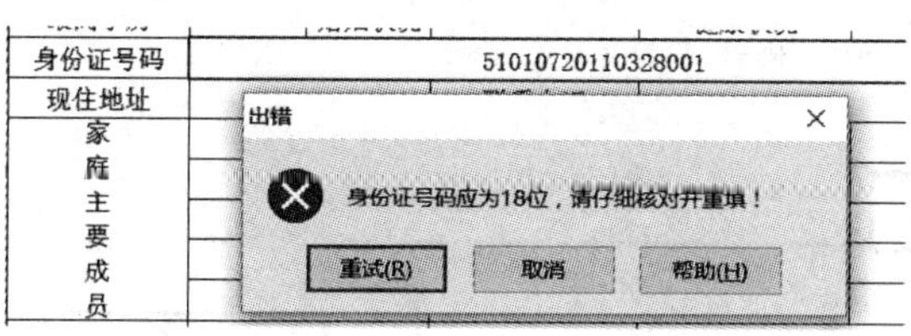

图 5-14　身份证号码输入出错警告框

（2）常见问题及操作技巧

①要查看、编辑或删除已创建的名称，要通过“公式”—“名称管理器”进行操作。

②对已经制作了下拉列表的单元格，想清除下拉列表，要通过“数据”—“数据验证”中选择“设置”—“验证条件”中“允许”设置为“任何值”，单击“确定”按钮，即可清除该单元格已制作的下拉列表。

③制作下拉列表时，如果选择直接在“来源”中输入选项内容，选项与选项之间的间隔符一定是英文状态下的逗号，使用中文状态下的逗号达不到效果。

④制作下拉列表时，如果是先指定“名称”，再在“数据验证”中设置，那么在“来源”中一定要按照“=某名称”的方式输入，其中“=”一定不要忘记。

任务八 制作月度考勤统计表

【情景导入】

又快到一月一次的各部门员工出勤统计的时间了，以往都是各部门将统计信息传给人事处，人事处统一填写统计表，效率低下。小 A 想：如果能提前设置好统一格式，各部门只需按要求填写，那就能大大提高效率。但是，如何在统计表中实现电话号码分段显示以及输入日期自动后缀星期等效果呢？小 A 通过查阅资料，分析了任务技能点，掌握了预备知识，现在就差具体实践了，让我们跟着小 A 一起来完成这项任务吧。

1. 学习目标

- 掌握自定义单元格格式。

2. 预备知识

对单元格格式进行设置，是 Excel 中比较常见的操作，其操作方法为在目标单元格上依次单击“右键”—“设置单元格格式”或按 Ctrl+I 组合键。

（1）自定义前缀设置

当输入的大量数据中，每个数据部分内容是重复的，比如通信地址都包含“云南省昆明市”时，这种情况可以通过“自定义”单元格格式来解决：选中需要输入数据的单元格区域—鼠标右击或按 Ctrl+I 组合键打开“设置单元格格式”对话框—在“数字”选项卡中选中“自定义”—“类型”中输入“云南省昆明市@”，单击“确定”按钮，如图 5-15（a）所示。

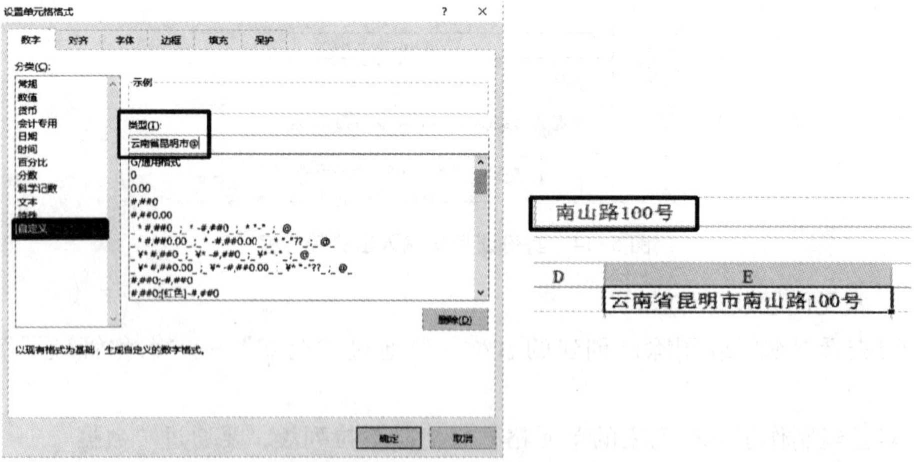

（a）　　　　（b）

图 5-15　设置自定义单元格格式

按上述步骤设置好后，在选中的单元格中输入“南山路 100 号”，按 Enter 键后，单元格数据自动变为：“云南省昆明市南山路 100 号”，即“云南省昆明市”自动成为选中单元格数据的前缀，其中“@”表示文本，“#”表示数字。如图 5-15（b）所示。

（2）按指定的颜色显示指定的数字

当老师希望对多名同学的某门成绩根据及格与否显示不同颜色时，可以进行如下操作：选定目标单元格—按 Ctrl+I 组合键打开“设置单元格格式”对话框—选择“分类”中的“自定义”—在“类型”中输入：[红色][<60]；[绿色][>=60]，单击“确定”按钮。如图 5-16 所示。

注意：输入格式中的字符或标点均为英文状态下；一个分号内的内容为一组；常见的系统可识别的颜色有：[黑色][红色][蓝色][洋红色][绿色][青色][白色][颜色 1-5][COLOR1-5]，其中，[颜色 1-5] 和 [COLOR1-5] 分别有从 1~5 五种颜色取值。

图 5-16　按指定颜色显示指定数字

3. 回到场景

在掌握了相关预备知识后，小 A 开始对月度考勤统计表进行自定义单元格格式设置，以期各部门相关人员能够准确快速地录入数据。月度考勤统计表效果图如图 5-17 所示。

操作步骤如下：

月度考勤统计表

序号	工号	部门	姓名	联系电话	事假天数	请事假日期	病假天数	请病假日期	迟到早退
1	BS03	销售部	胡明发	138 0202 0365	1天	2019年03月07日　星期四	0天		16分钟
2	BS07	销售部	惠强	182 3265 8456	0天		0天		5分钟
3	BS015	销售部	姜平	177 2013 5698	0天		1天	2019年03月06日　星期三	7分钟
4	BS09	销售部	旷伟	130 5678 4956	1天	2019年03月02日　星期六	0天		0分钟
5	BS011	销售部	雷见平	133 5672 1325	1天	2019年03月10日　星期日	0天		22分钟
6	BS06	销售部	李冰研	180 0907 5566	0天		0天		0分钟
7	BS04	行政部	廖佳彬	171 3698 7452	0天		0天		0分钟
8	BS013	行政部	鲁松国	138 0202 0365	1天	2019年03月15日　星期五	0天		12分钟
9	BS01	行政部	马玉成	182 3265 8456	0天		1天	2019年03月05日　星期二	6分钟
10	BS05	财务部	戚义刚	177 2013 5698	0天		0天		5分钟
11	BS010	财务部	唐楠	130 5678 4956	0天		0天		0分钟
12	BS02	财务部	王秋水	133 5672 1325	1天	2019年03月19日　星期二	1天	2019年03月22日　星期五	15分钟
13	BS08	人事部	吴红宇	180 0907 5566	0天		0天		0分钟
14	BS012	人事部	席梦阳	171 3698 7452	1天	2019年03月20日　星期三	0天		0分钟
15	BS014	人事部	肖婷	189 0804 3311	0天		0天		18分钟

图 5-17　月度考勤统计表效果图

步骤 1：对“工号”列设置自定义前缀。由于每个工号都含有“BS0”字符，可以考虑使用“预备知识”中介绍的“自定义前缀设置”方法进行该列的自定义单元格格式设置。具体操作如图 5-18 所示。

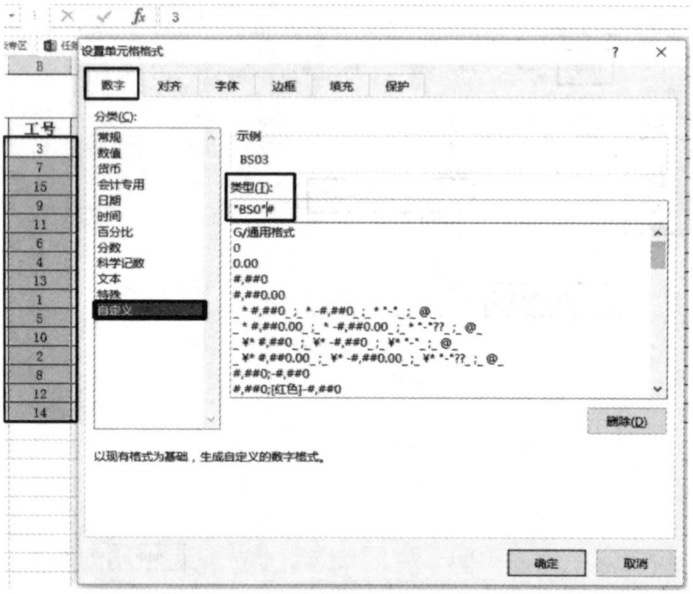

图 5-18　为“工号”自定义前缀

由于此处是数字，所以用“#”号表示，单击“确定”按钮后可以看到“工号”列数据变成了如图 5-19 所示的效果。

工号
BS03
BS07
BS015
BS09

图 5-19　“工号”自定义前缀后的效果

步骤 2：设置“联系电话”分段显示。选定目标单元格—按 Ctrl+1 组合键打开“设置单元格格式”对话框—选择“分类”中的“自定义”—在“类型”中输入：000 0000 0000，单击“确定”按钮。具体操作如图 5-20（a）所示，显示效果图如图 5-20（b）所示。

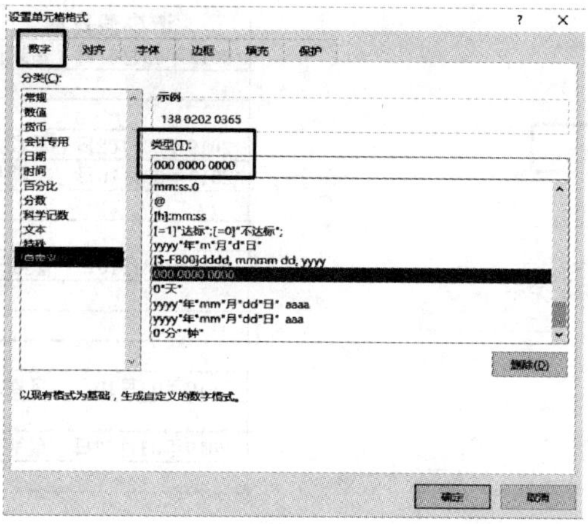

联系电话
138 0202 0365
182 3265 8456
177 2013 5698
130 5678 4956
133 5672 1325
180 0907 5566
171 3698 7452
138 0202 0365
182 3265 8456
177 2013 5698
130 5678 4956
133 5672 1325
180 0907 5566
171 3698 7452
189 0804 3311

（a）　　　　　　　（b）

图 5-20　分段显示“联系电话”

步骤 3：以“数字+单位”的形式，设置“事假天数”“病假天数”“迟到早退”列的数据格式。首先选中“事假天数”数据区域—按 Ctrl+1 组合键打开“设置单元格格式”对话框—选择“分类”中“自定义”—在“类型”中输入：0“天”，单击“确定”按钮。具体操作如图 5-21（a）所示，显示效果图如图 5-21（b）所示。

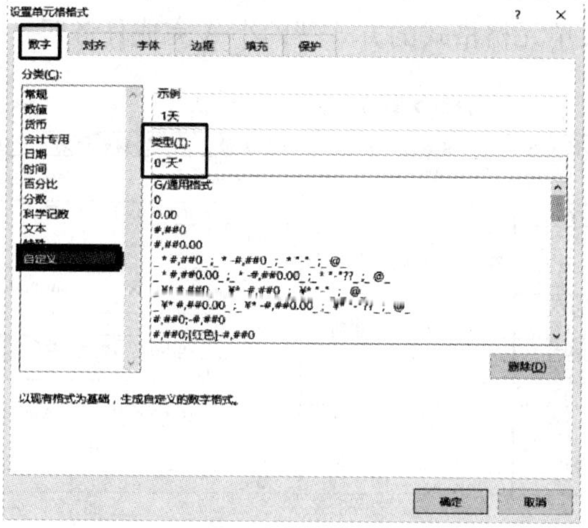

事假天数
1天
0天
0天
1天
1天
0天
0天
1天
0天
0天
0天
1天
0天
1天
0天

（a）　　　　　　　（b）

图 5-21　“数字+单位”的形式显示“事假天数”

按照以上方法，可同样对“病假天数”“迟到早退”列进行设置。

步骤 4：对“请事假日期”“请病假日期”列进行设置，达到输入日期自动后缀星期的效果。按 Ctrl 键同时选中“请事假日期”“请病假日期”数据区域—按 Ctrl+1 组合键打开“设置单元格格式”对话框—选择“分类”中“自定义”—在“类型”中输入：yyyy“年”mm“月”dd“日”aaaa，单击“确定”按钮。其中，yyyy 表示 4 位数的年份，mm 表示 2 位数的月份，dd 表示 2 位数的日期，aaaa 表示星期几。具体操作如图 5-22（a）所示，显示效果图如图 5-22（b）所示。

（a）

请事假日期
2019年03月07日　星期四
2019年03月02日　星期六
2019年03月10日　星期日
2019年03月15日　星期五
2019年03月19日　星期二
2019年03月20日　星期三

（b）

图 5-22　输入日期自动后缀星期

4. 实训营

（1）训练实例

在上述月度考勤表中，小 A 收到各部门统计数据后，想快速地完成每个员工“是否达标”的考核结果输入，实现输入 1 或 0 时对应显示“达标”或“不达标”（如图 5-23 所示）。你能通过自定义单元格格式的方式帮助小 A 完成任务吗？

月度考勤统计表

序号	工号	部门	姓名	联系电话	事假天数	请事假日期	病假天数	请病假日期	迟到早退	是否达标
1	BS03	销售部	胡明发	138 0202 0365	1天	2019年03月07日　星期四	0天		16分钟	不达标
2	BS07	销售部	惠强	182 3265 8456	0天		0天		5分钟	达标
3	BS015	销售部	姜平	177 2013 5698	0天		1天	2019年03月06日　星期三	7分钟	达标
4	BS09	销售部	旷伟	130 5678 4956	1天	2019年03月02日　星期六	0天		0分钟	达标
5	BS011	销售部	雷见平	133 5672 1325	1天	2019年03月10日　星期日	0天		22分钟	不达标
6	BS06	销售部	李冰研	180 0907 5566	0天		0天		0分钟	达标
7	BS04	行政部	廖佳彬	171 3698 7452	0天		0天		0分钟	达标
8	BS013	行政部	鲁松国	138 0202 0365	1天	2019年03月15日　星期五	0天		12分钟	达标
9	BS01	行政部	马玉成	182 3265 8456	0天		1天	2019年03月05日　星期二	6分钟	达标
10	BS05	财务部	戚义刚	177 2013 5698	0天		0天		5分钟	达标
11	BS010	财务部	唐楠	130 5678 4956	0天		0天		0分钟	达标
12	BS02	财务部	王秋水	133 5672 1325	1天	2019年03月19日　星期二	1天	2019年03月22日　星期五	15分钟	达标
13	BS08	人事部	吴红宇	180 0907 5566	0天		0天		0分钟	达标
14	BS012	人事部	席梦阳	171 3698 7452	1天	2019年03月20日　星期三	0天		0分钟	达标
15	BS014	人事部	肖婷	189 0804 3311	0天		0天		18分钟	不达标

图 5-23　输入数字显示指定内容

（2）常见问题以及操作技巧

①设置自定义单元格格式时，如果有文本内容，建议加上英文状态下的双引号，以防出错。

②输入格式中的字符或标点应均为英文状态下的字符或标点。

任务九　制作部门工作总结和计划表

【情景导入】

小 A 完成了月度考勤统计表后又得到了新任务：制作部门工作总结和计划表。小 A 发现工作表里面的内容都可以复制使用，可是填报日期每月都在变。有什么办法可以使工作表中的日期自动调整呢？小 A 想，要是能制作一个动态标题，只要改一处，标题将一起改动。到底在 Excel 里怎么制作动态标题呢？让我们和小 A 一起来学习吧。

1. 学习目标

- 掌握常用日期函数的用法。
- 掌握连接符的用法。
- 掌握数值调节钮的用法。

2. 预备知识

（1）常用日期函数

TODAY 函数：用于返回当前系统的日期，没有参数，只用一对括号即可。其应用举例如表 5-2 所示。

表 5-2　TODAY 函数

函数名	语法	运算结果
TODAY	=TODAY()	2019-7-20

MONTH 函数：用于返回指定日期的月份，带有一个参数，参数可以是日期函数、包含日期的单元格地址或者是给定的日期。其应用举例如表 5-3 所示。

表 5-3　MONTH 函数

函数名	语法	运算结果
MONTH	=MONTH("2019-7-20")	7
	=MONTH(C2)	7(C2单元格的日期中月份为7)
	=MONTH(TODAY())	4（当前系统日期中月份为4）

YEAR 函数：用于返回指定日期的年份，带有一个参数，参数可以是日期函数、包含日期的单元格地址或者是给定的日期。其应用举例如表 5-4 所示。

表 5-4　YEAR 函数

函数名	语法	运算结果
YEAR	=YEAR("2019-7-20")	2019
	=YEAR(C2)	2019(C2单元格的日期中年份为2019)
	=YEAR(TODAY())	2019（当前系统日期中月份为2019）

（2）连接运算符“&”

“&”运算符为逻辑运算符，主要是将两个数据进行连接，连接的可以是单元格地址、字符串的值，也可以是字符串和单元格的值。其应用举例如表 5-5 所示。

表 5-5　连接符“&”应用示例

单元格内容	语法	运算结果
小李的年龄是	=D6&D7	小李的年龄是18
18	="小李的年龄是"&D7	小李的年龄是18
18	="小李的年龄是"&"18"	小李的年龄是18

（3）绘制数值调节钮

单击“文件”—“选项”—“自定义功能区”中勾上“开发工具”，单击“确定”按钮，可以发现菜单栏中多了一项“开发工具”。如图 5-24 所示。

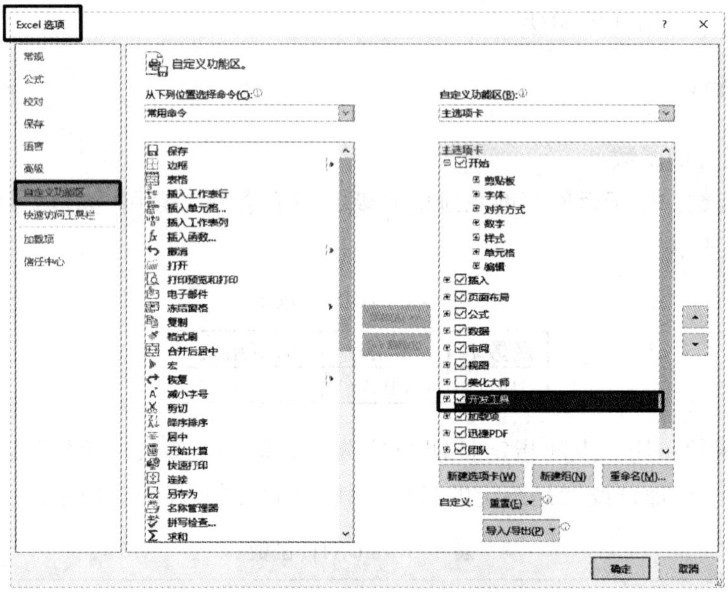

图 5-24　显示“开发工具”

单击“开发工具”—“插入”—选择“数值调节钮”。如图 5-25 所示。

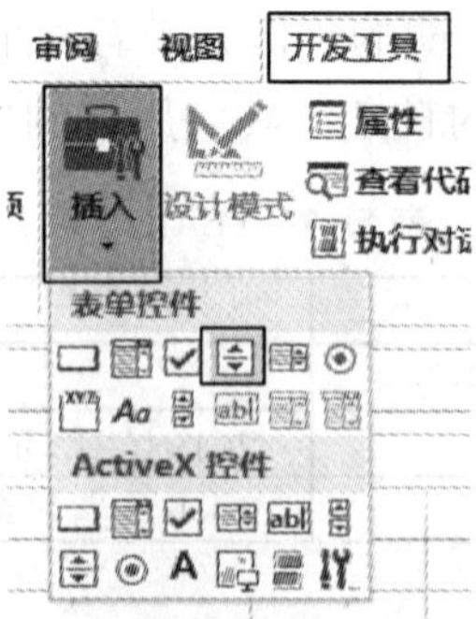

图 5-25　选择“数值调节钮”

此时鼠标变为“十”字形状，可以在工作表任意位置绘制“数值调节钮”。绘制后右键选择“设置控件格式”，在弹出的对话框中选择“控制”选项卡，根据需求分别设置“当前值”“最小值”“最大值”“步长”，最重要的是通过“单元格链接”指定该“数值调节钮”控制哪个单元格的值，单击“确定”按钮，如图 5-26 所示。

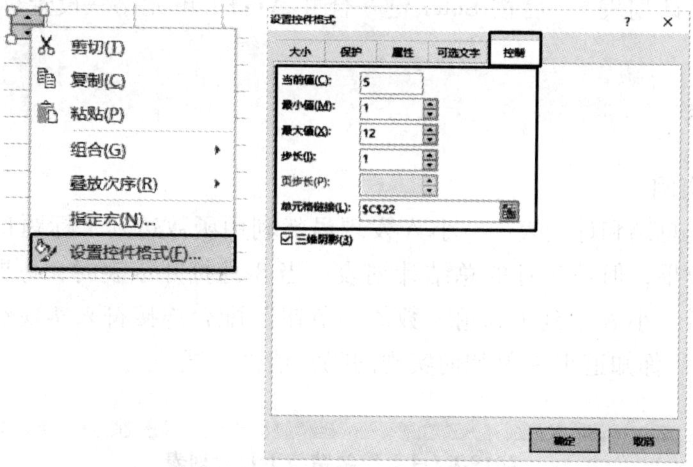

图 5-26　设置“数值调节钮”

3. 回到场景

在掌握了相关预备知识后，小 A 利用函数制作工作总结和计划表，以达到标题日期自动更新的目标，效果如图 5-27 所示。

A	B	C	D	E	F
2019年7月工作总结与下月计划表					
部门：				日期：	2019-7-27
本月工作总结	工作内容 / 周次	基础工作	重点工作	实际完成情况	未完成原因
	一				
	二				
	三				
	四				
	五				
存在的问题与不足：					
下月工作计划	工作内容 / 周次	基础工作	重点工作	计划完成时间	需协调部门
	一				
	二				
	三				
	四				
	五				
工作改进措施：					

图 5-27　部门工作总结与下月计划表

操作步骤如下：

步骤 1：输入表格内容并设置格式。在 A2:F16 区域输入相应文字内容，格式为字体宋体，字号 12，居中对齐，边框格式设置为“所有框线”，“存在的问题与不足”

“工作改进措施”两个单元格设置为左上对齐，“本月工作总结”“下月工作计划”各自合并单元格，设置字体方向为“竖排文字”，“行高”设置为20。

步骤2：制作动态标题。在F2单元格输入函数“=today（）”后按Enter键，获得当前系统日期，在A1单元格中输入表达式“=YEAR(F2)&"年"&MONTH(F2)&"月工作总结与下月计划表"”后按Enter键—合并A1:F1单元格—设置标题格式为“黑体、16、加粗”。

4. 实训营

（1）训练实例

在上述工作总结和计划表中，小A发现虽然利用函数达到了标题日期跟随系统日期自动更新的效果，但是7月的总结计划表，当8月打开该表时，标题日期变成了8月，产生了混淆。小A想到了利用“数值调节钮”配合连接符来实现动态标题，效果如图5-28所示。你知道小A是如何实现的吗？请试一试。

图5-28　利用“数值调节钮”配合连接符来实现动态标题

（2）常见问题以及操作技巧

①连接运算符“&”如果连接的是字符串时，一定要给相应的字符串加上英文状态下的双引号，否则会出错。

②斜线表头是通过按Ctrl+I组合键—“设置单元格格式”对话框中的“边框”选项卡实现的，如图5-29所示。

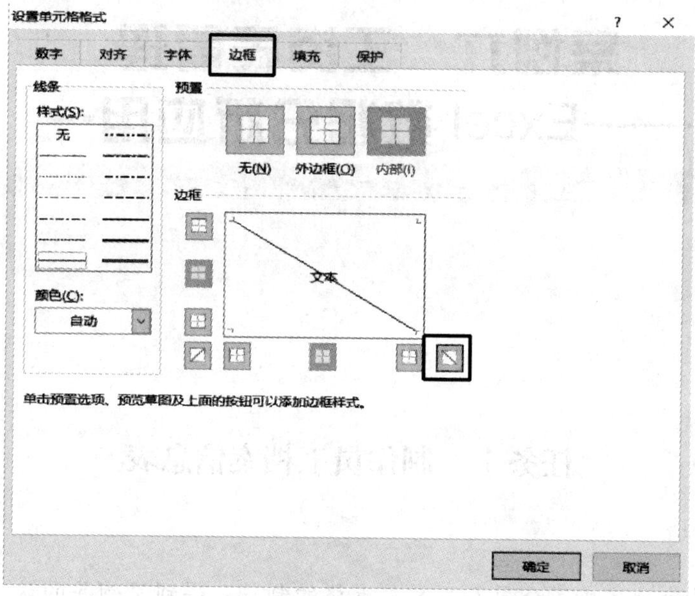
设置单元格格式
数字
对齐
字体
边框
填充
保护
线条
样式(S):
无
颜色(C):
自动
预置
无(N)
外边框(O)
内部(I)
边框
文本
单击预置选项、预览草图及上面的按钮可以添加边框样式。
确定
取消

图 5-29　绘制斜线表头

案例六　工资表管理
——Excel 数据分析应用一

任务十　制作员工档案信息表

【情景导入】

由于小 A 出色地完成了公司人事常见表格的制作，得到了领导的认可，于是领导又交代小 A 完成员工档案信息表。档案信息表可是人事管理、工资统计中不可缺少的一项内容。为了高效准确地完成此项工作，小 A 查阅了大量资料，发现 Excel 作为一款专业电子表格处理软件，函数丰富，功能强大，能够方便快捷地处理数据，员工档案很多信息都可以利用函数通过身份证号码直接提取。现在我们跟着小 A 一起来完成这项任务吧。

1. 学习目标

- 掌握 MID 函数、IF 函数、MOD 函数、DATEDIF 函数的语法和功能。
- 掌握选择性粘贴的用法。
- 掌握数据分列的用法。

2. 预备知识

（1）MID 函数

功能：截取文本字符串中从指定位置开始到指定长度数目的字符，起始位置和截取长度均由用户指定。

语法：MID（文本，起始位置，提取字符长度）

参数：“文本”指包含要截取字符的文本字符串，“起始位置”指要截取的第一个字符在原字符串中的位置，“提取字符长度”指要截取文本的总字符个数。

MID 函数应用举例如表 6-1 所示。

表 6-1　MID 函数

函数名	语法	原文本	运算结果
MID	=MID(C3,3,2)	我的青春我做主	青春
	=MID("abcdef",3,2)		cd

(2) IF 函数

功能：对满足条件的数据进行处理，条件满足则输出结果 1，不满足则输出结果 2。

语法：IF（条件判断，结果为真返回值，结果为假返回值）

参数：第一参数是条件判断，通常是一个关系型表达式，比如“A1="百度"”或“21>37”，结果返回 TRUE 或 FALSE。如果判断返回 TRUE，那么 IF 函数返回值是第二参数，否则返回第三参数。

IF 函数应用举例如表 6-2 所示。

表 6-2 IF 函数

函数名	语法	原文本	运算结果
IF	=IF(C7>85,"优秀","合格")	90	优秀
		80	合格

(3) MOD 函数

功能：返回两数相除的余数。结果的正负号与除数相同。

语法：MOD（数字 1，数字 2）

参数：数字 1 表示被除数，数字 2 表示除数。

MOD 函数应用举例如表 6-3 所示。

表 6-3 MOD 函数

函数名	语法	原文本	运算结果
MOD	=MOD(5,2)		1
	=MOD(D5,3)	6	0

(4) DATEDIF 函数

功能：DATEDIF 函数是一个在 Excel 中隐藏的，但功能非常强大的日期函数，主要用于计算两个日期之间的天数、月数或年数。

语法：DATEDIF（起始时间，终止时间，比较单位）

参数：里面的比较单位有“y”“m”“d”“ym”“md”“yd”。其中：

“y”表示时间段中的整年数；

“m”表示时间段中的整月数；

“d”表示时间段中的天数；

“ym”表示参数 1 和 2 的月数之差，忽略年和日；

“md”表示参数 1 和 2 的天数之差，忽略年和月；

“yd”表示参数 1 和 2 的天数之差，忽略年，按照月、日计算天数。

DATEDIF 函数应用举例如表 6-4 所示。

表 6-4 DATEDIF 函数

函数名	语法	起始日期	结束日期	运算结果
DATEDIF	=DATEDIF(C15,D15,"m")	2018-7-21	2019-8-1	12
	=DATEDIF(C15,D15,"yd")			11

3. 回到场景

小 A 分析了现有信息资料，如图 6-1 所示。

A	B	C	D	E	F	G
华新电器有限公司员工档案信息表						
序号	姓名	性别	出生日期	周岁	职称	身份证号码
1	胡明发				高工	510107196809160025
2	惠强				工程师	510107197804190416
3	姜平				技术员	510107197910162010
4	旷伟				工程师	510107196906110519
5	雷见平				技术员	510107199411093030
6	李冰研				工程师	510107196903241000
7	廖佳彬				高工	510107196612163000
8	鲁松国				工程师	510107196602182040
9	马玉成				高工	510107196207293040
10	戚义刚				高工	510107196501151010
11	唐楠				工程师	510107196906284070
12	王秋水				工程师	510107196902122090
13	吴红宇				技术员	510107198905124020
14	席梦阳				技术员	510107199210075000
15	肖婷				工程师	510107196809100010
16	李冰研				高工	510107196801060030
17	李丹				工程师	510107196802051000
18	李力				高工	510107196908223000
19	李琴				高工	510107196805202030
20	李庭森				技术员	510107199108081000
21	廖佳彬				高工	510107196612303000
22	刘涛				高工	51010719690130176x
23	刘也				工程师	510107197907210000
24	刘映				高工	510107196612132000
25	罗德				工程师	510107196908152000
26	罗伟				工程师	510107197903042050
27	马菱				高工	510107196812031000
28	潘天齐				高工	510107196602198000
29	裴新华				技术员	51010719790523072x

图 6-1　员工档案信息

在掌握了相关函数的预备知识后，将制作员工档案信息表分解为以下三个步骤：

步骤 1：根据身份证号码获得性别信息。当前第二代身份证号码共 18 位数，其中第 17 位数字代表性别，奇数为男性，偶数为女性。如果能想办法获得身份证号码的第 17 位数字，并根据奇偶性分别显示“男”或“女”，即可快速准确地完成“性别”列的填写。

根据预备知识中介绍的 MID 函数、MOD 函数和 IF 函数，小 A 采取了如下方法：

第一步，利用 MID 函数截取身份证号码中的第 17 位数字。

第二步，利用 MOD 函数计算第一步的数字除以 2 的余数。

第三步，利用 IF 函数根据第二步的余数结果分情况输出结果，如果余数为 0，表示为偶数，输出“女”；否则，输出“男”。

完整公式：=IF(MOD(MID(G3,17,1),2)=0,"女","男")，G3 是档案原表中身份证号码所在单元格地址。

第四步，选中 C3 单元格，利用填充柄完成“性别”列数据录入。

步骤 2：根据身份证号码获得出生日期。第二代身份证号码中的第 7~10 位数字代表生日中的年份，第 11~12 位数字代表生日中的月份，第 13~14 位数字代表生日中的日子。小 A 利用 MID 函数获得了身份证号码中代表生日的 8 位数，公式为：=MID（G3,7,8）。再利用填充柄完成“出生日期”列数据录入，效果如图 6-2 所示。

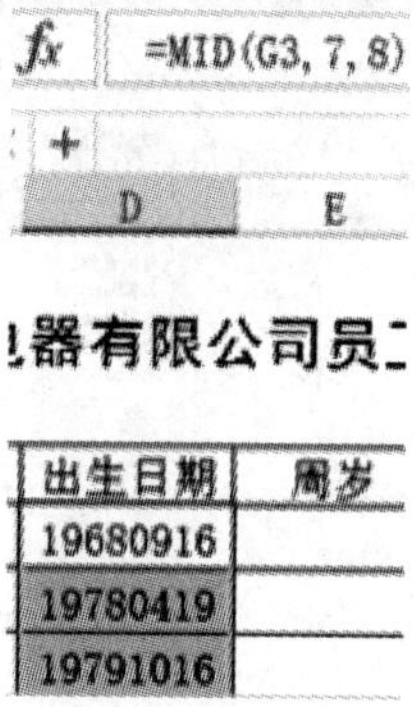

图 6-2　根据身份证号码获得出生日期

虽然已经从身份证号码中成功获得了出生日期，但小 A 很快发现了新问题：无法设置为日期格式，怎么解决呢？小 A 通过查阅资料，找到了如下方法：

第一步，选中该列数据—按 Ctrl+C 组合键进行复制—右键选择“选择性粘贴”—选择“值”，如图 6-3 所示。

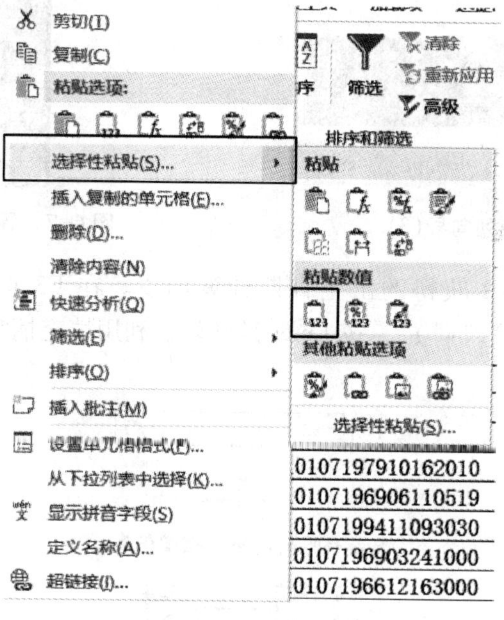

图 6-3　选择性粘贴

第二步，选择“数据”—“分列”命令，在弹出的“文本分列向导-第 1 步，共 3 步”对话框中，选中“固定宽度”项，单击“下一步”，如图 6-4 所示；在弹出的“文本分列向导-第 2 步，共 3 步”对话框中单击“下一步”，如图 6-5 所示；在弹出的“文本分列向导-第 3 步，共 3 步”对话框中，在“列数据格式”栏目中选“日期”，单击“完成”按钮，如图 6-6 所示。导出效果图如图 6-7 所示。

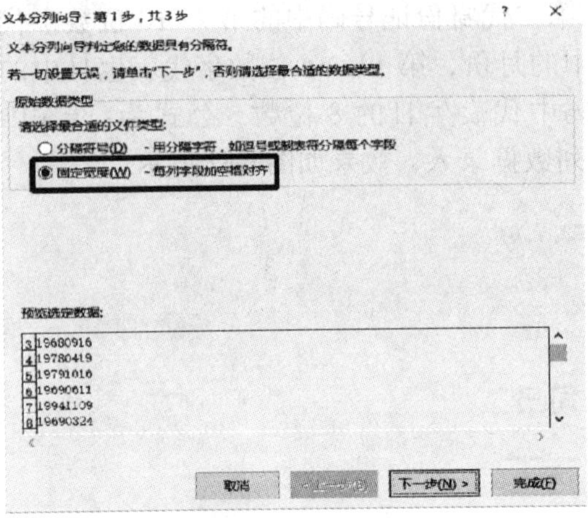

图 6-4　文本分列向导(1)

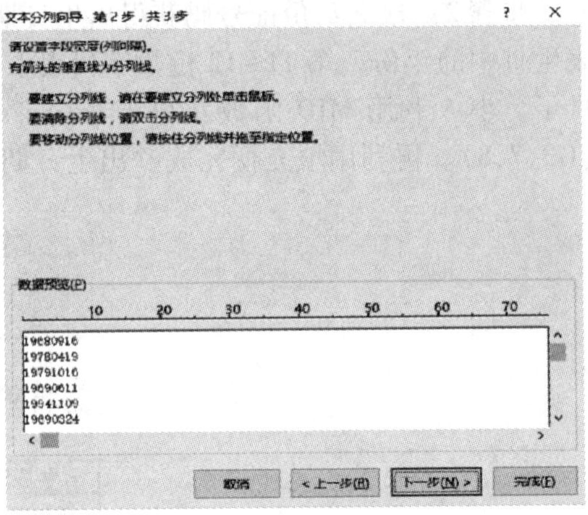

图 6-5　文本分列向导(2)

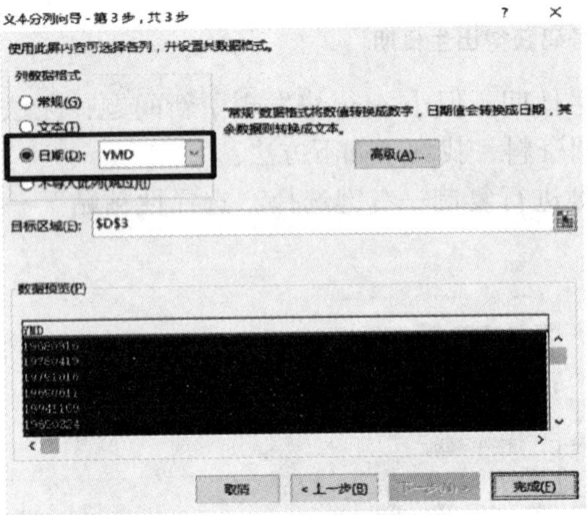

图 6-6　文本分列向导(3)

图 6-7　导出结果效果图

步骤 3：根据步骤 2 获得的出生日期计算周岁。在 E3 单元格中输入公式“=DATEDIF(D3,TODAY(),"y")”，按 Enter 键确认，利用填充柄完成“周岁”列数据录入，如图 6-8 所示。

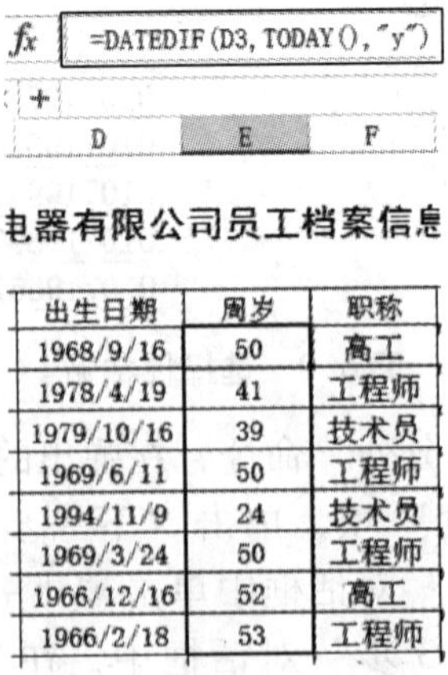

图 6-8　计算“周岁”

4. 实训营

（1）训练实例

小 A 在查阅资料寻找计算“周岁”方法的时候，发现还有不少其他方法可以完成，请你试着用另一种方法计算周岁。

（2）常见问题以及操作技巧

①公式中通常要使用函数嵌套，并不一定要按照从左至右的顺序书写，可以按照解决步骤逐步书写，最终实现完整公式。

②函数的参数如果是文本内容，一定要加英文状态下的双引号，否则会出错。

任务十一　制作员工工资信息表

【情景导入】

小 A 又接到了新任务：制作员工工资信息表。通过请教公司前辈，小 A 了解到员工的工资信息牵涉很多方面，包括工龄、工资级别、加班费、三金缴纳、个人所得税等，必须确保员工工资信息清晰明了，准确无误。小 A 通过查阅资料，分析了任务技能点，掌握了预备知识，现在就差具体实践了，我们跟着小 A 一起来完成这项任务吧。

1. 学习目标

- 掌握单元格引用。
- 掌握 VLOOKUP 函数、IFERROR 函数、ROUND 函数、MAX 函数的语法及功能。
- 掌握 IF 函数的嵌套。
- 了解个人所得税的计算方法。

2. 预备知识

（1）单元格引用

Excel 单元格的引用包括相对引用、绝对引用和混合引用三种。

①相对引用

公式中的相对单元格引用（例如 A1）是基于包含公式和单元格引用的单元格的相对位置。如果公式所在单元格的位置改变，引用也随之改变。如果多行或多列地复制公式，引用会自动调整。在默认情况下，新公式使用相对引用。例如，如果将单元格 B2 中的公式“=F6+2”复制到单元格 B3 中，则公式自动调整为“=F7+2”。

②绝对引用

绝对引用表示某一单元格在公式中的绝对位置。如果公式所在单元格的位置改变，绝对引用的单元格始终保持不变。如果多行或多列地复制公式，绝对引用将不做调整。在单元格的行号和列号前分别加上“$”符号可以将相对引用转换成绝对引用。例如，如果将单元格 B2 中的公式“=$F$6+2”复制到单元格 B3 中，则公式为“=$F$6+2”。

③混合引用

混合引用具有绝对列和相对行，或是绝对行和相对列。绝对引用列采用 $A1、$B1 等形式，绝对引用行采用 A $1、B $1 等形式。如果公式所在单元格的位置改变，则相对引用改变，而绝对引用不变。如果多行或多列地复制公式，相对引用自动调整，而绝对引用不做调整。例如，如果将单元格 B2 的混合引用公式“= $A1+2”复制到单元格 B3 中，则公式为“= $A2+1”，如果复制到单元格 C2 中，则公式为“= $A1+1”。

注意：在 Excel 中输入公式时，只要正确使用 F4 键，就能轻松地在单元格的相对引用、绝对引用、混合引用间进行切换。

（2）VLOOKUP 函数

功能：在表格的首列查找指定的数据，并返回指定的数据所在行中的指定列处的数据。

语法：VLOOKUP（要查找的值，要查找的区域，返回数据在查找区域的第几列数，模糊匹配/精确匹配）

参数：

参数 1 表示需要在数据表第一列中进行查找的数值，可以是数值、引用或文本字符串。

参数 2 表示需要在其中查找数据的数据表区域。

参数 3 表示在数据表区域中查找数据的数据列的序号。

参数 4 为一个逻辑值，指明函数 VLOOKUP 查找时是精确匹配还是近似匹配。如果为 FALSE 或 0，则返回精确匹配，如果找不到，则返回错误值 #N/A；如果为 TRUE 或 1，函数 VLOOKUP 将查找近似匹配值；如果省略未写，则默认为 1。

（3）IFERROR 函数

功能：用来判断指定公式正确与否，正确则返回公式处理结果，错误则返回需要显示的信息。

语法：IFERROR（指定的公式，公式出错要显示的信息）

参数：

参数 1 表示要计算的公式或表达式。

参数 2 表示如果参数 1 出错的话要显示的信息。

IFERROR 函数应用举例如表 6-5 所示。

表 6-5　IFERROR 函数

函数名	语法	运算结果
IFERROR	=IFERROR(4/2,"出错了，除数不能为0！")	2
	=IFERROR(4/0,"出错了，除数不能为0！")	出错了，除数不能为0！

（4）ROUND 函数

功能：返回一个数值，该数值是按照指定的小数位数进行四舍五入运算的结果。

语法：ROUND（原数字，要保留的小数位数）

参数：

参数 1 表示需要做处理的数据。

参数 2 表示指定保留的小数位数。

ROUND 函数应用举例如表 6-6 所示。

表 6-6　ROUND 函数

函数名	语法	运算结果
ROUND	=ROUND(3.1415, 2)	3.14

（5）MAX 函数

功能：返回一组值中的最大值。

语法：MAX（数 1，数 2,...）或者 MAX（单元格区域）

参数：一共可以指定 30 个数字参数，从中找出最大值。

MAX 函数应用举例如表 6-7 所示。

表 6-7　MAX 函数

函数名	语法	运算结果
MAX	=MAX(5, 14, 9)	14

（6）个人所得税相关知识

个人所得税是指按税法规定具有纳税义务的中国公民和外籍人员的个人收入或所得征收的一种税，缴纳个人所得税是收入达到缴纳标准的公民应尽的义务。

2018 年 8 月 31 日，第十三届全国人民代表大会常务委员会第五次会议通过《关于修改〈中华人民共和国个人所得税法〉的决定》，将个税免征额由 3 500 元提高到 5 000 元。

应纳个人所得税税额＝应纳税所得额×税率－速算扣除数

其中：

应纳税所得额＝月度收入－5 000 元（起征点）－专项扣除（五险一金等）－专项附加扣除－依法确定的其他扣除

个人所得税税率如表 6-8 所示。

表 6-8　个人所得税税率

级数	预扣预缴应纳税所得额	预扣税率(%)	速算扣除数
1	不超过3 000	3%	0
2	超过3 000不超过12 000	10%	210
3	超过12 000不超过25 000	20%	1 410
4	超过25 000不超过35 000	25%	2 660
5	超过35 000不超过55 000	30%	4 410
6	超过55 000不超过80 000	35%	7 160
7	超过80 000	45%	15 160

举例：小华 5 月工资收入为 12 000 元，当月专项扣除金额为 1 500 元，专项附加扣除金额为 1 600 元，则小华当月应纳税所得额为 12 000－5 000－1 500－1 600＝3 900(元)，应纳个人所得税税额＝3 900×0.1－210＝180(元)。

3. 回到场景

掌握了预备知识，小 A 根据现有信息统计每位员工的工资信息，结果如图 6-9 所示。

华新电器有限公司员工工资信息表

工号	姓名	入职日期	工资级别	工龄	基本工资	工龄工资	全勤补贴	加班费	应发合计	缺勤扣	专项扣除	专项附加扣除	个人所得税	实发合计
BS001	胡明发	2004/5/9	2级	15	9200	1200	500	0	10900	0	1600	2000	69	10831
BS002	惠强	2012/11/20	6级	6	4600	540	0	0	5140	209.1	700	1000	0	4930.9
BS003	姜平	2008/12/3	4级	10	7000	1020	0	840	8860	318.2	880	1000	59.4	8482.4
BS004	旷伟	2014/12/14	7级	4	3700	300	500	0	4500	0	550	1000	0	4500
BS005	雷见平	2015/5/18	8级	4	2800	300	0	600	3700	0	460	2000	0	3700
BS006	李冰研	2018/10/1	10级	0	1800	0	500	1320	3620	0	200	1000	0	3620
BS007	廖佳彬	2005/3/12	3级	14	8100	1200	0	0	9300	284.1	1200	2000	33	8982.9
BS008	鲁松国	2015/3/13	7级	4	3700	300	500	0	4500	0	550	1000	0	4500
BS009	马玉成	2011/6/9	5级	8	5900	780	500	440	7620	0	950	1000	20.1	7599.9
BS010	戚义刚	2011/10/24	4级	7	7000	660	500	1440	9600	0	880	2000	51.6	9548.4
BS011	唐楠	2004/9/22	2级	14	9200	1200	500	0	10900	0	1600	2000	69	10831
BS012	王秋水	2007/2/10	2级	12	9200	1200	500	0	10900	0	1600	2500	54	10846
BS013	吴红宇	2011/3/22	7级	8	3700	780	0	0	4480	100	550	1000	0	4380
BS014	席梦阳	2015/5/1	9级	4	2300	300	500	960	4060	0	400	1000	0	4060
BS015	肖婷	2013/1/2	7级	6	3700	540	500	880	5620	0	550	1000	0	5620
BS016	李冰研	2016/9/26	8级	2	2800	0	500	520	3820	0	460	1000	0	3820
BS017	李丹	2017/1/4	10级	2	1800	0	500	1200	3500	0	300	1000	0	3500
BS018	李力	2014/9/4	6级	4	4600	300	0	1000	5900	418.2	700	1000	0	5481.8
BS019	李琴	2015/1/3	7级	4	3700	300	500	560	5060	0	550	1200	0	5060
BS020	李庭森	2014/5/5	6级	5	4600	420	500	0	5520	0	700	1200	0	5520

图 6-9 员工工资信息

操作步骤如下：

步骤 1：根据入职日期获得工龄。运用之前学的计算周岁的方法，计算每个人的工龄。在 E3 单元格输入公式“=DATEDIF(C3,TODAY(),"y")”，按 Enter 键，再利用填充柄完成“工龄”列数据录入。如图 6-10 所示。

图 6-10 根据入职日期获得工龄

步骤 2：运用 VLOOKUP 函数获得基本工资。根据每个人的工资级别在“工资级别表”中查询对应的基本工资，在 F3 单元格输入公式“=VLOOKUP(D3,工资级别表!

$A $1:$B $11,2,0)”，按 Enter 键，再利用填充柄完成“基本工资”列数据。如图 6-11 所示。

=VLOOKUP(D3,工资级别表!$A$1:$B$11,2,0)

E	F	G	H	I	J
华新电器有限公司员工工资信息					
工龄	基本工资	工龄工资	全勤补贴	加班费	应发合计
15	9200				
6	4600				
10	7000				
4	3700				
4	2800				

图 6-11　运用 VLOOKUP 函数获得基本工资

思考：此公式参数 2 搜索数据表区域为什么要用绝对引用？

步骤 3：运用 VLOOKUP 函数、IFERROR 函数获得加班费。小 A 在使用 VLOOKUP 函数获得每个人的加班费时，在 I3 单元格输入公式“=VLOOKUP(A3,加班表！$A $2:$D $13,4,0)”，按 Enter 键，再利用填充柄完成“加班费”列数据时发现一个现象：“加班表”中没有加班数据的员工，“加班费”显示的是“#N/A”，代表根据 VLOOKUP 函数给定的参数查不到加班数据，如图 6-12 所示。

=VLOOKUP(A3,加班表!$A$2:$D$13,4,0)

E	F	G	H	I	
华新电器有限公司员工工资					
工龄	基本工资	工龄工资	全勤补贴	加班费	应发
15	9200			#N/A	
6	4600			#N/A	
10	7000			840	
4	3700			#N/A	
4	2800			600	

图 6-12　加班费计算（1）

于是小 A 根据预备知识掌握的 IFERROR 函数，将 I3 单元格公式修改为“=IFERROR(VLOOKUP(A3,加班表！$A $2:$D $13,4,0),0)”，按 Enter 键，再利用填充柄完成“加班费”列数据，如图 6-13 所示。

=IFERROR(VLOOKUP(A3,加班表!$A$2:$D$13,4,0),0)

E	F	G	H	I	J	K
华新电器有限公司员工工资信息表						
工龄	基本工资	工龄工资	全勤补贴	加班费	应发合计	缺勤
15	9200			0		
6	4600			0		
10	7000			840		
4	3700			0		
4	2800			600		

图 6-13　加班费计算（2）

步骤 4：运用 IF 函数嵌套计算工龄工资和全勤补贴。工龄工资是企业按照员工的工作年数，给予员工工作经验和劳动贡献的经济补偿。该公司工龄工资的计算规则为：工龄未满 3 年者，没有工龄工资，工龄满 3 年者，享有工龄工资基数 180 元/月，工龄超过 3 年者，每多一年工龄就多 120 元/月，工龄超过 10 年者，一次性计算 1 200 元/月。小 A 根据规则，在 G3 单元格中输入公式“=IF(E3<3,0,IF(E3<=10,180+120*(E3-3),1 200))”，按 Enter 键，再利用填充柄完成“工龄工资”列数据，如 6-14 所示。

=IF(E3<3,0,IF(E3<=10,180+120*(E3-3),1200))

E	F	G	H	I	J
华新电器有限公司员工工资信息表					
工龄	基本工资	工龄工资	全勤补贴	加班费	应发合计
15	9200	1200		0	
6	4600	540		0	
10	7000	1020		840	
4	3700	300		0	
4	2800	300		600	

图 6-14　计算工龄工资

全勤补贴是公司鼓励员工按时出勤的奖励方式，该公司全勤补贴发放规则是：当月全勤并且迟到分钟数未超过 10 分钟者，一次性奖励 500 元。小 A 根据规则，在 H3 单元格中输入公式“=IF(考勤表! C2+考勤表! D2=0,IF(考勤表! E2<=10,500,0),0)”，按 Enter 键，再利用填充柄完成“全勤补贴”列数据，如图 6-15 所示。

=IF(考勤表!C2+考勤表!D2=0,IF(考勤表!E2<=10,500,0),0)

E	F	G	H	I	J	K	L
华新电器有限公司员工工资信息表							
工龄	基本工资	工龄工资	全勤补贴	加班费	应发合计	缺勤扣款	专项扣除
15	9200	1200	500	0			160
6	4600	540	0	0			70
10	7000	1020	0	840			88
4	3700	300	500	0			55
4	2800	300	0	600			46

图 6-15　计算全勤补贴

步骤 5：运用 IF 函数、ROUND 函数计算缺勤扣款。该公司的缺勤扣款规则是：事假一天扣日薪，病假一天扣半日薪，迟到 20 分钟内不扣钱，超过 20 分钟后，每分钟扣 10 元。扣薪标准按基本工资计算，每月按 22 个工作日计算，四舍五入保留 1 位小数。小 A 根据计算规则，在 K3 单元格中输入公式“=ROUND(F3/22*考勤表! C2+F3/22*考勤表! D2*0.5+IF(考勤表! E2<20,0,(考勤表! E2-20)*10),1)”，按 Enter 键，再利用填充柄完成“缺勤扣款”列数据，如图 6-16 所示。

=ROUND(F3/22*考勤表!C2+F3/22*考勤表!D2*0.5+IF(考勤表!E2<20,0,(考勤表!E2-20)*10),1)

E	F	G	H	I	J	K	L	M	N	O
华新电器有限公司员工工资信息表										
工龄	基本工资	工龄工资	全勤补贴	加班费	应发合计	缺勤扣款	专项扣除	专项附加扣除	个人所得税	实发合计
15	9200	1200	500	0		0	1600	2000		
6	4600	540	0	0		209.1	700	1000		
10	7000	1020	0	840		318.2	880	1000		
4	3700	300	500	0		0	550	1000		
4	2800	300	0	600		0	460	2000		

图 6-16　计算缺勤扣款

步骤 6：计算应发合计。该公司员工工资应发合计是基本工资、工龄工资、全勤补贴、加班费的总和。小 A 在 J3 单元格输入公式“=SUM(F3:I3)”，按 Enter 键，再利用填充柄完成“应发合计”列数据，如图 6-17 所示。

=SUM(F3:I3)

E	F	G	H	I	J
华新电器有限公司员工工资信息					
工龄	基本工资	工龄工资	全勤补贴	加班费	应发合计
15	9200	1200	500	0	10900
6	4600	540	0	0	5140
10	7000	1020	0	840	8860
4	3700	300	500	0	4500
4	2800	300	0	600	3700

图 6-17　计算应发合计

步骤 7：计算个人所得税。此处参照税法规定，对专项扣除、专项附加扣除等数据做了简化处理，该表对应的应纳税所得额=月度收入-5 000 元（起征点）-专项扣除-专项附加扣除。小 A 根据个人所得税税额计算方法，在 N3 单元格输入公式“=MAX((J3-5 000-L3-M3)＊{0.03,0.1,0.2,0.25,0.3,0.35,0.45}-{0,210,1 410,2 660,4 410,7 160,15 160},0)”，按 Enter 键，再利用填充柄完成“个人所得税”列数据，如图 6-18 所示。

=MAX((J3-5000-L3-M3)*{0.03, 0.1, 0.2, 0.25, 0.3, 0.35, 0.45}-{0, 210, 1410, 2660, 4410, 7160, 15160}, 0)

E	F	G	H	I	J	K	L	M	N	O	P
华新电器有限公司员工工资信息表											
工龄	基本工资	工龄工资	全勤补贴	加班费	应发合计	缺勤扣	专项扣除	专项附加扣除	个人所得税	实发合计	
15	9200	1200	500	0	10900	0	1600	2000	69		
6	4600	540	0	0	5140	209.1	700	1000	0		
10	7000	1020	0	840	8860	318.2	880	1000	59.4		
4	3700	300	500	0	4500	0	550	1000	0		
4	2800	300	0	600	3700	0	460	2000	0		

图 6-18　计算个人所得税

步骤 8：计算实发合计。实发合计为应发合计减去缺勤扣款和个人所得税，在 O3 单元格输入公式“=J3-K3-N3”，按 Enter 键，再利用填充柄完成“实发合计”列数据，如图 6-19 所示。

=J3-K3-N3

E	F	G	H	I	J	K	L	M	N	O
华新电器有限公司员工工资信息表										
工龄	基本工资	工龄工资	全勤补贴	加班费	应发合计	缺勤扣	专项扣除	专项附加扣除	个人所得税	实发合计
15	9200	1200	500	0	10900	0	1600	2000	69	10831
6	4600	540	0	0	5140	209.1	700	1000	0	4930.9
10	7000	1020	0	840	8860	318.2	880	1000	59.4	8482.4
4	3700	300	500	0	4500	0	550	1000	0	4500
4	2800	300	0	600	3700	0	460	2000	0	3700

图 6-19　计算实发合计

4. 实训营

（1）训练实例

完成员工工资信息表后，小 A 发现工资信息表构成比较复杂，想实现方便查阅和核对各项工资明细的方法。你能帮小 A 实现如图 6-20 所示的工资条效果吗？

华新电器有限公司员工工资信息表

工号	姓名	入职日期	工资级别	工龄	基本工资	工龄工资	全勤补贴	加班费	应发合计	缺勤扣	专项扣除	专项附加扣除	个人所得税	实发合计
BS001	胡明发	2004/5/9	2级	15	9200	1200	500	0	10900	0	1600	2000	69	10831
工号	姓名	入职日期	工资级别	工龄	基本工资	工龄工资	全勤补贴	加班费	应发合计	缺勤扣	专项扣除	专项附加扣除	个人所得税	实发合计
BS002	惠强	2012/11/20	6级	6	4600	540	0	0	5140	209.1	700	1000	0	4930.9
工号	姓名	入职日期	工资级别	工龄	基本工资	工龄工资	全勤补贴	加班费	应发合计	缺勤扣	专项扣除	专项附加扣除	个人所得税	实发合计
BS003	姜平	2008/12/3	4级	10	7000	1020	0	840	8860	318.2	880	1000	59.4	8482.4
工号	姓名	入职日期	工资级别	工龄	基本工资	工龄工资	全勤补贴	加班费	应发合计	缺勤扣	专项扣除	专项附加扣除	个人所得税	实发合计
BS004	旷伟	2014/12/14	7级	4	3700	300	500	0	4500	0	550	1000	0	4500
工号	姓名	入职日期	工资级别	工龄	基本工资	工龄工资	全勤补贴	加班费	应发合计	缺勤扣	专项扣除	专项附加扣除	个人所得税	实发合计
BS005	雷见平	2015/5/18	8级	4	2800	300	0	600	3700	0	460	2000	0	3700

图 6 20　工资条效果

（2）常见问题以及操作技巧

①在使用 VLOOKUP 函数时，参数 1“要查找的值”必须在参数 2“要搜索的数据表区域”中处于第一列。

②公式中的单元格引用要根据现实情况，仔细观察数据变化规律，灵活应用相对引用、绝对引用和混合引用。

案例七　产品销售业绩分析
——Excel 数据分析应用二

任务十二　制作各销售地销售业绩表

【情景导入】

这天，与小 A 在同一家公司的同学小 C 来请小 A 帮忙。原来，小 C 在销售部门工作，年底了，部门经理交给小 C 一份销售统计数据，让他制作一份销售统计表，对每个销售区域和销售人员的业绩进行评估。什么是销售统计呢？销售统计有什么作用呢？小 A 和小 C 都不是很清楚，他们通过查阅资料，了解到销售统计是通过对企业经营中与销售相关的数据进行统计与分析，并以销售统计报表的形式直观、形象地将销售环节中各种问题表现出来，为企业的销售决策提供参考依据。例如通过对销售人员的销售数据进行统计分析，可以展现各区域和销售人员的销售业绩的对比分析情况，为公司制订新一年的销售计划、销售策略等提供依据，而销售人员也可以通过这些数据了解自己的销售情况和客户情况，从而改进自己的销售策略。通过学习了解，小 A 和小 C 都认识到当前市场竞争已趋于同质化，销售人员所接触到的数据越来越多，市场对销售人员的数据分析能力的要求也越来越高，因此销售人员必须具有更强的数据统计与分析能力。

1. 学习目标

- 掌握数据的简单排序和高级排序。
- 掌握数据自动筛选、自定义筛选和高级筛选。

2. 预备知识

（1）数据排序

在 Excel 中，数据排序是将数据按一定的规则进行重新排列，方便用户查看或管理数据。数据排序的方法主要有简单排序和高级排序。

①简单排序

当只需对工作表中某一列的数据进行排序时，可以使用简单排序来实现。

步骤：打开素材文件夹中“简单排序”工作表，选中“成绩”列中的任意一个单元格，依次单击“数据”—“降序”，如图 7-1 所示，排序结果如图 7-2 所示。

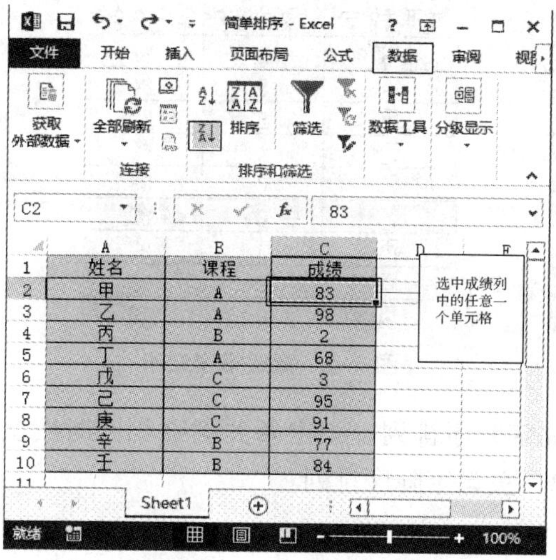

图 7-1 简单排序

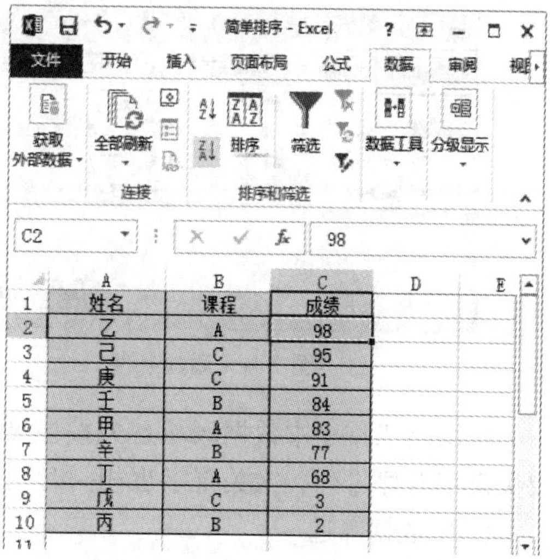

图 7-2 简单排序结果

②高级排序

当需要按照多个条件对数据进行排序时，可使用高级排序来实现。

步骤 1：打开素材文件夹中“高级排序”工作表，选中数据区域中的任意一个单元格，依次单击“数据”—“排序”。如图 7-3（a）所示。

步骤 2：在弹出的“排序”对话框中，“主要关键字”的下拉列表中选择“主要关键字”选项，“排序依据”下拉列表中选择“数值”选项，“次序”下拉列表中选择“自定义序列”选项，如图 7-3（b）所示。在弹出的“自定义序列”对话框中，“自定义序列”下拉表单中选择“甲，乙，丙，丁，戊，己，庚，辛，壬，癸”，如图 7-3（c）所示。如此设置则关键字列将会按此顺序排列。

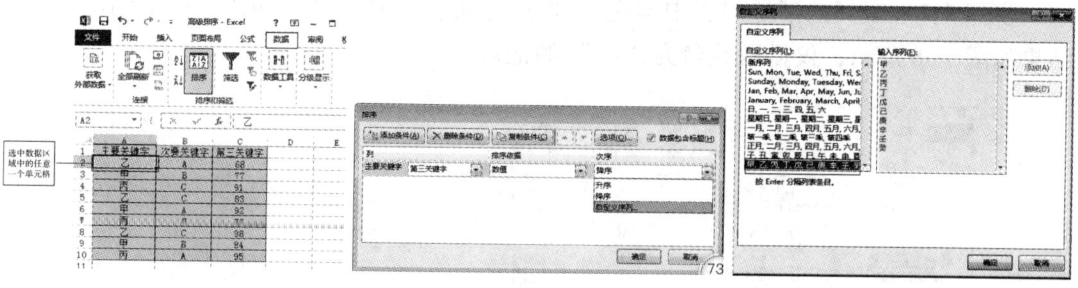

（a） （b） （c）

图 7-3 添加条件（自定义序列）

步骤 3：单击“添加条件（A）”按钮，“次要关键字”的下拉列表中选择“次要关键字”选项，“排序依据”下拉列表中选择“数值”选项，“次序”下拉列表中选择“升序”选项。

步骤 4：单击“添加条件（A）”按钮，“次要关键字”的下拉列表中选择“第三关键字”选项，“排序依据”下拉列表中选择“数值”选项，“次序”下拉列表中选择“降序”选项，单击“确定”按钮，如图 7-4 所示。排序结果如图 7-5 所示。

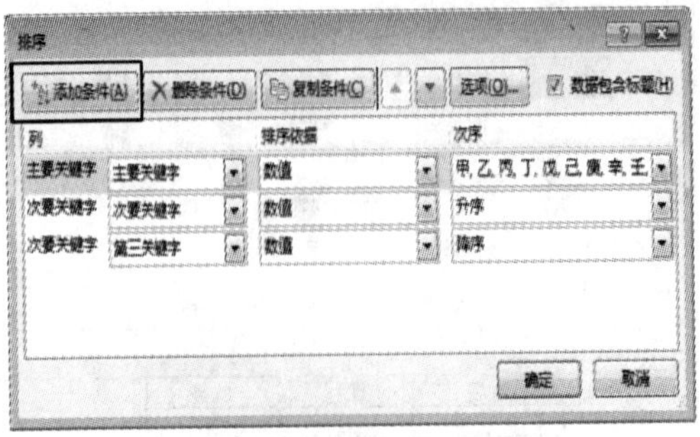

图 7-4 添加条件

主要关键字	次要关键字	第三关键字
甲	A	92
甲	B	84
甲	B	77
乙	A	68
乙	C	98
乙	C	83
丙	A	95
丙	C	91
丙	C	73

图 7-5 高级排序结果

此次高级排序中数据区域首先按主要关键字升序排列，当主要关键字相同时按次要关键字升序排列，次关键字也相同时则按第三关键字降序排列。

（2）数据筛选

在 Excel 中，用户可以使用数据筛选功能快速而方便地将符合条件的数据显示出来，并将不符合条件的数据隐藏起来。对于筛选过的数据子集，可以直接进行复制、查找、编辑、制作图表和打印等操作。数据筛选的方法主要有自动筛选、自定义筛选和高级筛选。

①自动筛选

自动筛选是根据用户设定的筛选条件，自动将表格中符合条件的数据显示出来，隐藏表格中的其他数据。操作步骤如下：

步骤 1：打开素材文件夹中“筛选”工作表，选中数据区域中的任意一个单元格，依次单击“数据”—“筛选”，表格中所有表头字段右侧出现下三角按钮。如图 7-6 所示。

步骤 2：单击表头字段“姓名”右侧的下三角按钮。

步骤 3：在展开的下拉列表中勾选“甲”选项前的复选框，如图 7-7 所示。筛选结果如图 7-8 所示，仅显示姓名为“甲”的记录。

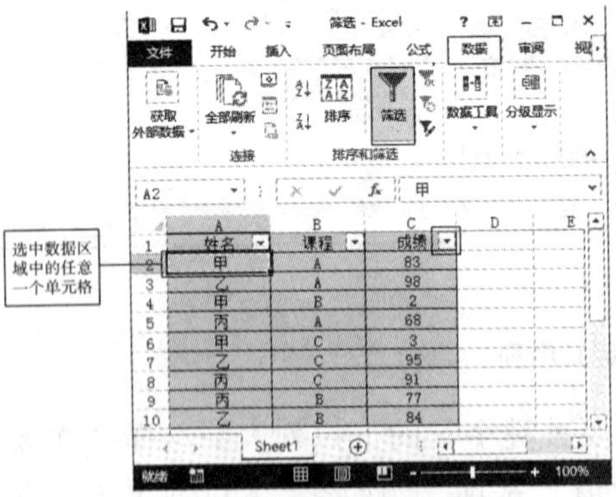

图 7-6 启动筛选功能

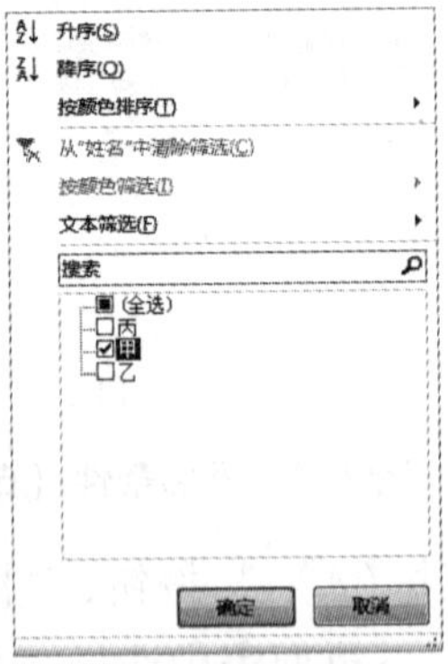

图 7-7 设置筛选条件

	A	B	C
1	姓名	课程	成绩
2	甲	A	83
4	甲	B	2
6	甲	C	3

图 7-8 自动筛选结果

步骤 4：删除筛选。单击有筛选的字段右侧的下三角按钮，在展开的下拉列表中选择“从‘姓名’中清除筛选”选项，删除筛选，如图 7-9 所示。删除筛选结果如图 7-10 所示。

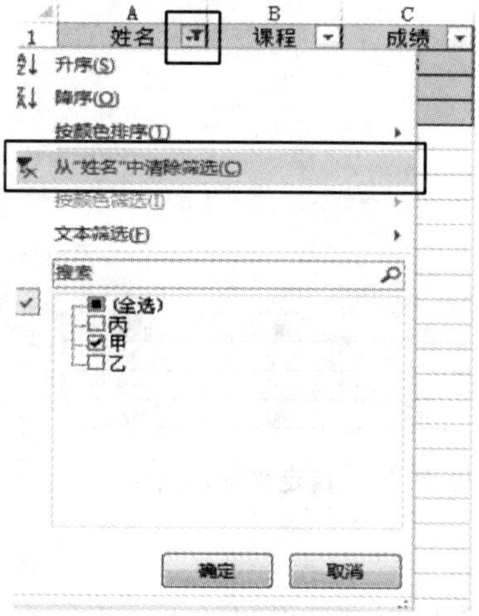

图 7-9　删除筛选

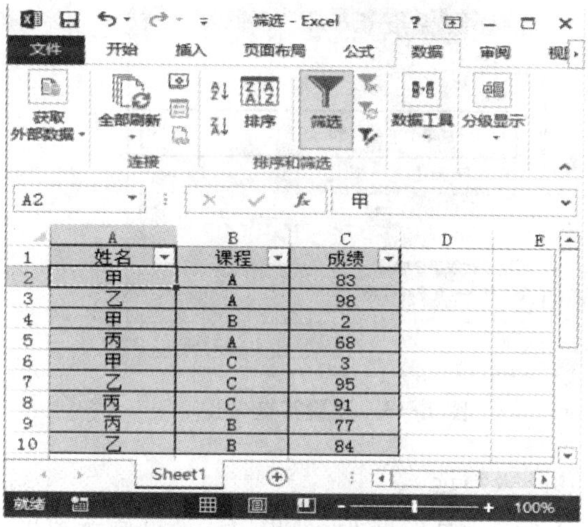

图 7-10　删除筛选结果

②自定义筛选

自定义筛选是根据用户需求对数据进行条件筛选，将表格中符合条件的数据显示出来，并隐藏其他的数据。操作步骤如下：

步骤 1：选中数据区域中的任意一个单元格，依次单击“数据”—“筛选”，单击字段“成绩”右侧出现的下三角按钮。如图 7-11 所示。

步骤 2：在展开的下拉列表中选择“数字筛选”菜单选项，在展开的下拉列表中选择“自定义筛选”菜单。如图 7-12 所示。

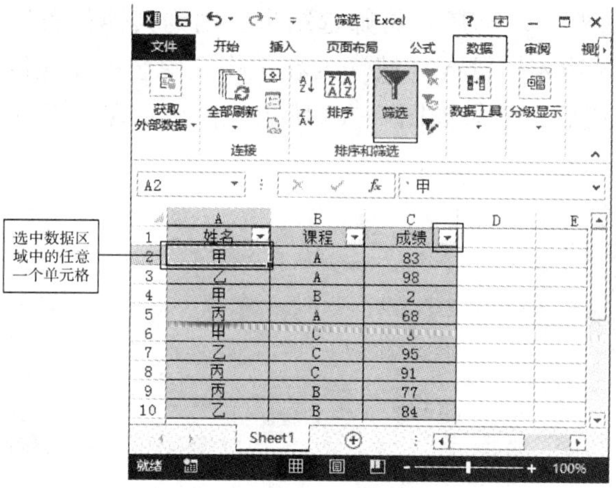

图 7-11　启动筛选功能

图 7-12　打开自定义筛选对话框

步骤 3：在弹出的“自定义自动筛选方式”对话框中，在第一个筛选条件下拉列表中选择筛选符号“大于或等于”。在筛选条件符号右边的输入框中输入或选择条件值“90”，如图 7-13 所示。筛选结果如图 7-14 所示，显示所有成绩大于或等于 90 的记录。

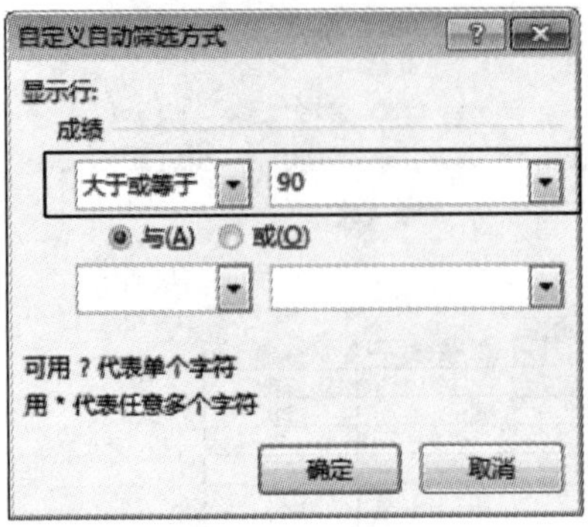

图 7-13 设置筛选条件

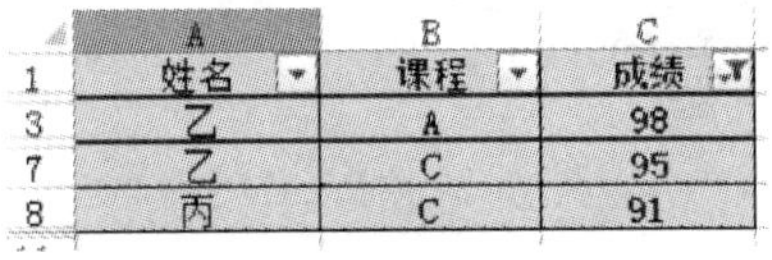

	A	B	C
1	姓名	课程	成绩
3	乙	A	98
7	乙	C	95
8	丙	C	91

图 7-14 自定义筛选结果

③高级筛选

自动筛选是根据 Excel 提供的条件筛选数据，若要根据自己设置的条件对数据进行筛选，则需要使用高级筛选功能。高级筛选可以筛选出同时满足两个或两个以上约束条件的记录。例如我们要筛选出课程 C 不及格的记录。操作步骤如下：

步骤 1：在工作表中的空白区域，添加如图 7-15 所示的条件。

课程	成绩
C	<60

图 7-15 自定义筛选条件

步骤 2：选中数据区域中的任意一个单元格，依次单击“数据”—“高级”，如图 7-16 所示。

步骤 3：在弹出的“高级筛选”对话框中，选择“将筛选结果复制到其他位置”。在“列表区域”“条件区域”“复制到”等输入框输入区域（或在工作表中选中相应区域），如图 7-17 所示。单击“确定”按钮后，结果如图 7-18 所示，仅显示课程 C 不及格的记录。

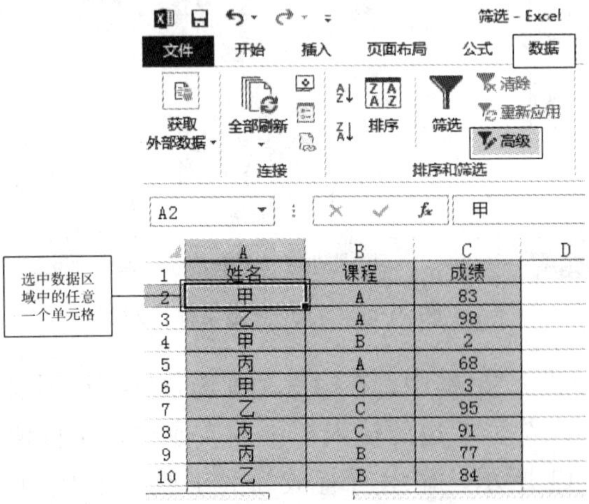

图 7-16 打开高级筛选对话框

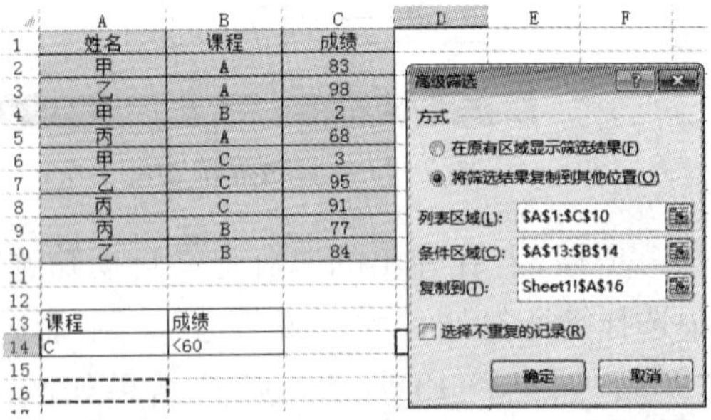

图 7-17 选择条件区域和结果复制区域

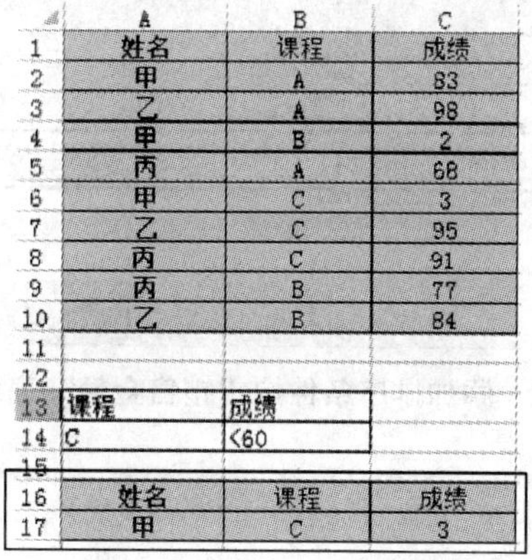

	A	B	C
1	姓名	课程	成绩
2	甲	A	83
3	乙	A	98
4	甲	B	2
5	丙	A	68
6	甲	C	3
7	乙	C	95
8	丙	C	91
9	丙	B	77
10	乙	B	84
11			
12			
13	课程	成绩	
14	C	<60	
15			
16	姓名	课程	成绩
17	甲	C	3

图 7-18　高级筛选结果

3. 回到场景

小 A 和小 C 在确认了销售经理的要求后，为更加方便地对各地区的销售金额进行分析，他们使用排序功能将各销售地的销售金额进行了排序，制作了各销售地销售业绩表。

操作步骤如下：

步骤 1：复制工作表。启动 Microsoft Word 2013，打开“7-1 销售统计表”。复制工作表“2019 年家电销售统计表”，命名为“各销售地销售业绩表”。

步骤 2：按销售地进行简单排序。选中数据区域中的任意一个单元格后，单击“数据”—“升序”按钮，如图 7-19 所示。

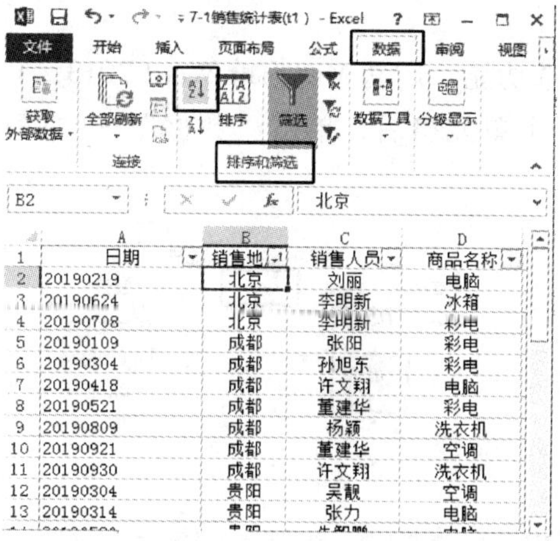

图 7-19　按销售地简单排序

步骤 3：按“销售金额”排序。完成按销售地进行简单排序后，直接单击“数据”—“排序”，在弹出的“排序”对话框中单击“添加条件”按钮，在“次要关键字”的下拉列表中选择“销售金额”选项，在“排序依据”下拉列表中选择“数值”选项，在“次序”下拉列表中选择“降序”选项，如图 7-20 所示。排序效果如图 7-21 所示。

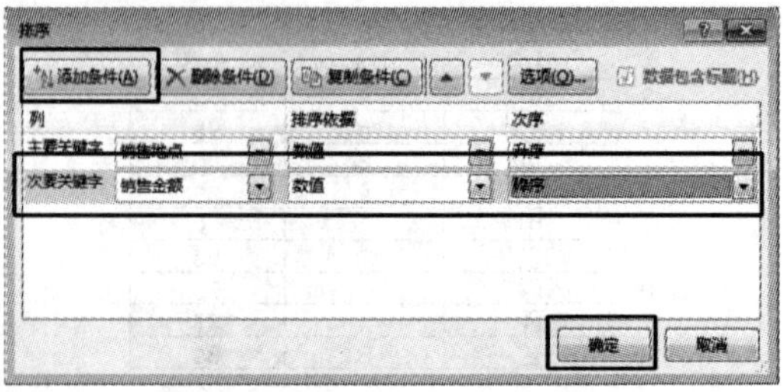

图 7-20　添加排序条件按“销售金额”高级排序

1	日期	销售地点	销售人员	商品名称	销售数量（台）	销售单价（元）	销售金额
2	20190219	北京	刘丽	电脑	28	4698	¥131,544.00
3	20190624	北京	李明新	冰箱	21	1903	¥39,963.00
4	20190708	北京	李明新	彩电	17	2271	¥38,607.00
5	20190418	成都	许文翔	电脑	20	4662	¥93,240.00
6	20190109	成都	张阳	彩电	32	2349	¥75,168.00
7	20190521	成都	董建华	彩电	24	2216	¥53,184.00
8	20190304	成都	孙旭东	彩电	19	2488	¥47,272.00
9	20190921	成都	董建华	空调	20	1456	¥29,120.00
10	20190809	成都	杨颖	洗衣机	15	1685	¥25,275.00
11	20190930	成都	许文翔	洗衣机	7	1645	¥11,515.00
12	20190520	贵阳	朱智鹏	电脑	32	4729	¥151,328.00
13	20190314	贵阳	张力	电脑	30	4683	¥140,490.00
14	20190522	贵阳	朱智鹏	洗衣机	34	1555	¥52,870.00
15	20190304	贵阳	吴靓	空调	26	1356	¥35,256.00
16	20191225	贵阳	朱智鹏	空调	13	1365	¥17,745.00
17	20190309	合肥	钱瑞	电脑	16	4463	¥71,408.00
18	20190229	合肥	杜利军	洗衣机	27	1652	¥44,604.00
19	20191105	合肥	高博	洗衣机	25	1707	¥42,675.00
20	20190429	合肥	程小飞	洗衣机	3	1778	¥5,334.00
21	20190313	昆明	陆伟东	冰箱	24	1814	¥43,536.00
22	20190312	昆明	陆伟东	彩电	8	2347	¥18,776.00

图 7-21　高级排序结果

通过统计结果，我们可以清晰地看到各销售地的销售情况，比较分析各销售地中每个销售人员的销售业绩。

此外，我们也可以通过筛选功能查看某个销售地所有销售人员的销售业绩。例如查看成都销售金额大于等于 50 000 元的记录。

操作步骤如下：

步骤 1：启动自动筛选功能。启动 Microsoft Word 2013，打开“7-1 销售统计表”。选中数据区域中的任意一个单元格后，单击“数据”—“筛选”，启动筛选功能，如图 7-22 所示。

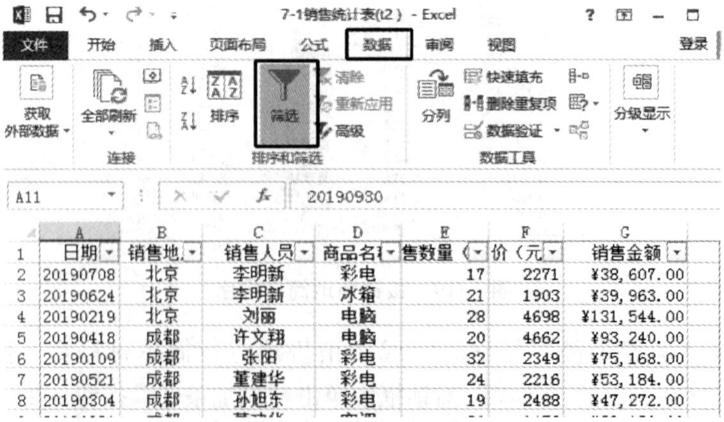

图 7-22　启动自动筛选功能

步骤 2：选择显示销售地。单击“销售地”右侧的下三角按钮，从弹出的下拉列表中，勾选“成都”复选框，单击“确定 ”按钮，如图 7-23 所示。显示结果如图 7-24 所示。

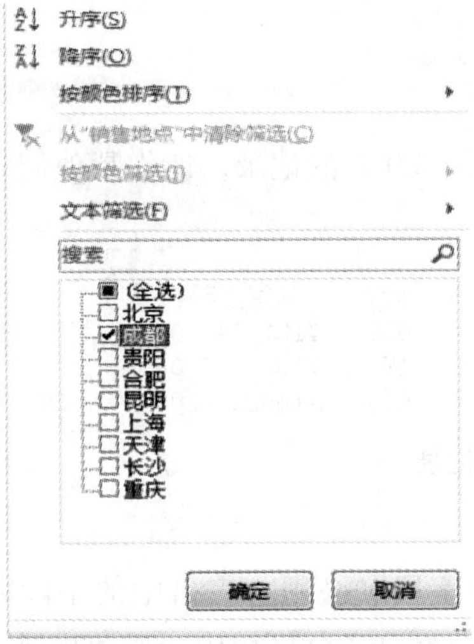

图 7-23　选择显示销售地

	A	B	C	D	E	F	G
1	日期	销售地	销售人员	商品名	售数量（	价（元	销售金额
5	20190418	成都	许文翔	电脑	20	4662	¥93, 240. 00
6	20190109	成都	张阳	彩电	32	2349	¥75, 168. 00
7	20190521	成都	董建华	彩电	24	2216	¥53, 184. 00
8	20190304	成都	孙旭东	彩电	19	2488	¥47, 272. 00
9	20190921	成都	董建华	空调	20	1456	¥29, 120. 00
10	20190809	成都	杨颖	洗衣机	15	1685	¥25, 275. 00
11	20190930	成都	许文翔	洗衣机	7	1645	¥11, 515. 00

图 7-24　“成都”地区销售业绩表

步骤 3：自定义筛选“销售金额”大于等于 50 000 元的记录。单击“销售金额”右侧的下三角按钮，从弹出的下拉列表中选择“数字筛选”，在展开的下拉列表中选择“大于或等于”选项，如图 7-25（a）所示。在弹出的“自定义自动筛选方式”对话框中，“大于或等于”后的输入框中输入“50 000”，如图 7-25（b）所示。筛选结果如图 7-26 所示。

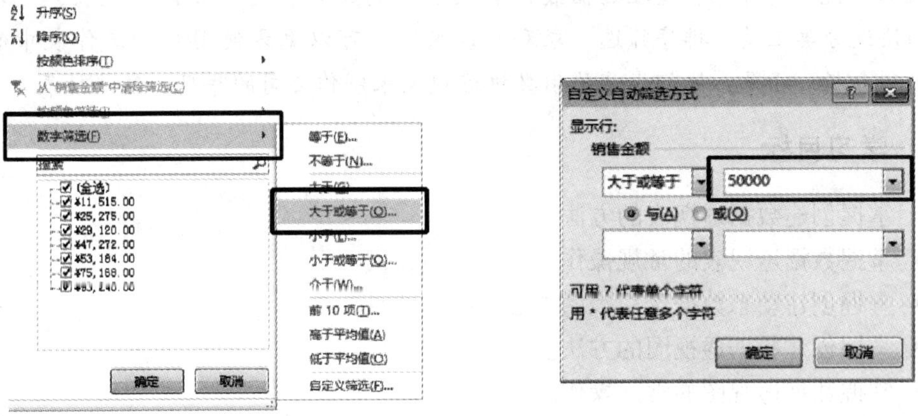

（a）　　　　　　　　（b）

图 7-25　自定义筛选

A	B	C	D	E	F	G
日期	销售地	销售人员	商品名	售数量（	价（元	销售金额
20190418	成都	许文翔	电脑	20	4662	¥93, 240. 00
20190109	成都	张阳	彩电	32	2349	¥75, 168. 00
20190521	成都	董建华	彩电	24	2216	¥53, 184. 00

图 7-26　成都地区销售金额大于 50 000 元记录

通过“各销售地业绩统计表”，我们可以清楚地了解各销售地的销售金额和销售排名，以帮助销售部门预测未来的销售趋势，制订销售计划。

4. 实训营

（1）训练实例

在统计过程中，小 A 和小 C 想查看电脑销售数量高于 20 台的记录，请你帮他们查找出来。显示效果如图 7-27 所示。

日期	销售地点	销售人员	商品名称	售数量（台	单价（元）	销售金额
20190219	北京	刘丽	电脑	28	4698	¥131,544.00
20190520	贵阳	朱智鹏	电脑	32	4729	¥151,328.00
20190314	贵阳	张力	电脑	30	4683	¥140,490.00

图 7-27　电脑销售大于 20 台的记录

（2）常见问题以及操作技巧

使用高级筛选必须先设置条件区域，条件区域内的字段名必须与表格中的字段名一致；否则，不能筛选出结果。我们可以把目标字段名复制到条件区域内，避免出错。

任务十三　制作年度业绩统计表

【情景导入】

小 A 和小 C 通过 Excel 的排序、筛选等功能完成了各销售地销售业绩表的制作后，再进一步的学习，发现 Excel 具有一个更常用的、更全的数据分析工具——数据透视表。数据透视表是计算、整理数据最快和最有效的工具。使用数据透视表，可以实现数据的快速分类汇总、排序筛选、求和、计数等，可以更方便用户对工作表中的各类数据进行分析。于是，他们尝试使用数据透视表来制作公司的年度业绩统计表。

1. 学习目标

- 掌握创建数据透视表的方法。
- 掌握数据透视表的常规操作。
- 掌握创建动态数据透视表的方法。
- 掌握创建数据透视图的方法。
- 掌握数据透视图的常规操作。

2. 预备知识

（1）数据透视表的创建方法

创建数据透视表的方法有两种：使用“插入数据透视表”功能创建和使用“推荐的数据透视表”功能创建。

方法一：使用“插入数据透视表”功能创建数据透视表。用户只需在“创建数据透视表”对话框中进行相关参数设置，即可完成创建操作。操作步骤如下：

步骤 1：打开素材文件夹中“7-2 素材”工作表，单击工作表中任意一个单元格，在“插入”选项卡的“表格”选项组中，单击“数据透视表”按钮，如图 7-28(a)所示。

步骤 2：在“创建数据透视表”对话框中，保持所有的默认参数不变，单击“确定”按钮关闭对话框。如图 7-28（b）所示。

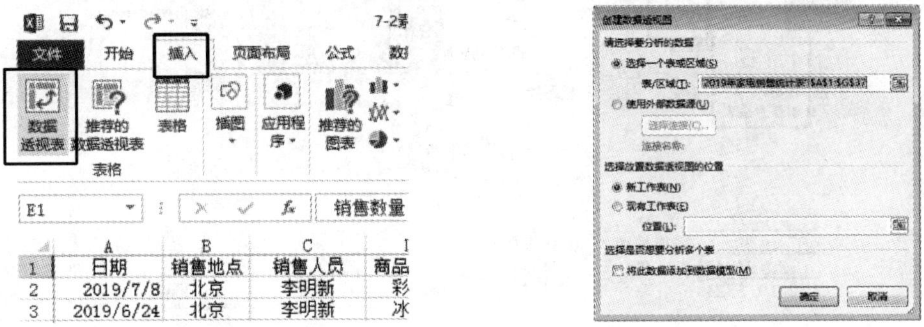

（a）　　　　　　　　　　　　（b）

图 7-28　“创建数据透视表视图”对话框

步骤 3：系统会自动新建 Sheet2 工作表，并在该工作表中创建一张空白透视表。同时，在工作表右侧会打开“ 数据透视表字段”窗格。如图 7-29 所示。

步骤 4：在该窗格中的“选择要添加到报表的字段”列表框中，勾选“日期”“商品名称”“销售金额”三个字段的复选框。

步骤 5：此时被勾选的字段已自动添加至该窗格的“行”区域和“值”区域中。同时相应的字段也被添加至空白透视表中，如图 7-30 所示。至此，完成数据透视表的创建。

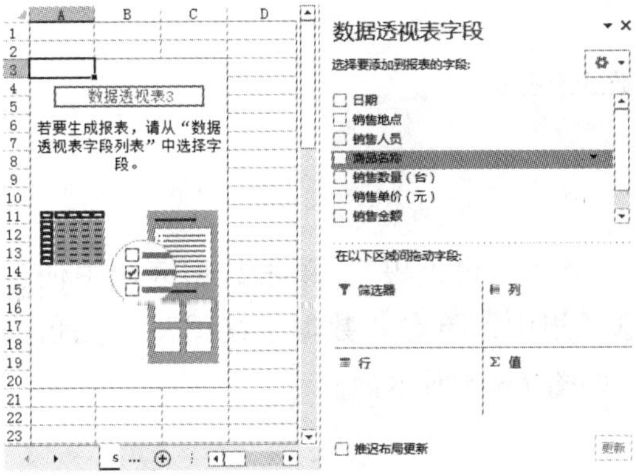

图 7-29　创建空白数据透视表

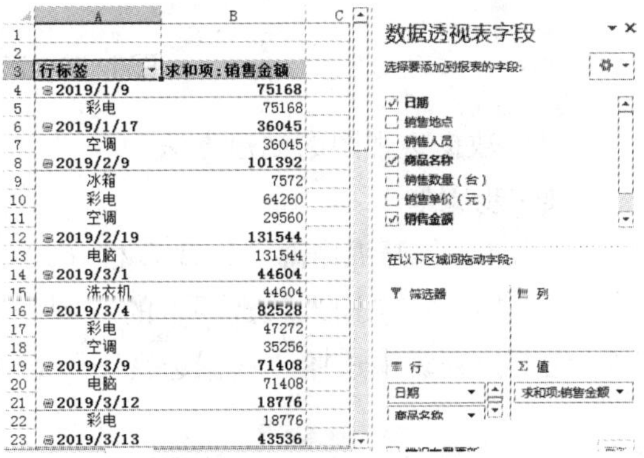

图 7-30　新建数据透视表

方法二：使用“推荐的数据透视表”功能创建数据透视表。

“推荐的数据透视表”是 Excel 2013 新增的功能，该功能可以根据数据源来向用户推荐更为合理的数据透视表。操作步骤如下：

步骤 1：打开素材文件夹中“7-2 素材”工作表，单击数据区域中任意一个单元格。在“插入”选项卡的“表格”选项组中，单击“推荐的数据透视表”按钮。如

图 7-31 所示。

步骤 2：在打开的“推荐的数据透视表”对话框中单击“确定”按钮，即可完成数据透视表的创建。如图 7-32 所示。

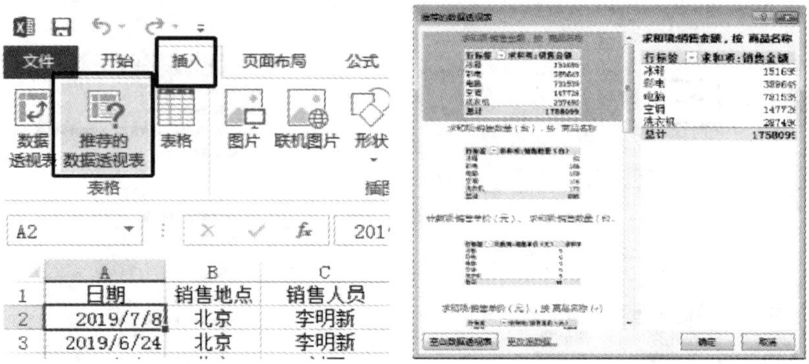

图 7-31 “推荐的数据透视表”功能创建透视表

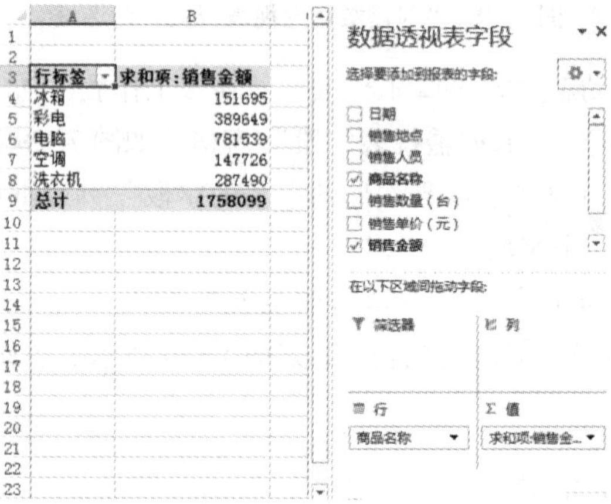

图 7-32 新建数据透视表

（2）数据透视图的创建方法

操作步骤如下：

步骤 1：打开工作簿“7-2 素材（2）”中的“销售报表”。单击数据区域中任意一个单元格，在“插入”选项卡的“图表”选项组中，单击“数据透视图”下三角按钮，在下拉列表中选择“数据透视图”选项，如图 7-33 所示。

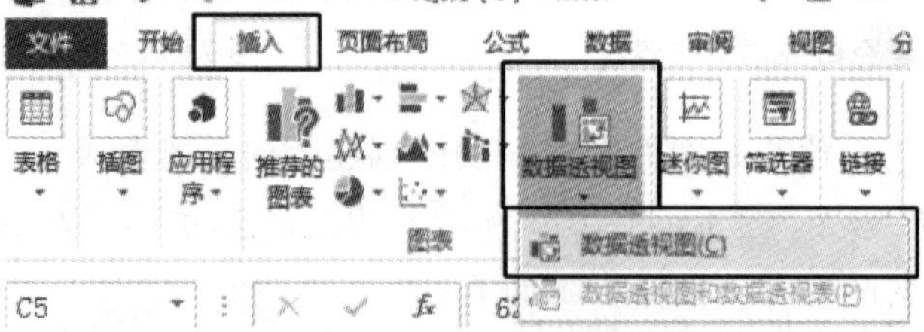

图 7-33 根据数据区域创建数据透视图

步骤 2：在弹出的“插入图表”对话框中保持默认状态，单击“确定”按钮，如图 7-34（a）所示。创建的数据透视图如图 7-34（b）所示。

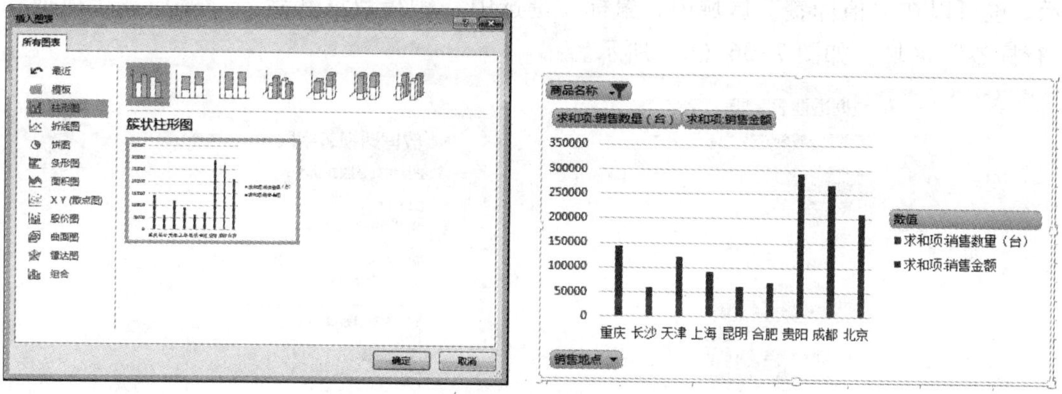

（a）　　　　　　　　　　　　　　（b）

图 7-34　根据数据区域创建数据透视图

3. 回到场景

小 A 和小 C 准备制作一个年度业绩统计表。通过该统计表，能够动态显示每种销售商品的各销售地的销售情况，并进行比较分析，最后生成数据透视图直观地展现出来。

（1）制作数据透视表

操作步骤如下：

步骤 1：新建空白数据透视表。打开 Excel 文件“7-2 素材”，使用“插入数据透视表”功能创建一个新的数据透视表。

步骤 2：编辑数据透视表。

第一步，在“数据透视表字段”窗格的“选择要添加到报表的字段”列表框中，单击选中所需字段的复选框，创建带有数据的数据透视表，如图 7-35 所示。

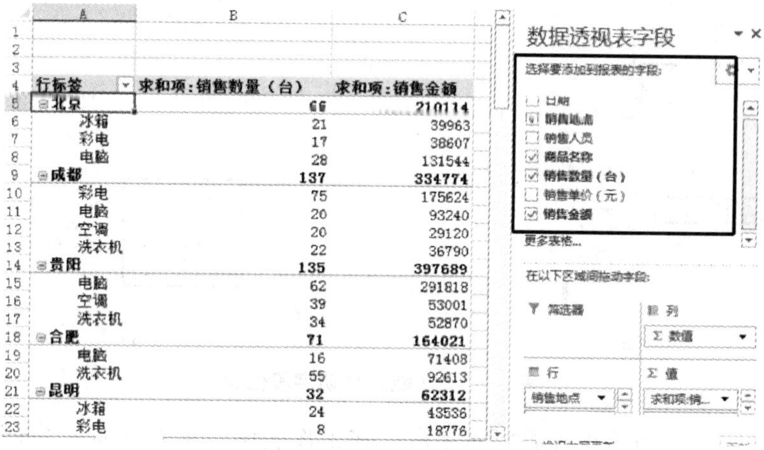

图 7-35　在数据透视表中添加字段

第二步，在“在以下区域间拖到字段”栏中选择“商品名称”字段，单击右侧的下三角按钮，在弹出的下拉列表中选择“移动到报表筛选”选项，如图 7-36（a）所示。也可以在“值标签”区域内，鼠标左键选中“销售数量（台）”字段直接拖拽到“行标签”区域，如图 7-36（b）所示。

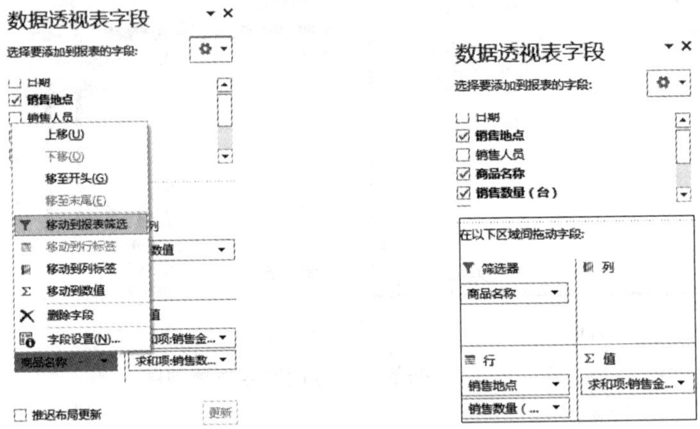

（a）　　　　　　　　（b）

图 7-36　区域间移动字段位置

在数据透视表的创建过程中，选择报表的字段时，选择字段的顺序与数据透视表中字段显示的位置相对应，即在字段列表中先选择的字段，显示在其他字段的前面，依次类推。如果需要改变字段在同一区域内的顺序位置，可以单击该字段，在弹出的快捷菜单中选择“上移”或“下移”选项，即可移动字段的顺序，如图 7-37（a）所示。显示效果如图 7-37（b）所示。

（a）　　　　　　　　（b）

图 7-37　区域内移动字段位置

第三步，在报表筛选中查看所需字段。在工作表中“商品名称”字段右侧单击下三角按钮，在弹出的下拉列表中选择“电脑”，单击“确定”按钮，如图 7-38（a）所示。显示效果如图 7-38（b）所示。

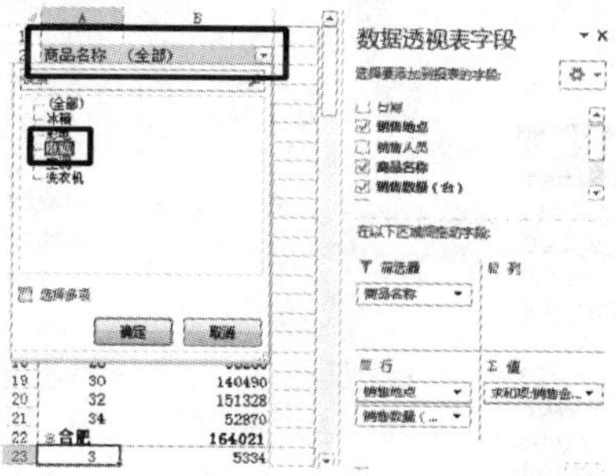

(a)

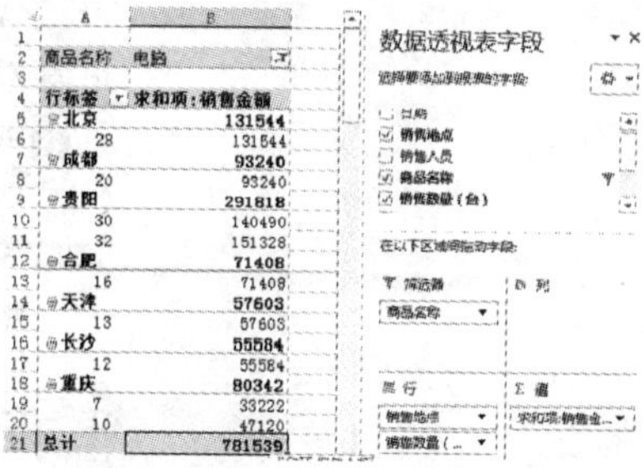

(b)

图 7-38　在报表筛选中查看所需字段

步骤 3：美化数据透视表。

第一步，选中数据透视表中任意单元格，切换至“数据透视表工具”—“设计”选项卡，在“数据透视表样式”选项组中单击“其他”按钮，如图 7-39 所示。

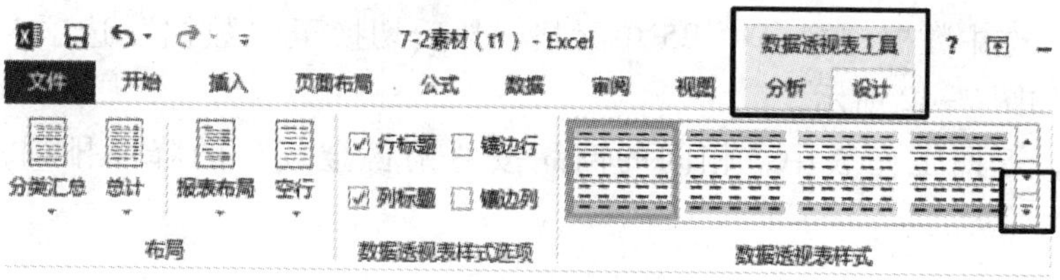

图 7-39　设置数据透视表样式

第二步，在展开的数据透视表样式库中，选中合适的样式，例如“数据透视表样式中等深浅 9”，如图 7-40 所示。显示效果如图 7-41 所示。

图 7-40　选择“数据透视表样式中等深浅 9”

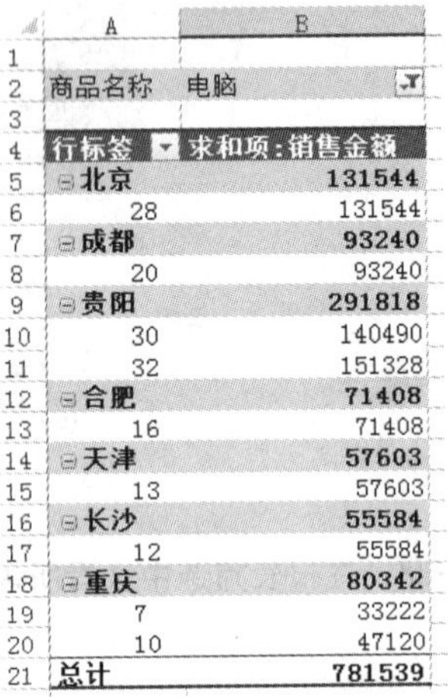

	A	B
1		
2	商品名称	电脑
3		
4	行标签	求和项：销售金额
5	⊟北京	131544
6	28	131544
7	⊟成都	93240
8	20	93240
9	⊟贵阳	291818
10	30	140490
11	32	151328
12	⊟合肥	71408
13	16	71408
14	⊟天津	57603
15	13	57603
16	⊟长沙	55584
17	12	55584
18	⊟重庆	80342
19	7	33222
20	10	47120
21	总计	781539

图 7-41　数据透视表样式效果

步骤 4：数据透视表中数据的排序。

第一步，选中数据透视表中 B5 单元格，然后切换至“数据”选项卡，单击“降序”按钮，如图 7-42 所示。

第二步，返回工作表中，相同的商品按“销售金额”的降序排列，如图 7-43 所示。

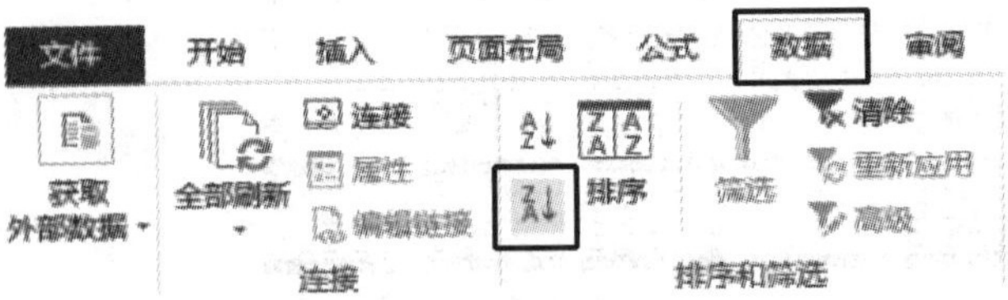

图 7-42　切换至“数据”选项卡—“降序”

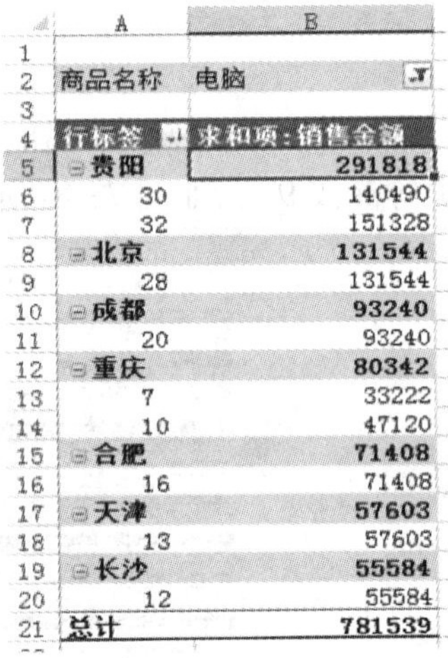

	A	B
1		
2	商品名称	电脑
3		
4	行标签	求和项：销售金额
5	⊟贵阳	291818
6	30	140490
7	32	151328
8	⊟北京	131544
9	28	131544
10	⊟成都	93240
11	20	93240
12	⊟重庆	80342
13	7	33222
14	10	47120
15	⊟合肥	71408
16	16	71408
17	⊟天津	57603
18	13	57603
19	⊟长沙	55584
20	12	55584
21	总计	781539

图 7-43　数据透视表排序

步骤 5：调整数据透视表的布局。

第一步，改变分类汇总位置。选中数据透视表中 B5 单元格，然后切换至“数据透视表工具”—“设计”选项卡的“布局”选项组，单击“分类汇总”下拉按钮，选择“在组的底部显示所有分类汇总”，如图 7-44（a）所示。此时，透视表中的汇总项已在每组数据的底部了，如图 7-44（b）所示。

第二步，隐藏“总计”。在“数据透视表工具”—“设计”—“布局”选项组中，单击“总计”下拉按钮，选择“对行和列禁用”，如图 7-45（a）所示。此时，透视表最下方的“总计”项已隐藏，如图 7-45（b）所示。

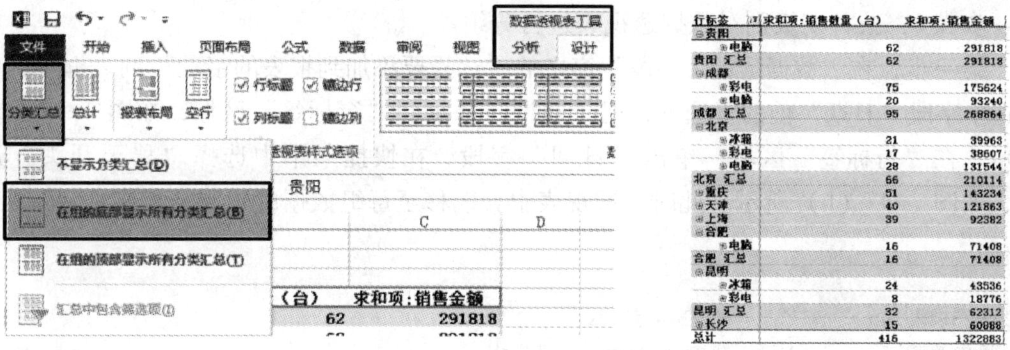

（a）　　　　　　　　　　　　（b）

图 7-44　分类汇总底部显示

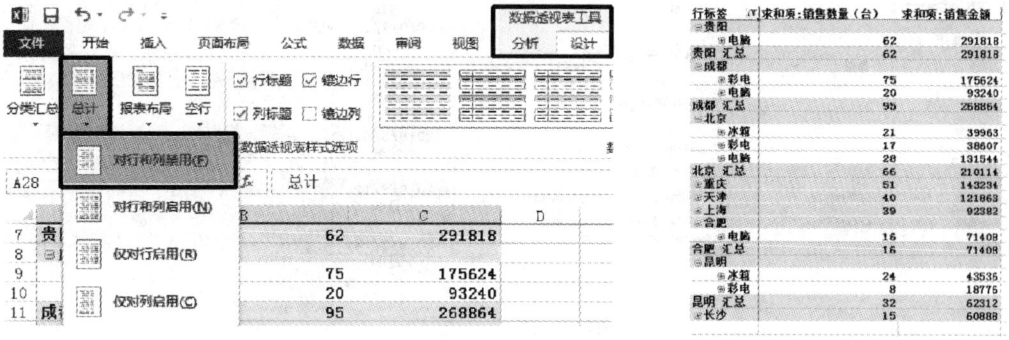

（a）　　　　　　　　　　　　（b）

图 7-45　隐藏“总计”

第三步，在透视表顶部显示“总计”项。选择 A5:A27 单元格区域并鼠标右击，在快捷菜单中选择“创建组”选项，如图 7-46（a）所示。此时，在该区域顶部会显示“数据组 1”字段，如图 7-46（b）所示。单击“数据组 1”字段，在编辑栏中输入“合计”字样并回车确认，更改字段内容。再次单击“分类汇总”下拉按钮，选择“在组的顶部显示所有分类汇总”。此时，透视表中的顶部显示汇总数据，如图 7-46（c）所示。

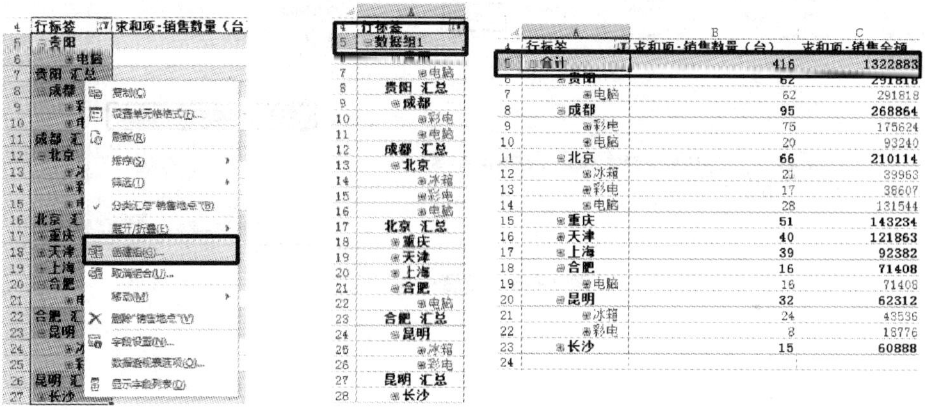

（a）　　　　　　　　（b）　　　　　　　　（c）

图 7-46　“总计”在顶部显示

步骤 6：按日期级别对数据透视表进行分组。

第一步，在“数据透视表字段”窗格的“选择要添加到报表的字段”列表框中，单击选中字段“日期”前的复选框，把“日期”添加到“行标签”区域，如图 7-47（a）所示。在“行标签”区域，单击“日期”字段，在快捷菜单中选择“移至开头”选项，如图 7-47（b）所示。此时，透视表中日期移至每组数据的顶部，如图 7-47（c）所示。

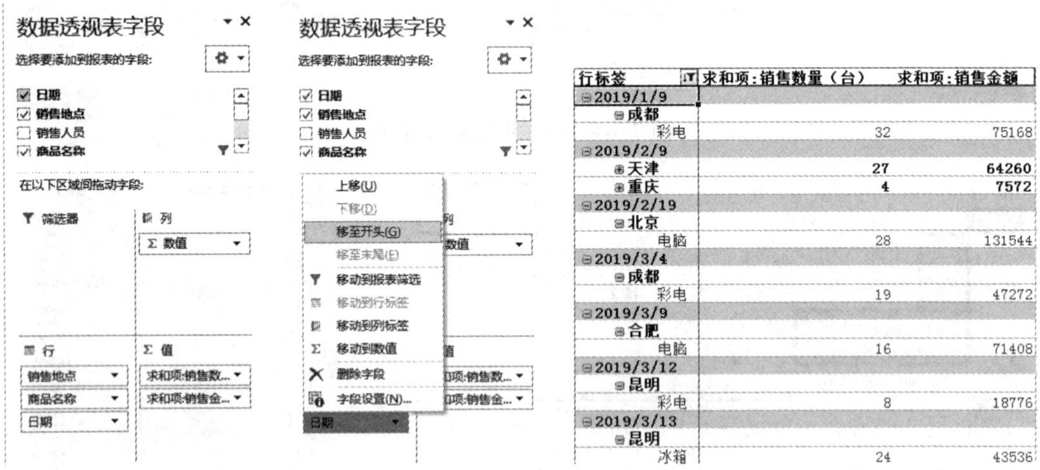

（a）　　　　（b）　　　　（c）

图 7-47　增加“日期”字段

第二步，单击任意一个日期的单元格，在“数据透视表工具”—“分析”—“分组”选项组中，单击“组字段”选项，在弹出的对话框中“步长”选择“季度”，如图 7-48 所示。此时透视表中的数据将按“季度”分组显示，如图 7-49 所示。

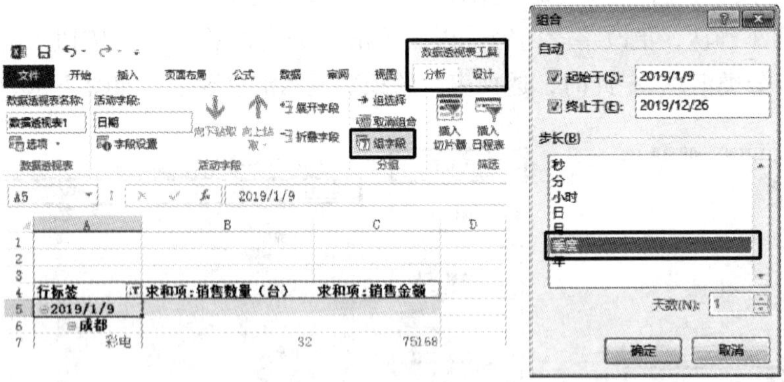

图 7-48　设置分组字段

	行标签	求和项:销售数量（台）	求和项:销售金额
4	行标签	求和项:销售数量（台）	求和项:销售金额
5	⊞第一季	198	622576
6	⊟第二季		
7	⊟贵阳		
8	电脑	32	151328
9	⊟成都		
10	彩电	24	53184
11	电脑	20	93240
12	⊟北京		
13	冰箱	21	39963
14	⊞重庆	7	33222
15	⊟第三季		
16	⊞重庆	10	47120
17	⊟北京		
18	彩电	17	38607
19	⊞长沙	3	5304
20	⊟第四季		
21	⊞上海	29	69832
22	⊞天津	13	57603
23	⊞长沙	12	55584
24	⊞重庆	30	55320

图 7-49　按“季度”分组

步骤 7：删除数据透视表。

删除数据透视表最便捷的方法就是选中数据透视图后，按“Delete”键即可。

（2）动态数据透视表的创建

步骤 1：把数据列表转换成 Excel 表格。打开“2019 家电销售统计表”，选择数据表中任意一个单元格，单击“插入”—“表格”按钮，如图 7-50（a）所示。在弹出的“创建表”对话框中，单击“确定”按钮，如图 7-50（b）所示。此时，当前数据转换成 Excel 表格，如图 7-50（c）所示。

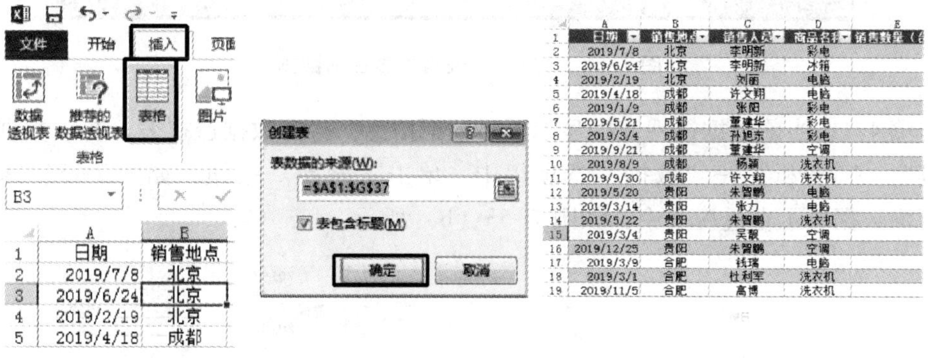

（a）　　（b）　　（c）

图 7-50　数据列表转换

步骤 2：创建数据透视表。选择表格中任意一个单元格，单击“插入”—“数据透视表”按钮，如图 7-51（a）所示。在弹出的“创建数据透视表”对话框中，保持“表/区域”的默认选项，单击“确定”按钮，创建新的空白数据透视表，如图 7-51（b）所示。在“数据透视表字段”窗格的“选择要添加到报表的字段”列表框中，单击选中所需字段的复选框，创建带有数据的数据透视表，如图 7-51（c）所示。

步骤 3：在数据源中新增相应的数据信息。打开“2019 家电销售统计表”，在表单中添加新的数据信息后保存，如图 7-52 所示。

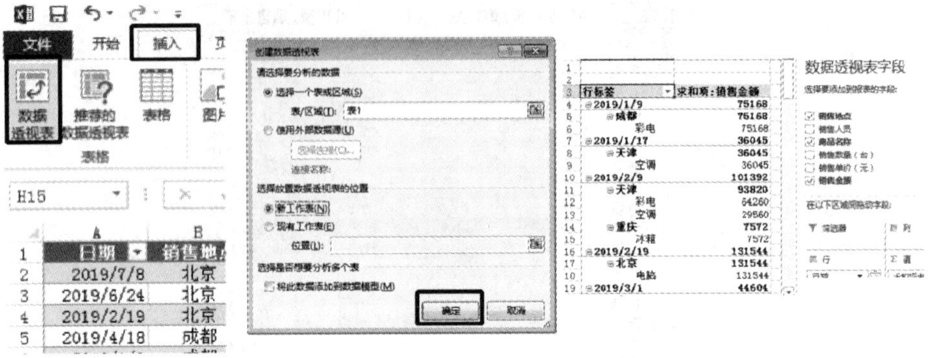

(a)　　　　(b)　　　　(c)

图 7-51　创建动态数据透视表

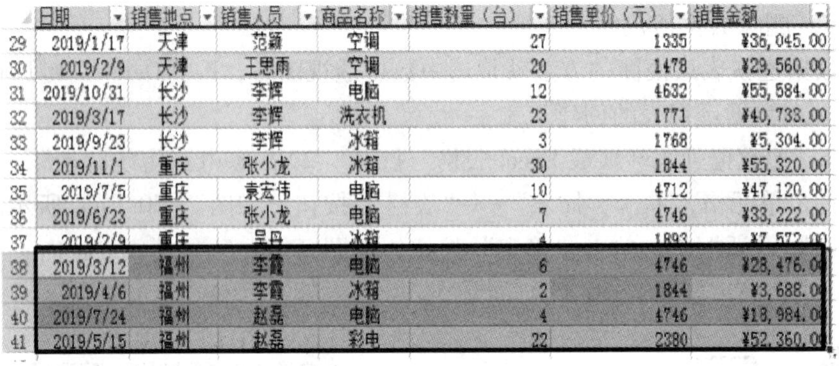

	日期	销售地点	销售人员	商品名称	销售数量（台）	销售单价（元）	销售金额
29	2019/1/17	天津	范颖	空调	27	1335	¥36,045.00
30	2019/2/9	天津	王思雨	空调	20	1478	¥29,560.00
31	2019/10/31	长沙	李辉	电脑	12	4632	¥55,584.00
32	2019/3/17	长沙	李辉	洗衣机	23	1771	¥40,733.00
33	2019/9/23	长沙	李辉	冰箱	3	1768	¥5,304.00
34	2019/11/1	重庆	张小龙	冰箱	30	1844	¥55,320.00
35	2019/7/5	重庆	袁宏伟	电脑	10	4712	¥47,120.00
36	2019/6/23	重庆	张小龙	电脑	7	4746	¥33,222.00
37	2019/2/9	重庆	吴丹	冰箱	4	1893	¥7,572.00
38	2019/3/12	福州	李霞	电脑	6	4746	¥28,476.00
39	2019/4/6	福州	李霞	冰箱	2	1844	¥3,688.00
40	2019/7/24	福州	赵磊	电脑	4	4746	¥18,984.00
41	2019/5/15	福州	赵磊	彩电	22	2380	¥52,360.00

图 7-52　在 Excel 表格中添加新数据

步骤 4：在当前数据透视表中显示新增数据信息。打开数据透视表，在“数据透视表工具”—“分析”—“数据”选项组中，单击“刷新”按钮，如图 7-53（a）所示。新增数据显示在透视表中，如图 7-53（b）所示。

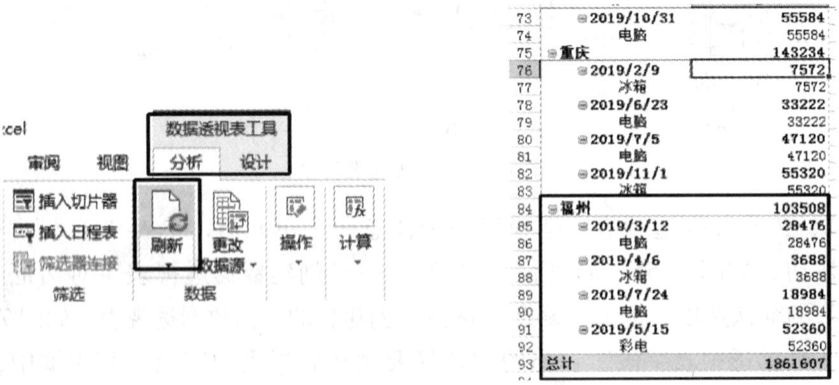

(a)　　　　(b)

图 7-53　刷新动态数据透视表

（3）数据透视图的制作

至此，小 A 和小 C 完成了数据透视表的制作，通过报表中修改筛选字段“销售地点”中的销售地选项，可以查看各销售地各类商品的销售情况。也可以通过在“创建数据透视表”对话框中移动各字段的位置，按需生成不同的数据报表。他们下一步将制作数据透视图来分析比较各类商品的销售情况。数据透视图不仅具有数据透视表的交互功能，而且具有通过图的形式直观形象地展示数据，更利于数据的分析对比。操作步骤如下：

步骤 1：创建数据透视图。打开 Excel 文件“7-2 素材（2）”中“销售报表”工作表，选择表中任意一个有数据单元格，单击“插入”—“图表”—“数据透视图”下三角按钮—“数据透视图”，在弹出的“插入图表”的对话框中保持默认状态，单击“确定”按钮，创建一个新的数据透视图。

在数据透视图中，单击“商品名称”右侧筛选按钮，可以显示其他商品的各地销售情况，如图 7-54（a）所示。显示效果如图 7-54（b）所示。

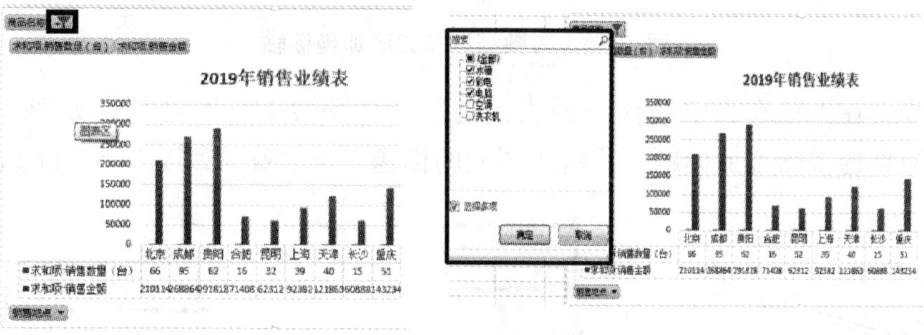

（a）　　　　　　　　　　（b）

图 7-54　创建数据透视图

步骤 2：调整数据透视图的大小。我们可以根据需要调整数据透视图的大小，主要有两种方法：通过工具栏进行精确调整和使用鼠标拖曳。具体操作方法如下：

方法一，打开“调整数据透视图的大小”工作表，选中数据透视图，依次选择“数据透视图工具”—“格式”，在“大小”选项组中设置高度和宽度，如图 7-55 所示。

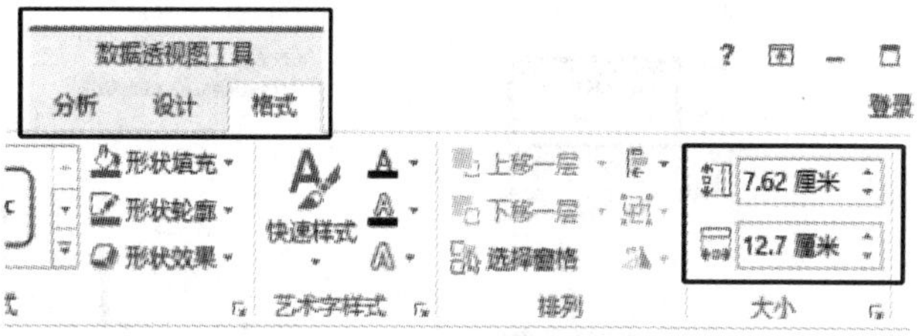

图 7-55　数据透视图大小调整

方法二，选中数据透视图后，在四周出 8 个控制点，将光标移动至任意一个控制点变为双箭头时，然后按下鼠标左键进行拖曳，至合适位置释放鼠标即可。

步骤 3：设置数据透视图的布局。创建数据透视图之后，用户可以设置数据透视图的布局，例如添加标题、图例和数据标签等，也可以应用系统提供的布局。下面详细介绍设置数据透视图布局的方法。

第一步，选中数据透视图，依次选择“数据透视图工具”—“设计”—“图表布局”—“添加图表元素”下三角按钮，在下拉列表中选择“坐标轴”—“主要横坐标轴”，为图表添加坐标轴，如图 7-56（a）所示。显示效果如图 7-56（b）所示。

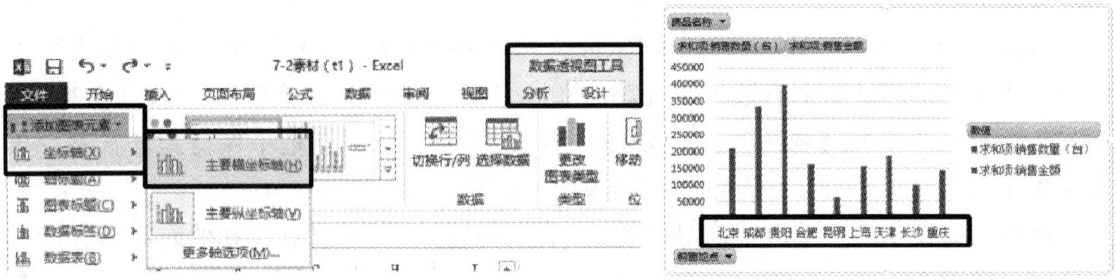

（a）　　　　（b）

图 7-56　为数据透视图添加坐标轴

第二步，在下拉列表中选择“图表标题”—“图表上方”选项，如图 7-57（a）所示。为数据透视图添加标题，并输入图表的标题，显示效果如图 7-57（b）所示。

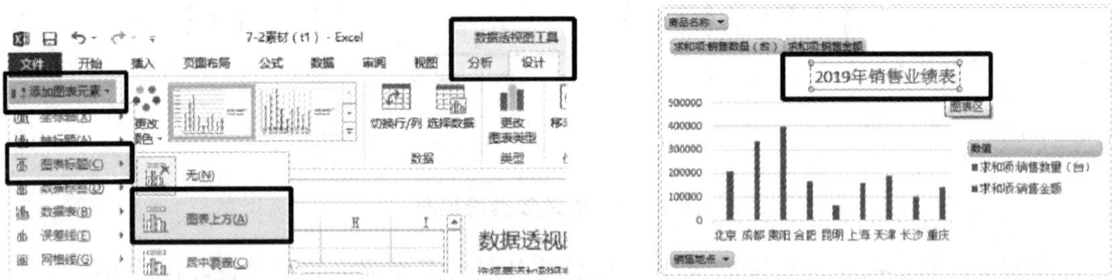

（a）　　　　（b）

图 7-57　为数据透视图添加标题

第三步，在下拉列表中选择“数据表”—“显示图例项标示”选项，为透视图添加数据表，使数据更精确，如图 7-58（a）所示。显示效果如图 7-58（b）所示。

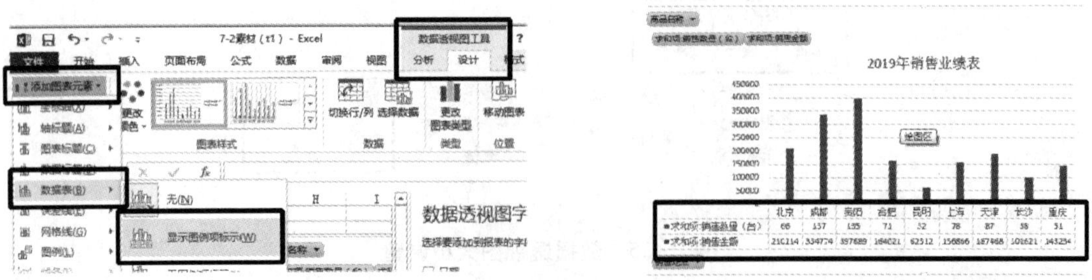

（a）　　　　（b）

图 7-58　为数据透视图添加数据表

步骤 4：更改数据透视图的类型。当发现现有的数据透视图不能准确地表现出数据特点时，用户可以更改数据透视图的类型。具体操作步骤如下：

第一步，选中数据透视图，依次选择“数据透视图工具”—“设计”—“类型”选项，单击“更改图表类型”按钮，如图 7-59 所示。

第二步，在弹出的“更改图表类型”对话框中，在“所有图表”选项卡中选择“饼图”类型，在右侧选择“三维饼图”，如图 7-60 所示。

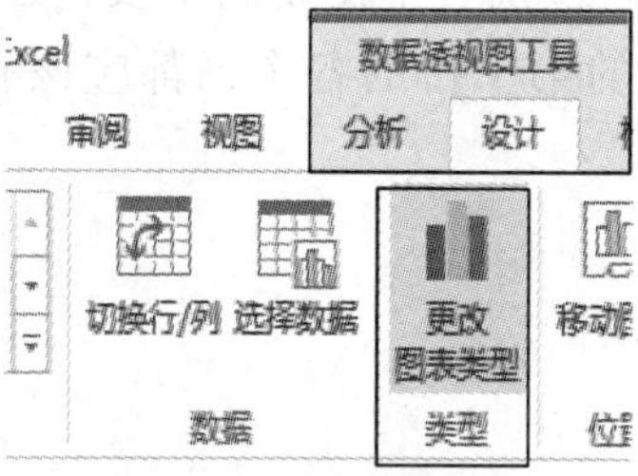

图 7-59　更改图标类型

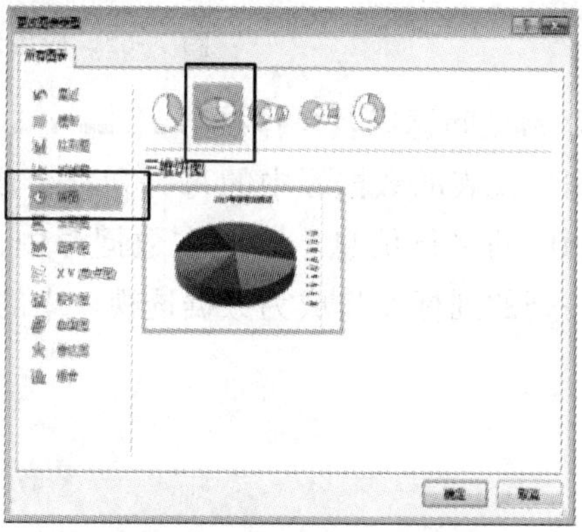

图 7-60　选择图标类型

第三步，单击“确定”按钮，返回工作表中查看将柱形图更改为饼图后的效果，如图 7-61 所示。

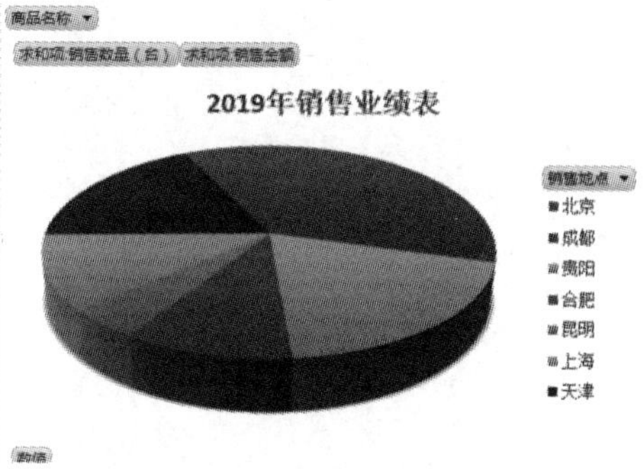

图 7-61　生成“三维饼图”

步骤 5：删除数据透视图。删除数据透视图的方法与删除数据透视表相似，最便捷的方法就是选中数据透视图后，按 Delete 键即可。

4. 实训营

（1）训练实例

在数据透视图表中，利用切片器可以以一种直观的交互方式来快速筛选数据透视表中的数据。小 A 与小 C 想通过创建一个工作表，插入“销售地”和“商品名称”两个字段的切片器来快速筛选相关信息。请你和他们一起来研究实现这些功能。效果如图 7-62 所示。

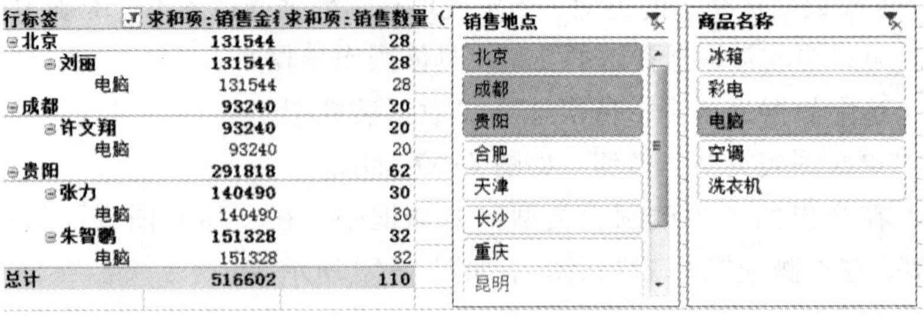

图 7-62　应用切片器进行筛选

（2）常见问题以及操作技巧

数据透视表的数据源中的每一列都会成为在数据透视表中使用的字段，字段汇总了数据源中的多行信息。因此在数据源中，工作表的第一行的各个列都应该有名称，通常每一列的列标题将成为数据透视表中的字段名。

案例八　工作中常用的幻灯片——PPT 进阶操作

任务十四　制作新品发布会 PPT

【情景导入】

小 A 在一家食品公司工作，公司最近对一款主打产品进行了全新升级，要开新品发布会并同时做试吃活动，小 A 接到制作活动展示 PPT 的任务。展示 PPT 要在活动参与者入场时和试吃活动时播放，是大家对本次活动的第一印象，所以很重要，要想吸引大家的注意力、给人留下深刻的印象，就要做出既切合主题又有创意的 PPT。小 A 通过查阅资料，借鉴网上的经典案例，掌握了完成此项任务的基本知识，现在让我们来跟着小 A 一起完成这项任务吧。

1. 学习目标

- 认识 PPT。
- 掌握版面设计基础知识。
- 掌握多媒体元素的插入方法。
- 掌握设置母版的基本方法。
- 掌握幻灯片的切换效果。
- 了解演示文稿的打包和打印。

2. 预备知识

（1）认识 PPT

PowerPoint（简称 PPT）是办公套装软件的重要组成部分，专门用于设计、制作信息展示领域（如讲演、做报告、各种会议、产品演示、商业演示等）的各种电子演示文稿，俗称幻灯片。Word、Excel 和 PPT 都是我们在职场里最常使用到的工具，大多数人把 Office 技能看得很简单，认为会打字就是掌握了 Word 技能，填填数字就是掌握了 Excel 技能，把文字和图片堆在一起就是掌握了 PPT 技能，但实际上并不是。掌握 Office 技能需要下功夫认真学习，但当你真正掌握了 Office 技能后，它可以为你节省很多时间精力，提高工作效率，无形中比别人更有职场竞争力。下面我们一起来认识一下 PPT。

打开 PowerPoint 2013，工作界面如图 8-1 所示，与 Word 和 Excel 类似，它的界面内主要由快速访问工具栏、标题栏、工具栏、编辑区、大纲视图和状态栏组成。把鼠标放在任意一个工具选项上停留一会儿，都会显示该工具的使用提示。

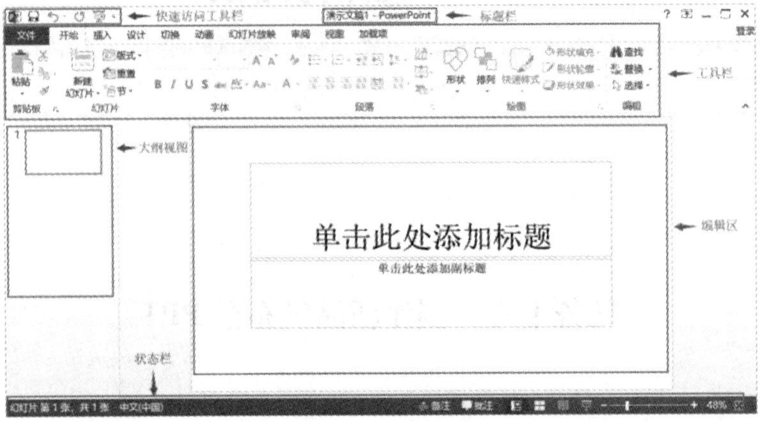

图 8-1　PPT 操作界面

（2）版面设计基础知识

通俗来讲，版面设计就是文字、图片的排列和颜色的设置。如何做出精美的幻灯片呢？文字多的、文字少的、一些不知道如何归类的 PPT 该怎么排版呢？其实无论 PPT 页面的类型是什么，其背后的排版流程是相通的，且有一定的规律。现在就来为大家介绍一个 PPT 的排版规律：信息提炼—区分层级—内容可视化—匹配视觉风格。

①信息提炼就是把大段文字拆分成论点+论据的形式。

②区分层级就是把重点和非重点内容区分开。

③内容可视化就是借用一些图形图像让抽象的内容变得更易理解。

④匹配视觉风格就是让每一页幻灯片的风格都保持一致，包括字体、色彩、图片和背景。

（3）插入多媒体元素

通过 PPT 的“插入”选项卡，可以插入很多多媒体元素，如图 8-2 所示。

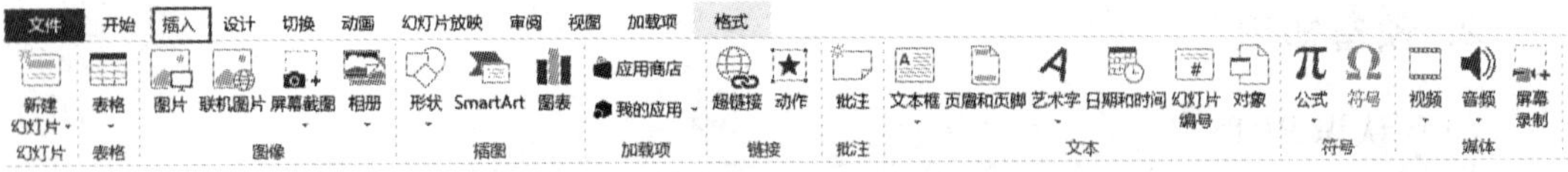

图 8-2　PPT 的插入选项卡

多媒体元素的插入方法很简单，大家可以自己动手尝试一下，这里主要讲一下视频和音频的插入方法。

①插入视频。单击“插入”—“视频”—“PC 上的视频”，在弹出的对话框中选择自己需要的视频进行插入，如图 8-3 所示。需要注意的是，视频的插入有两种方法，第一种方法是直接插入，就是将视频文件直接拷进 PPT 文件里，但这样会造成 PPT 文件

过大。第二种方法是插入链接，用这种方法插入的视频如果要在其他电脑上播放，需要将视频文件和 PPT 放在同一个文件夹里一起携带。

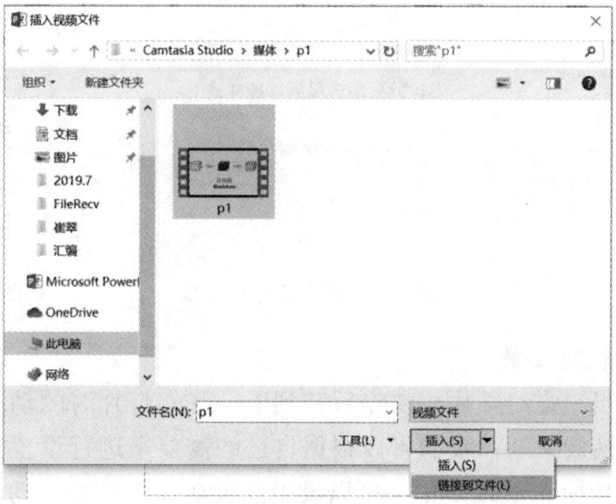

图 8-3　插入视频

②插入音频。单击“插入”—“音频”—“PC 上的音频”或“录制音频”。插入 PC 上的音频，步骤和方法同插入视频一样。插入录制的音频，需要在弹出的“录制声音”对话框中先录制，步骤如图 8-4、图 8-5、图 8-6 所示。录制好以后单击“确定”按钮即可插入。

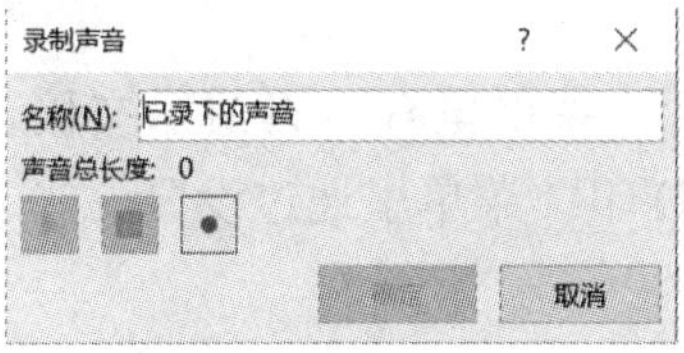

图 8-4　录制声音界面

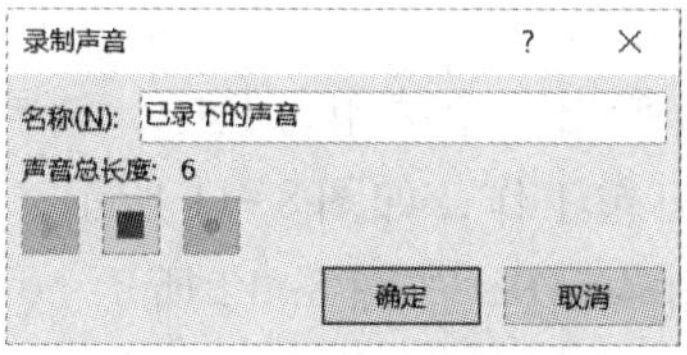

图 8-5　录制声音中

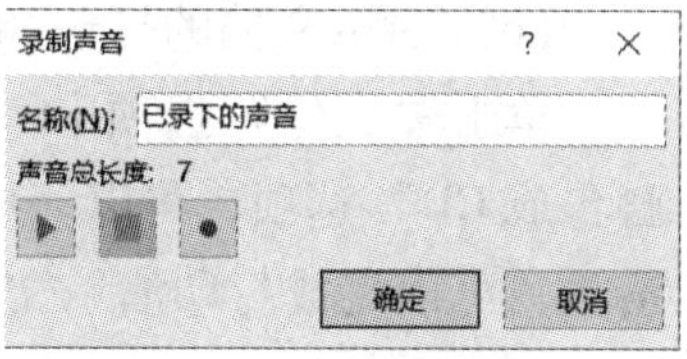

图 8-6　录制声音完毕

提示：插入视频和音频都不要随便设置播放时隐藏，除非你选择的是自动播放。

（4）母版的设置

单击“视图”选项卡，在“母版视图”中有幻灯片母版、讲义母版和备注母版，如图 8-7 所示。我们可以把每页幻灯片理解为一个宝宝，母版是妈妈，每个宝宝都遗传了妈妈的基因，但又有自己的不同特点。很明显，你如果要让每页幻灯片上都有同样的特性，最快的方法就是修改母版，比如给每页幻灯片添加 logo、更换背景、改变字体等。单击图 8-7 中的“幻灯片母版”，打开如图 8-8 所示的界面，左边是母版和版式的缩略图，单击后可以在右边进行编辑。母版是幻灯片的第一页，在母版上做任何修改都会体现在下面的所有版式中，但修改下面的版式，不会对其他版式和母版有影响。除了修改已有的母版和版式，还可以插入母版和版式，如图 8-9 所示，单击相应的菜单即可完成。

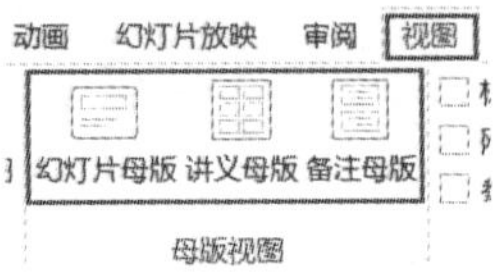

图 8-7　母版视图

图 8-8　编辑幻灯片母版

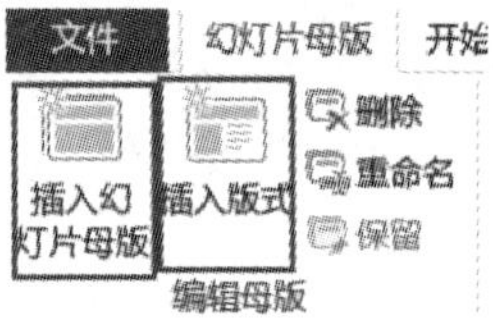

图 8-9　插入母版和版式

（5）幻灯片的切换效果

切换效果就是当一张幻灯片放映完后转到下一张幻灯片时的动态效果。默认情况下幻灯片是没有切换效果的，我们可以根据自己的需要来进行设置。选中要设置切换效果的页面，在“切换”选项卡中，可以设置此页在播放时进入动作、声音、持续时间、换片方式（单机鼠标时换页或自动换页）等，如图 8-10 所示。

图 8-10　切换效果选项卡

（6）演示文稿的打包和打印

单击“文件”选项卡，会弹出一个菜单，其中，“导出”菜单里有“将演示文稿打包成 CD”选项，可以完成打包工作，如图 8-11 所示。“打印”菜单里通过设置一些参数，可以完成打印演示文稿的工作，如图 8-12 所示。

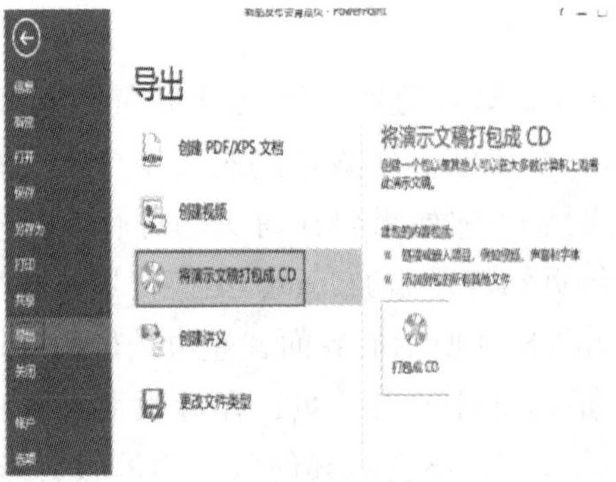

图 8-11　演示文稿打包

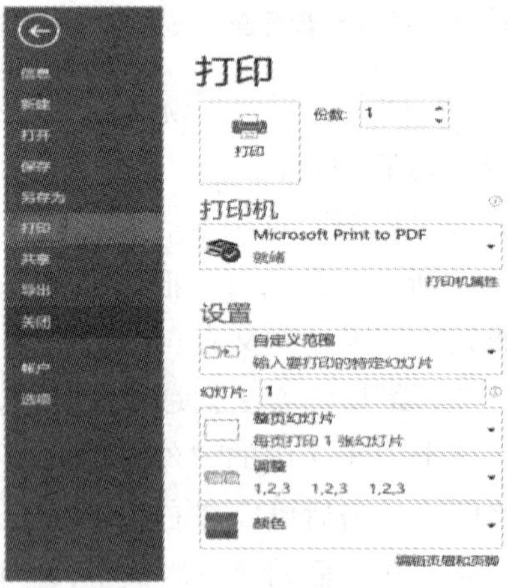

图 8-12　演示文稿打印

3. 回到场景

小 A 接到任务后，先对公司新产品做了深入了解，总结了一些新产品的要点，现在来做展示 PPT，以首页为例，如图 8-13 所示。

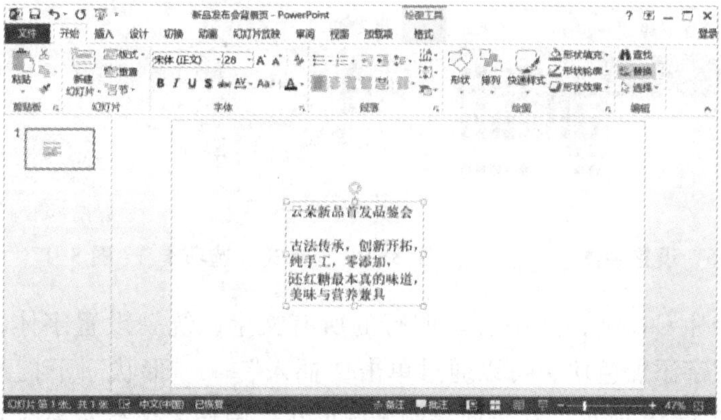
新品发布会背景页 - PowerPoint
文件
开始
插入
设计
切换
动画
幻灯片放映
审阅
视图
加载项
格式
云朵新品首发品鉴会
古法传承，创新开拓，
纯手工，零添加，
还红糖最本真的味道，
美味与营养兼具

图 8-13　背景 PPT 初始页面

我们用前面提到的排版规律来进行操作，操作步骤如下：

步骤 1：信息提炼。

小 A 总结的新品要点非常简洁，没有大段文字，所以可以省略信息提炼这一步，只需要把这些文字先输入到 PPT 中。PPT 页面中文字不易太多，所以遇到大段文字的内容，信息提炼这一步就很重要了，只需要把论点和论据找出来，简洁表述即可。

步骤 2：区分层级。

确定重点内容和非重点内容。第一行内容是本次活动的主题，属于重点内容；后面几行是产品特色，属于非重点内容。通过加粗字体、更改字体、更改颜色、添加线条、添加色块等方法，使重点内容突出显示。

第一步，把文字拆开，主题、每种特色都分别占一个文本框，最简单的方法是直接把每个内容剪切后粘贴，剪切的文字就会单独占一个文本框，如图 8-14 所示。如果需要单独对某个字进行强调，也可以用同样的方法把它剪切出来。

云朵新品首发品鉴会
古法传承，创新开拓
纯手工，零添加
还红糖最本真的味道
美味与营养兼具

图 8-14　文字拆分

第二步，选中第一行文本框中的文字，在右面弹出的字体菜单或通过“开始”—“字体”工具栏来设置文字的字体、大小、颜色，如图 8-15 所示。选中文字后，在工具栏中会出现“格式”选项卡（如图 8-16 所示），此时可设置艺术字的样式，使文字有发光、阴影、旋转等效果。这里可以使用“快速样式”中组合好的样式，也可以根据自己的设计来逐一选择合适的样式。本例选定文本填充为红色，文本轮廓为红色，文本效果选“abc 转换”中的“上弯弧”。最终样式如图 8-17 所示。

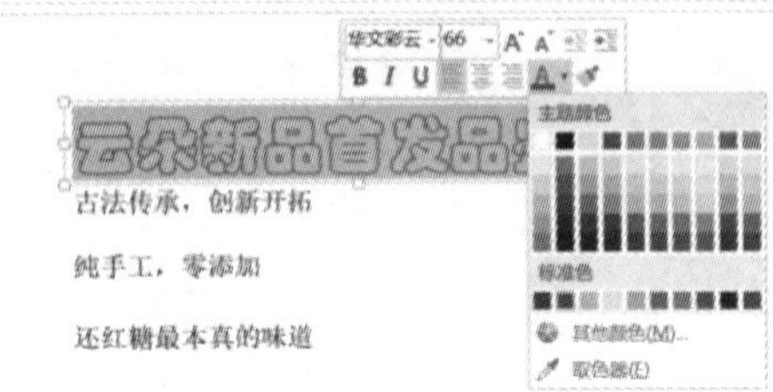
云朵新品首发品鉴会
古法传承，创新开拓
纯手工，零添加
还红糖最本真的味道

图 8-15　设置字体

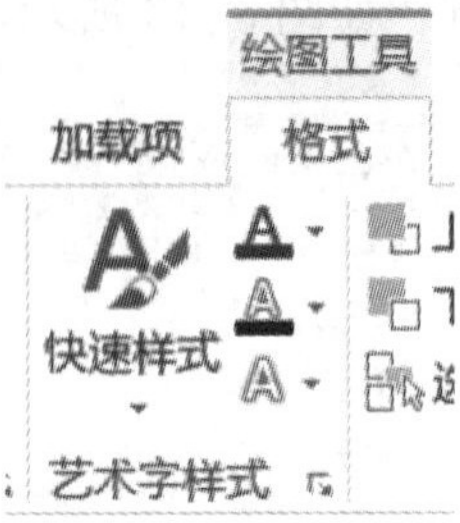
绘图工具
加载项
格式
快速样式
艺术字样式

图 8-16　“格式”选项卡

云朵新品首发品鉴会
古法传承，创新开拓
纯手工，零添加

图 8-17　主题部分最终样式

第三步，按住 Ctrl 键，选中剩下四行的所有文字，统一设置字体，如图 8-18 所示。如果要给文字添加色块，可以通过单击“插入”—“形状”下拉菜单，来选择合适的形状，如图 8-19 所示。在页面绘制选好形状，调整大小与文字区域匹配，并把形状置于底层，如图 8-20 所示。在“形状样式”中设置形状的填充颜色为浅灰、形状轮廓为无轮廓，形状效果为预设中的第 5 个。如图 8-21 所示。显示效果如图 8-22 所示。

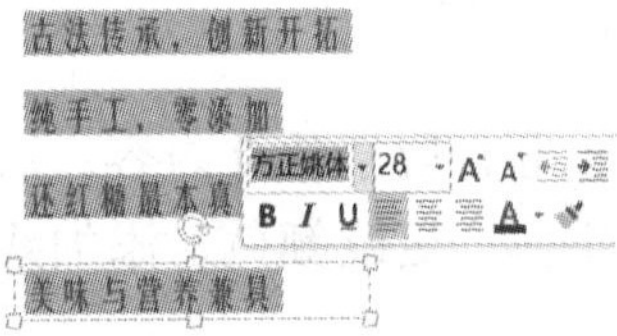
古法传承，创新开拓
纯手工，零添加
还红糖最本真
美味与营养兼具

图 8-18　设置字体

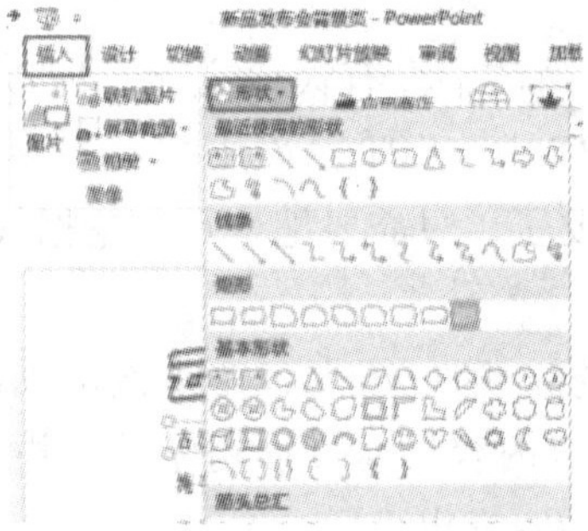

图 8-19　插入形状

云朵新品首发品鉴会

图 8-20　形状置于底层

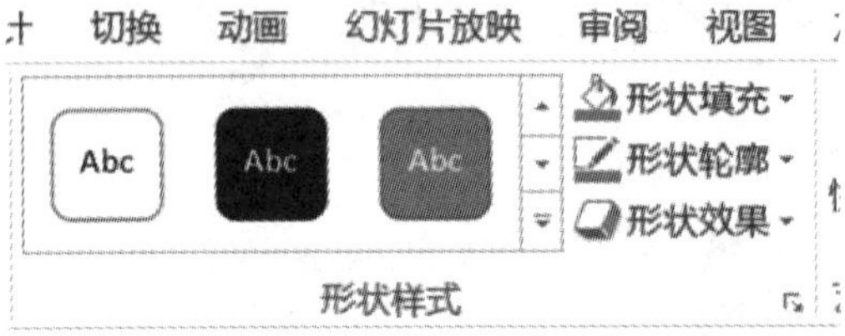
切换
动画
幻灯片放映
审阅
视图
Abc
Abc
Abc
形状填充
形状轮廓
形状效果
形状样式

图 8-21　设置形状的样式

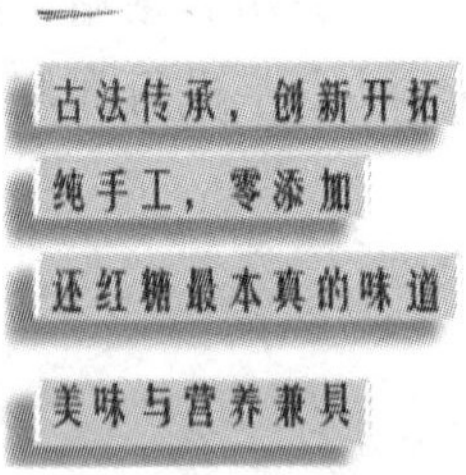
古法传承，创新开拓
纯手工，零添加
还红糖最本真的味道
美味与营养兼具

图 8-22　添加色块的最终效果

步骤 3：内容可视化。

要让文字内容更容易理解、直观，可以添加图片或做成图表。本例采用添加图片的方式来使内容可视化，如图 8-23 所示。

云朵新品首发品鉴会
古法传承，创新开拓
美味与营养兼具
纯手工，零添加
还红糖最本真的味道

图 8-23　添加图片使内容可视化

步骤 4：匹配视觉风格。

此时的白色背景很单调，小 A 为幻灯片更换了背景样式，在“设计”—“设置背景格式”中，选择“图片和纹理填充”后，单击“全部应用”选项，此背景样式就会应用于整组 PPT。显示效果如图 8-24 所示。

云朵新品首发品鉴会
古法传承，创新开拓
美味与营养兼具
纯手工，零添加
还红糖最本真的味道

图 8-24　更换背景

步骤 5：设置母版。

小 A 想要在每一页 PPT 左上角添加一个公司 logo，于是通过“视图”—“幻灯片母版”进入母版视图，选择第一页 PPT，也就是母版，将公司 logo 插入左上角，保存后，其他页面也跟母版页一样，在左上角有了公司 logo，如图 8-25 所示。

云朵新品首发品鉴会
古法传承，创新开拓
美味与营养兼具
纯手工，零添加
还红糖最本真的味道

图 8-25　通过母版添加 logo

步骤 6：设置切换效果。

选中首页，单击“切换”选项，在效果选项中单击每一个效果，都可以预览该切换效果，选择一个喜欢的或合适的即可，小 A 为首页选择了“显示”效果。用同样的方法可以设置后面所有 PPT 的切换效果。

4. 实训营

（1）训练实例

在本案例中，小 A 制作好了图文并茂的幻灯片，但好像还缺少了点什么。如果加上音乐会不会好一些呢？请你帮小 A 在 PPT 上加上合适的音乐，使参会者不仅能看到会议的主题，还能听到与主题相关的音乐，使会场气氛更加浓厚。

（2）常见问题以及操作技巧

①如果你的 PPT 用到了网上下载的非常用字体，这时要在其他电脑上播放，就需要在播放的电脑上安装相应字体，否则该字体将无法显示。

②选中插入的视频和音频，还可以对它们进行剪辑和样式的设置。

③可以按住鼠标左键，从这些元素的左上角开始拉到右下角，在你框住的范围内，所有的元素都将被选中，方便做统一移动或修改。

④在设置切换效果时，在“效果”选项的右边，还可以设置是否有声音。

任务十五　制作工作汇报 PPT

【情景导入】

年底公司要开总结会，每个部门都要汇报一年来的工作情况，汇报方式为幻灯片展示加讲解。销售部的经理把制作工作汇报幻灯片的任务交给了小 A。小 A 到销售部的时间不长，接到任务感觉压力很大，要在熟悉销售部一年来所有业务的基础上，做出重点突出、简洁明了、让人看着很舒服的幻灯片，并非堆砌数据和文字那么简单。小 A 回想自己在“办公自动化高级应用案例教程”中学到的关于幻灯片的相关知识，又借鉴了历年来销售部的工作汇报幻灯片，准备着手制作 PPT 了，现在让我们跟着小 A 来一起完成这项任务吧。

1. 学习目标

- 案例的背景、分析。
- 掌握动画设置的方法。
- 掌握插入超链接的方法。
- 掌握设置自动放映时间的方法。
- 掌握设置备注的方法。
- 了解分组放映的设置。

2. 预备知识

（1）案例的背景、分析

在做幻灯片之前，首先要了解案例的背景，并对背景和材料数据进行分析、组织和架构，选择或制作相应风格的模板，最后来完成案例。一个好的幻灯片，可以是华丽的，也可以是简洁的；可以是科技风的，也可以是中国风的。最终要做成哪种类型，最重要的依据就是案例的背景。

（2）动画设置的方法

要想使幻灯片变得生动，可以为页面中的元素添加动画效果。选中要添加动画效果的元素，单击“动画”—“添加动画”选项，如图 8-26 所示，在这里可以设置被选中元素的进入动画、强调动画、退出动画和动作路径等，也可以设置该动画开始方式、持续时间和延迟。在“动画窗格”中，可以预览所有动画、添加删除动画、调整动画的顺序。

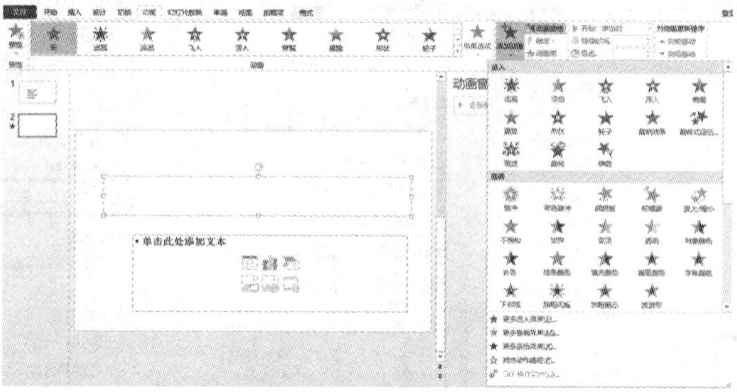

图 8-26　动画选项卡

（3）插入超链接

超链接是指页面的跳转，幻灯片中的文字、图片等都可以设置超链接。超链接有两种链接方式，第一种是链接到文件内，也就是链接到同一 PPT 内的某一特定位置，可以是下一页，也可以是其他任何页面；第二种是链接到文件外，可以是本机上的某个视频，也可以是某个在线网页。选中要添加超链接的元素，单击“插入”—“超链接”选项，会弹出“插入超链接”对话框，如图 8-27 所示，默认的是链接到文件外，可以选择本机上的文件或浏览过的网页，也可以在底侧的地址栏中直接输入文件的位置或网址。如果要链接到文件内，需要选择图 8-27 中的“本文档中的位置（A）”，然后选择你要跳转到的页面，如图 8-28 所示。

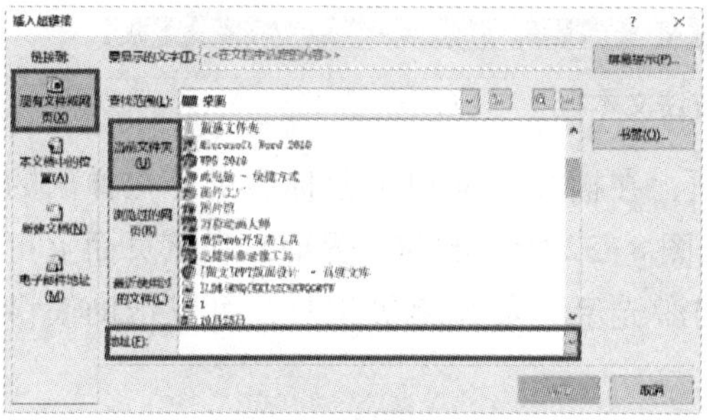

图 8-27　链接到文件外

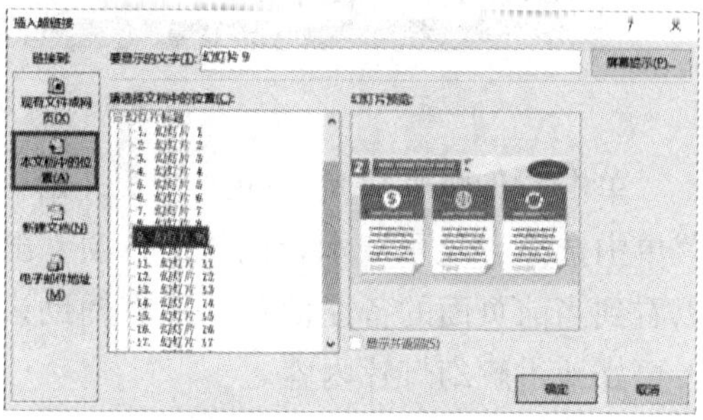

图 8-28　链接到文件内

（4）设置自动放映时间

在使用 PPT 进行演讲或展示的时候，有时会需要自动播放功能，现在我们来学习一种常用的设置自动播放的方法。单击菜单栏中的“幻灯片放映”选项，在设置界面上找到“排练计时”，如图 8-29 所示。单击“排练计时”选项，演讲者或设计者正常播放 PPT，计时器会自动开始记录每一页幻灯片播放的时间，保存这个时间，然后单击“设置幻灯片放映”选项，进入“设置放映方式”对话框，如图 8-30 所示。选择“如果存在排练时间，则使用它”选项，然后单击“幻灯片放映”—“从头开始”选项，这时就可看到自动放映的效果。

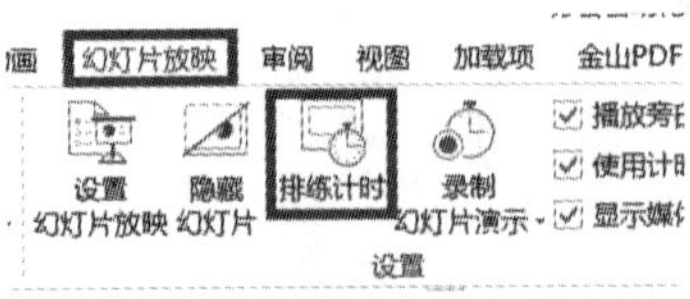

图 8-29　排练计时

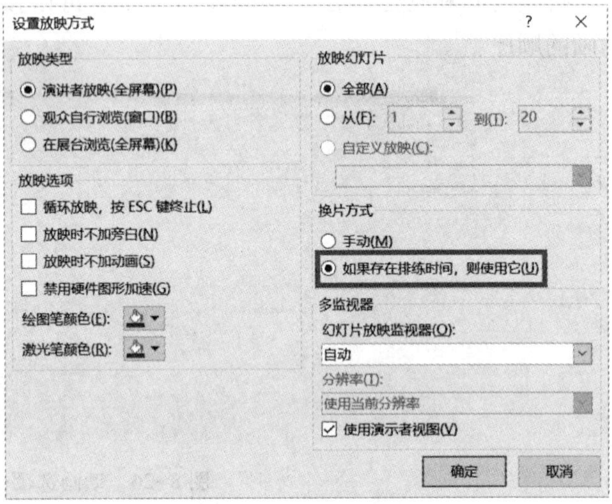

图 8-30　设置放映方式

（5）设置备注

幻灯片中不宜出现过多的文字，只出现要点和重点，剩下的内容靠演讲者来扩展。这时候备注内容就会起到关键作用，演讲者可以把扩展内容输入到备注里，在演讲时，观众看不到备注内容，但演讲者可以看到，方便演讲者顺畅地讲述幻灯片中的内容。打开需要添加备注信息的幻灯片页面，在页面底部状态栏中有“备注”选项，单击后会出现“单击此处添加备注”的文本框，如图 8-31 所示，单击这个文本框，就可以添加备注信息。

图 8-31　添加备注文本框

单击“幻灯片放映”—“从头开始”选项，在播放页面单击鼠标右键，在弹出的菜单中选择“显示演示者视图”选项，出现如图 8-32 所示的演示界面。在该页面上可以看到当前页面的备注信息，还有辅助讲解的激光笔、荧光笔等工具，可以帮助演讲者更好地讲解幻灯片内容。

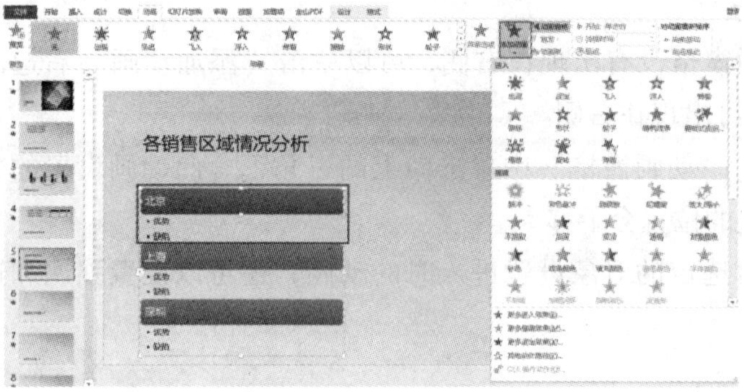

图 8-37　添加动画效果

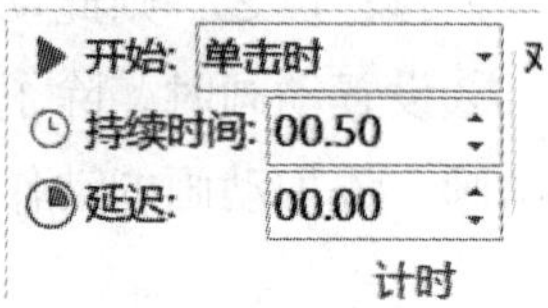

图 8-38　设置动画计时

步骤 4：插入超链接。

小 A 想为某些幻灯片页面添加一个可以返回上一页的功能，以“各销售区域情况分析”为例。小 A 先在该页面右下角插入了一个“左箭头”的形状，然后选中这个形状，单击“插入”—“超链接”选项，在弹出的“插入超链接”对话框中，单击“本文档中的位置”—“上一张幻灯片”，如图 8-39 所示，上一张幻灯片的预览图会出现在“幻灯片预览”中，单击“确定”按钮，即可完成插入超链接的设置。播放幻灯片时单击这个左箭头，幻灯片即可跳转到上一页。

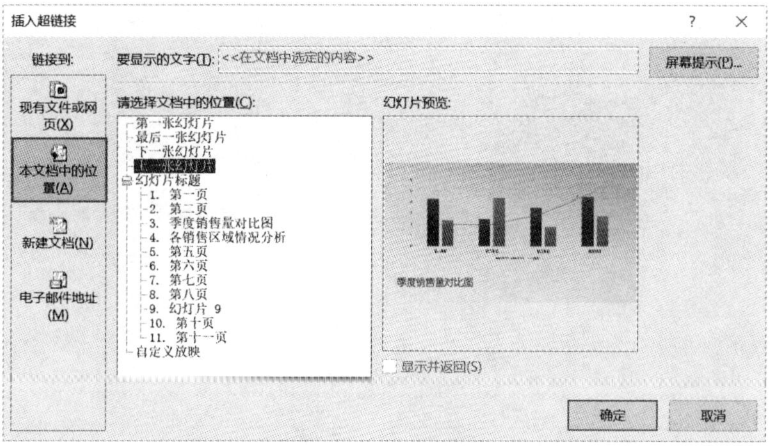

图 8-39　插入超链接

4. 实训营

（1）训练实例

在学习完本案例后，你已经掌握了 PPT 的基本制作方法。现在假设你毕业后刚入职新单位，需要向部门领导和同事做自我介绍，请你用所学到的相关知识，来设计完成你的第一份 PPT 吧，记得要给新同事们留下好印象哦。

（2）常见问题以及操作技巧

①在设置动画时，如果动画窗格没有出现在右侧，可以单击“添加动画”右边的“动画窗格”选项，动画窗格即可出现在右侧。

②选中某一个动画设置，在“动画窗格”中单击向上的三角形，此动画设置的位置会上移；反之，则此动画设置的位置会下移。

③设置动画时，除了可以给选定的对象设置进入时的动画，还可以设置强调和退出动画、添加动画的动作路径。

案例九　网络办公——办公设备使用

任务十六　申请电子邮箱

【情景导入】

小 A 在工作中不懈努力，奋发学习，终于领导安排了一个大客户给小 A 接待，让小 A 同客户进行项目沟通和交流，可是客户每天都很忙无法在微信和 QQ 上及时接收小 A 在线传递的文件，为了保证项目交流顺利，小 A 决定利用电子邮件向客户传递项目文件和信息。于是小 A 决定根据“办公自动化高级应用案例教程”课程中学到的知识在网站上先申请一个电子邮箱，现在我们跟着小 A 一起来完成这项任务吧。

1. 学习目标

- 掌握电子邮件和电子邮箱的概念。
- 掌握电子邮箱的申请方法。

2. 预备知识

（1）电子邮件

“电子邮件”是一种用电子手段提供信息交换的通信方式，是互联网应用最广的服务之一。通过电子邮件系统，用户可以以非常低廉的价格（不管发送到哪里，都只需负担网费）、非常快速的方式（几秒钟之内可以发送到世界上任何指定的目的地），与世界上任何一个角落的网络用户联系。

电子邮件可以是文字、图像、声音等多种形式。同时，用户可以得到大量免费的新闻、专题邮件，并轻松地实现信息搜索。电子邮件的存在极大地方便了人与人之间的沟通与交流，促进了社会的发展，图 9-1 为一封常见电子邮件。

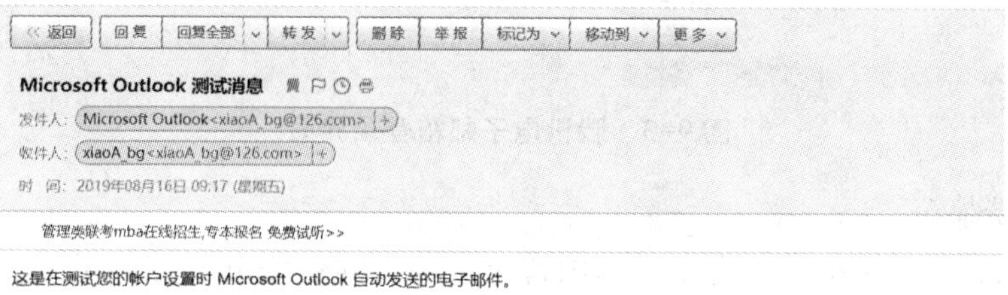

图 9-1　一封电子邮件

（2）电子邮箱

在网络中，电子邮箱可以自动接收任何其他电子邮箱所发的电子邮件，并能存储规定大小的多种格式的电子文件。

电子邮箱具有单独的网络域名，其电子邮局地址在@ 后标注，电子邮箱书写的一般格式为：用户名@ 域名。如 mailteam@ qq.com（腾讯客服邮箱）。

（3）电子邮件服务商

当我们发送电子邮件时，这份邮件是由邮件发送服务器发出，并根据收件人的地址判断对方的邮件接收器而将这封信发送到该服务器上，收件人要收取邮件也只能通过访问这个服务器才能完成。有的公司具有自己的专有电子邮件服务器，但大多数公司和个人都使用的是网络电子邮件服务商提供的电子邮件服务。国内比较著名的有网易邮箱（如图 9-2 所示）、腾讯邮箱（如图 9-3 所示）等，国外主要有谷歌邮箱（Gmail）、雅虎邮箱等。

图 9-2　网易电子邮箱登录界面

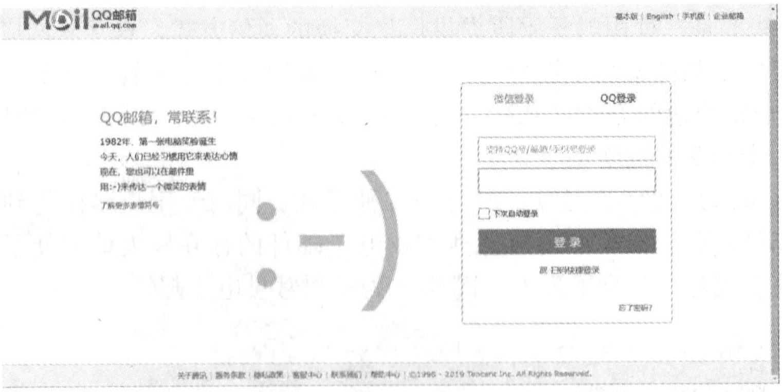

图 9-3　腾讯电子邮箱登录界面

（4）网易邮箱

1997 年 11 月，网易自主研发了国内首个全中文的免费电子邮件系统，电子邮件业务成为网易公司最早开展的业务之一，是网易公司的核心战略级业务。网易一直以为中国网民提供最优质的电子邮件服务为己任，始终把用户使用体验放在首位。20 多年以来，网易邮箱坚持在电子邮件领域持续投入和创新，为推动中国电子邮件产业发展做出了重大贡献，陆续推出了 163 邮箱（免费）、126 邮箱（免费）、YEAH 邮箱（免费）、邮箱大师、企业邮箱、vip 邮箱等多项业务。截至 2017 年 12 月 31 日，网易邮箱总注册用户数达 9. 8 亿。

163 邮箱是中国早期的电子邮件服务商网易公司的经典之作，致力于向用户提供安全、稳定、快速、便捷的电子邮件服务，是全球使用人数最多的中文邮箱。

126 邮箱是网易公司于 2001 年 11 月推出的免费电子邮箱，是网易公司倾力打造的专业电子邮箱，126 邮箱拥有 3G 超大存储空间，支持超大 2G 附件，采用创新 Ajax 技术，同等网络环境下，页面响应时间最高减少 90%，垃圾邮件有效拦截率达到 98%，病毒有效拦截率达到 99. 8%。

YEAH 邮箱是网易公司在 2007 年 5 月推出的新款邮箱，相对于 163 邮箱和 126 邮箱，YEAH 邮箱界面显得更清爽，

3. 回到场景

小 A 重温了以上的预备知识，决定选择注册一个网易 126 邮箱，作为自己与客户联系的专门邮箱。操作步骤如下：

步骤 1：注册。单击“注册”链接后，页面会跳转至邮箱注册页面，如图 9-4 所示。

图 9-4　126 邮箱注册界面

步骤 2：根据要求填入相关信息后，单击“已发送短信验证，立即注册”选项。需要注意的是，这里要求用户用注册手机编辑短信 222 发送到指定号码才能完成注册，注册邮箱必须进行手机号码绑定验证。126 邮箱注册填录信息界面如图 9-5 所示。

图 9-5　126 邮箱注册填录信息界面

步骤 3：注册成功后，即可进入邮箱。126 邮箱注册成功界面如图 9-6 所示。单击图 9-6 中的“进入邮箱”按钮，便可登录进入邮箱，126 邮箱使用界面如图 9-7 所示。

图 9-6　126 邮箱注册成功界面

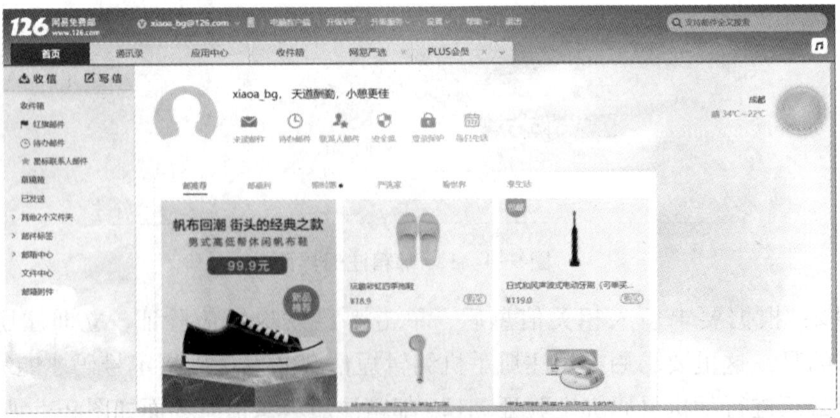

图 9-7　126 邮箱使用界面

4. 实训营

（1）训练实例

小 A 注册了邮箱之后，其他同事也都请小 A 帮忙注册电子邮箱，请你帮助小 A 的同事小 C 和小 D 在网易邮箱上注册新邮箱吧。

（2）常见问题以及操作技巧

①注册电子邮箱应尽快和手机绑定，提高邮箱安全性。

②密码设置中应尽量使用字母大小写和特殊符号的组合，这样可以保证你的邮箱更安全。

③可以下载并使用电子邮件的客户端和手机端软件，让邮件使用更便捷。

任务十七　收发邮件

【情景导入】

小 A 成功注册了电子邮箱，在和客户联系后，客户提供了自己的邮箱地址，同时要求把项目资料也发送给客户的其他公司员工，领导也要求小 A 在第一时间收到客户回信后就要转发给项目小组的所有成员。小 A 根据学到的知识，决定使用 Outlook 软件来收发邮件。

1. 学习目标

- 掌握 Outlook 软件的配置方法。
- 掌握收发电子邮件的技巧。
- 掌握利用电子邮件发送和下载附件的技巧。
- 掌握添加电子邮件通讯录的技巧。

2. 预备知识

（1）Outlook 软件

Microsoft Office Outlook 是微软办公软件套装的组件之一，它对 Windows 自带的 Outlook Express 的功能进行了扩充。Outlook 的功能很多，可以用它来收发电子邮件、管理联系人信息、记日记、安排日程、分配任务等。利用 Outlook 软件可以轻松地对多个电子邮箱中的内容进行管理。Outlook 软件图标如图 9-8 所示。

图 9-8　Outlook 软件图标

(2) 网易邮箱第三方软件配置

为了保证电子邮箱的用户安全，电子邮件服务商大多对邮箱用户使用第三方软件接入，并进行了默认关闭，如需连接应进行相应配置。这里以网易邮箱配置进行讲解。

在网易邮箱中设置第三方软件接入的方法：

第一步，登录网易邮箱。

第二步，单击邮箱首页中的“设置”按钮，在下拉框中选择 POP3/SMTP/IMAP 链接。如图 9-9 所示。

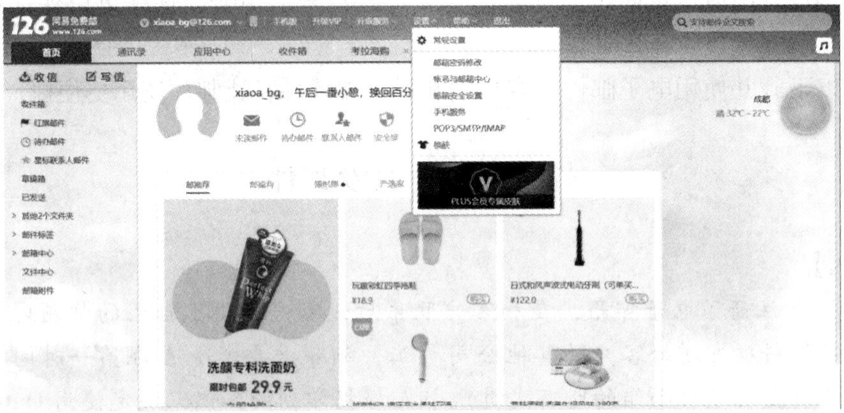

图 9-9　网易邮箱单击进入设置链接

第三步，勾选设置 POP3/SMTP/IMAP 选项中的两项，进入授权码设置，如图 9-10 所示。启用授权码，避免密码泄漏造成邮箱安全隐患。开启授权码服务提醒界面如图 9-11 所示。

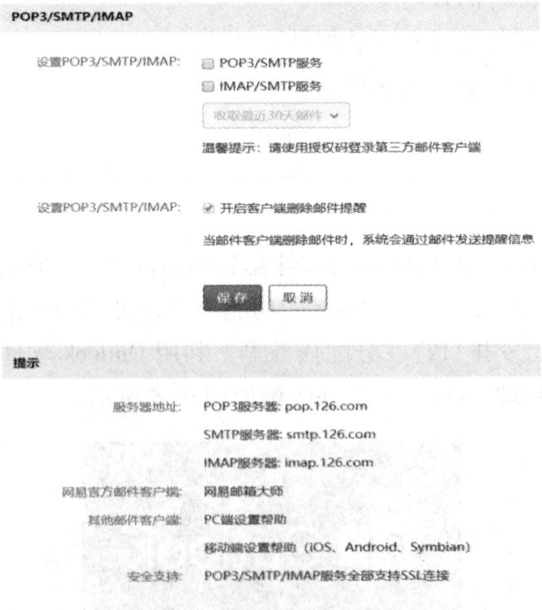

图 9-10　网易邮箱客户端设置

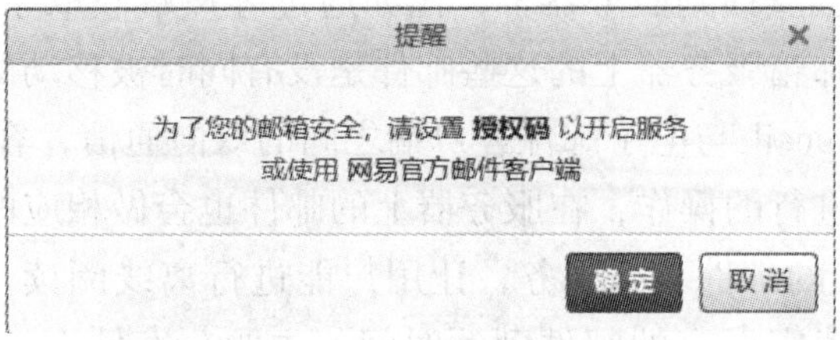
提醒
为了您的邮箱安全，请设置 授权码 以开启服务
或使用 网易官方邮件客户端
确定
取消

图 9-11　开启授权码服务提醒界面

第四步，开启授权码服务（如图 9-12 所示），并进行手机短信验证（如图 9-13 所示）。

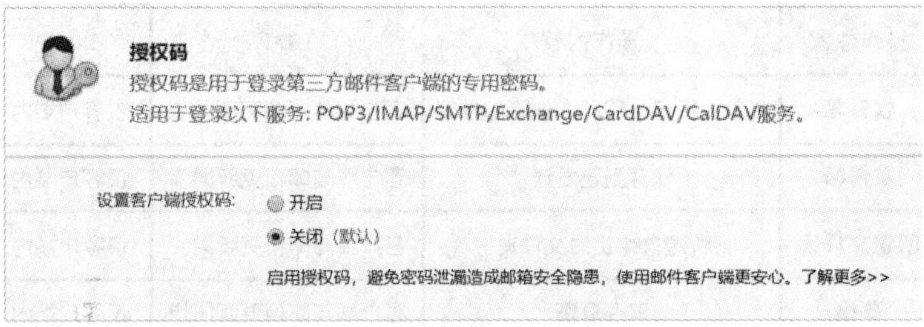
授权码
授权码是用于登录第三方邮件客户端的专用密码。
适用于登录以下服务：POP3/IMAP/SMTP/Exchange/CardDAV/CalDAV服务。
设置客户端授权码：
开启
关闭（默认）
启用授权码，避免密码泄漏造成邮箱安全隐患，使用邮件客户端更安心。了解更多>>

图 9-12　开启授权码服务

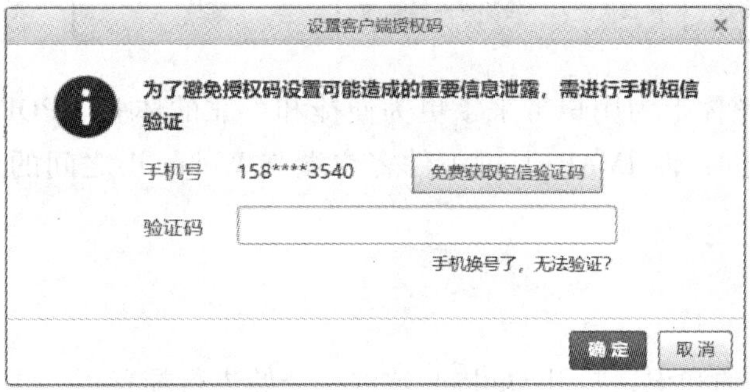
设置客户端授权码
为了避免授权码设置可能造成的重要信息泄露，需进行手机短信验证
手机号
158****3540
免费获取短信验证码
验证码
手机换号了，无法验证？
确定
取消

图 9-13　进行手机短信验证

第五步，设置授权码。如图 9-14 所示。

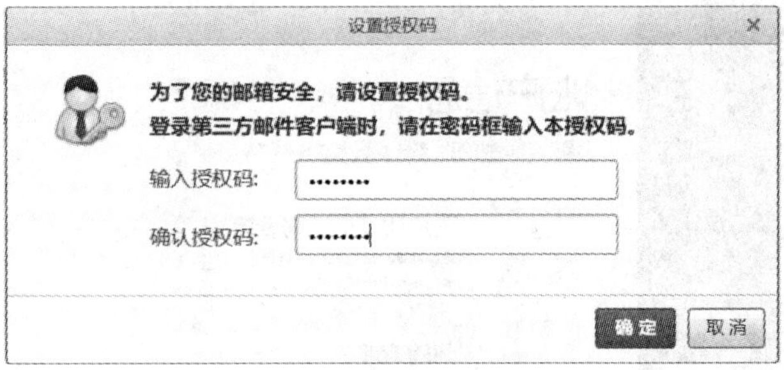
设置授权码
为了您的邮箱安全，请设置授权码。
登录第三方邮件客户端时，请在密码框输入本授权码。
输入授权码：
确认授权码：
确定
取消

图 9-14　设置授权码

（3）POP3 和 IMAP

POP3 允许电子邮件客户端下载服务器上的邮件，但是在客户端的操作（如移动邮件、标记已读等）不会反馈到服务器上，比如通过客户端收取了邮箱中的 3 封邮件并移动到其他文件夹，邮箱服务器上的这些邮件是没有同时被移动的 。

IMAP 是提供 Webmail 与电子邮件客户端之间的双向通信，客户端的操作都会反馈到服务器上，对邮件进行的操作，在服务器上的邮件也会做相应的动作。

IMAP 提供了方便的邮件下载服务，让用户能进行离线阅读。IMAP 提供的摘要浏览功能可以让你在阅读完所有的邮件到达时间、主题、发件人、大小等信息后才做出是否下载的决定。此外，IMAP 更好地支持了从多个不同设备中随时访问新邮件。

POP3 和 IMAP 的区别如表 9-1 所示。

表 9-1　POP3 和 IMAP 的区别

操作位置	操作内容	IMAP	POP3
收件箱	阅读、标记、移动、删除邮件等	客户端与邮箱更新同步	仅客户端内
发件箱	保存到已发送	客户端与邮箱更新同步	仅客户端内
创建文件夹	新建自定义的文件夹	客户端与邮箱更新同步	仅客户端内
草稿	保存草稿	客户端与邮箱更新同步	仅客户端内
垃圾文件夹	接收误移入垃圾文件夹的邮件	支持	不支持
广告邮件	接收被移入广告邮件夹的邮件	支持	不支持

总之，IMAP 整体上为用户带来了更为便捷和可靠的体验。POP3 更易丢失邮件或多次下载相同的邮件，但 IMAP 通过邮件客户端与 Webmail 之间的双向同步功能很好地避免了这些问题。

3. 回到场景

小 A 根据学到的知识，打开 Outlook 软件，开始进行配置了。

第一步，单击 Outlook 图标，进入软件后单击左上角的“文件”按钮，在左侧列表中选择“信息”选项，然后在右侧页面中选择“添加账户”。如图 9-15 所示。

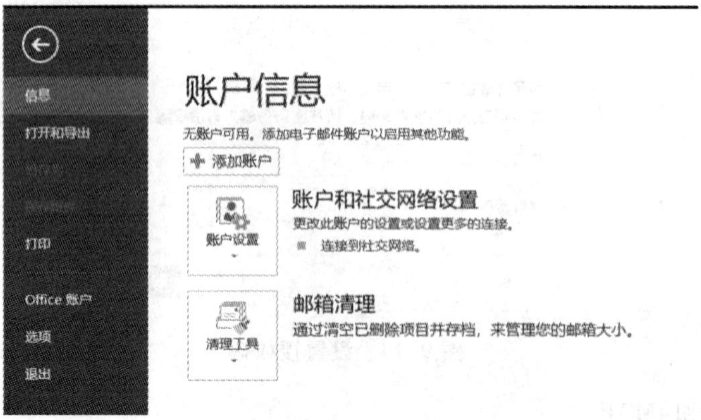

图 9-15　添加账户

第二步，在添加账户界面中选择“手动设置或其他服务器类型”。如图 9-16 所示。

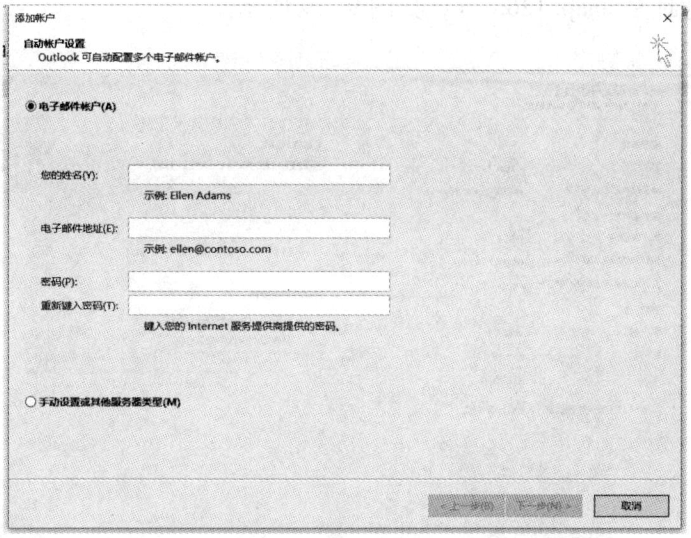

图 9-16　选择“手动设置或其他服务器类型”

第三步，在选择服务界面中选择“POP 或 IMAP”选项，单击“下一步”按钮。如图 9-17 所示。

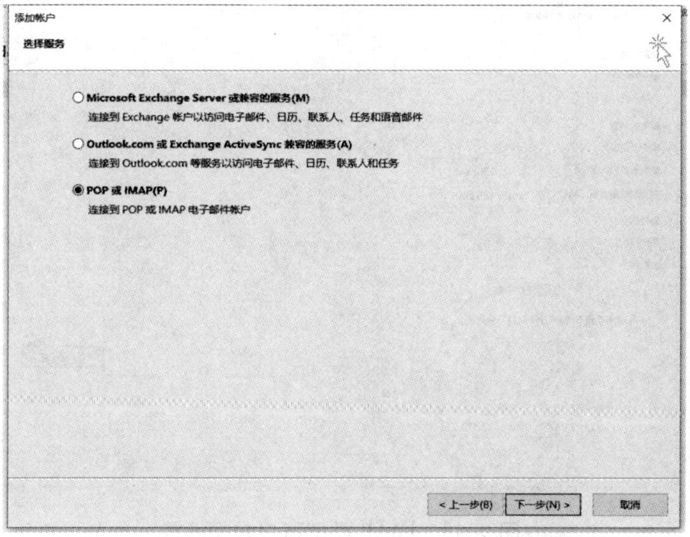

图 9-17　选择“POP 或 IMAP”选项

第四步，根据之前注册的邮箱和配置信息，填入相关数据。

用户信息包含用户姓名和电子邮件地址，姓名可以根据自己的喜好来确定，电子邮件地址是向电子邮件服务商申请的电子邮件地址。

服务器信息包括账户类型、接收邮件服务器和发送邮件服务器。在账户类型中包括 POP3 和 IMAP 两种账户类型，它们之间的区别在预备知识中已经有过介绍。

接收邮件服务器要填入电子邮件服务商提供的接收邮件服务器地址，其中 POP3 类型账户的接收邮件服务器地址是 pop3. 126.com，如图 9-18 所示。IMAP 类型账户的接收邮件服务器地址是 imap. 126.com，如图 9-19 所示。

图 9-18　POP3 类型账户数据填录

图 9-19　IMAP 类型账户数据填录

发送邮件服务器地址为 smtp. 126.com。这里主要是网易 126 邮箱的设置数据，其他邮箱的服务器地址可以向电子邮件服务商查询后填入。

登录信息包括用户名和密码，用户名是登录邮箱所使用的用户名，密码是登录邮箱所需的密码，但要注意的是在预备知识中，网易对第三方客户端接入邮箱设置了授权码，以保障邮箱安全，那么在这里我们的密码就要填写网易授权码。

在完成以上设置后，我们还要单击右下角的其他设置，在页面中选择发送服务器，如图 9-20 所示。勾选“我的发送服务器要求验证”，然后选择使用与接收邮件服务器相同的设置，单击“确定”按钮即可。

完成以上设置后，单击“下一步”按钮，Outlook 会自动测试账户设置，测试成功后，显示如图 9-21 所示界面。

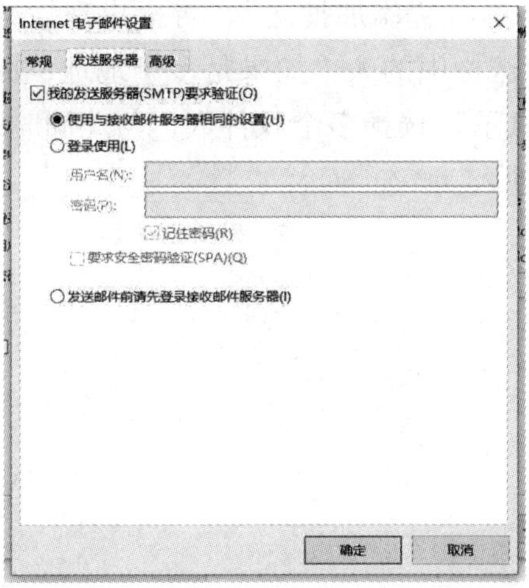

图 9-20　进行其他设置，选择发送服务器

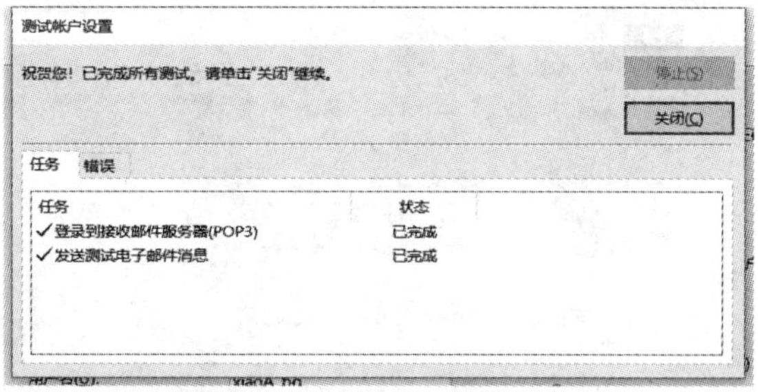

图 9-21　进行测试账户设置

现在完成配置，就可以在 Outlook 中收发邮件了，如图 9-22 所示。

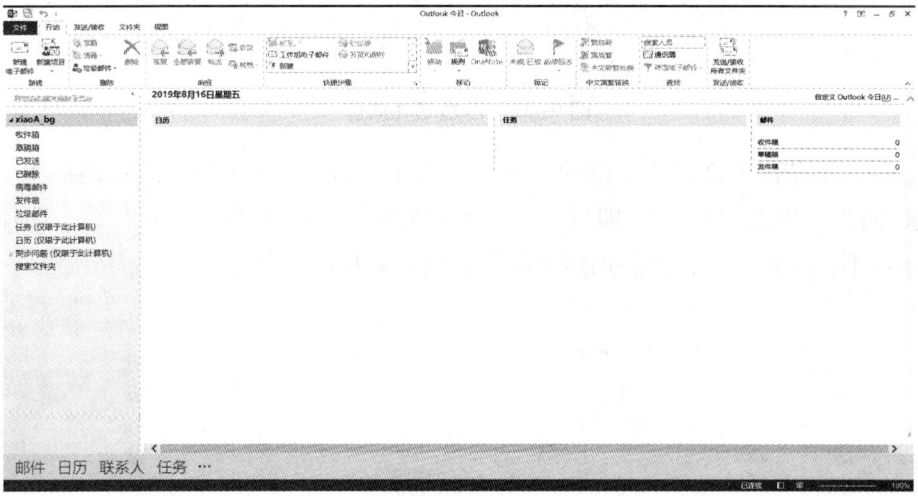

图 9-22　Outlook 应用界面

小 A 完成了 Outlook 的设置，现在马上要发送项目资料给客户了。操作步骤如下：

步骤 1：单击“开始”，选择“新建电子邮件”。如图 9-23 所示。

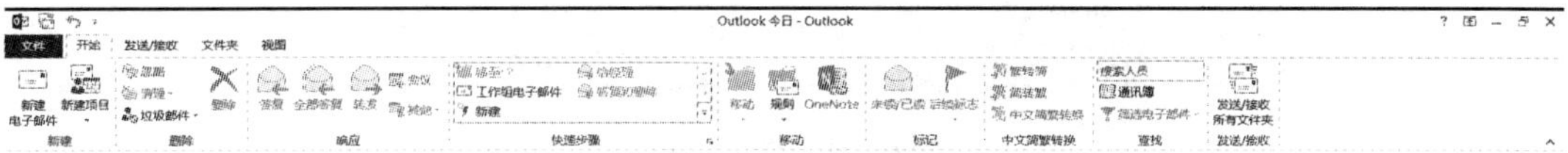

图 9-23　新建电子邮件

案例九　网络办公——办公设备使用

步骤 2：在电子邮件正文中添加客户邮箱地址、主题和消息，如图 9-24 所示。在“收件人”一栏中填入收信人的 Email 地址，如果是多个地址，在地址间用英文状态下的逗号“,”隔开；或者单击“通讯录”中一位或多位联系人，选中的联系人地址将会自动填写在“收件人”一栏中。若想抄送信件，单击“添加抄送”，将会出现抄送地址栏。抄送就是将信同时也发给收信人以外的抄送栏中的人。如果是多个地址，在地址间请用“,”隔开，也可多次单击右边的“通讯录”选择多个收件人，与此同时，所有收到该邮件的人也知道您将这封信抄送给了其他人。

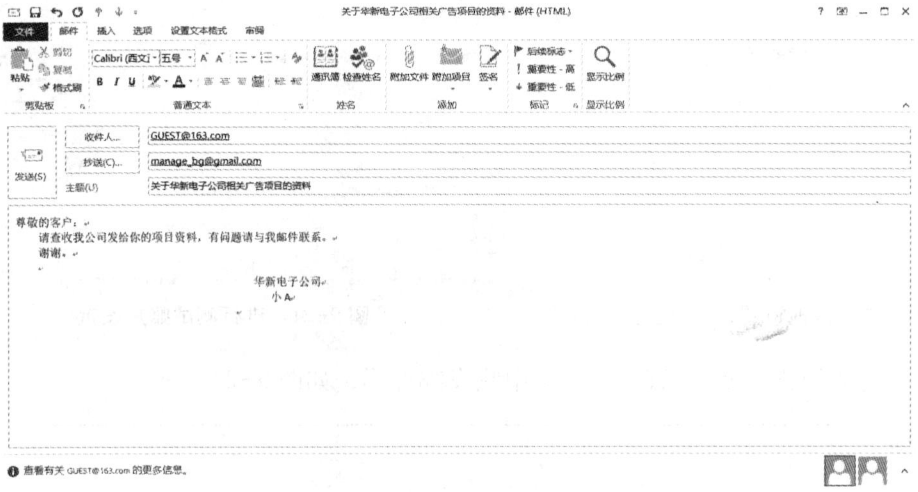

图 9-24　添加邮件内容

步骤 3：随信附上文件或者图片。单击“添加文件”，再在弹出的对话框中，选择要添加的附件后单击“插入”即可，如图 9-25 所示。也可单击鼠标右键，选择“删除”，删掉不要的附件。若要添加多个附件，请重复单击“添加文件”。

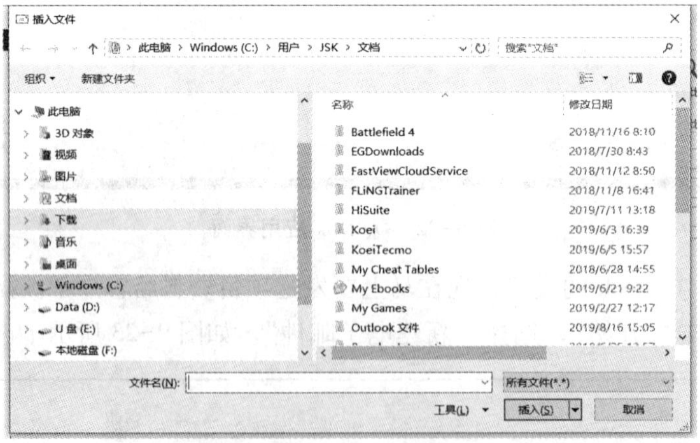

图 9-25　插入文件

步骤 4：单击“发送”按钮，发出邮件。如果选择了附件，在发送的同时，上传的附件也跟随信件正文一起发送出去了。

很快小 A 收到了客户的回信，他立刻打开了 Outlook 接收来信。在 Outlook 的主界面中（如图 9-26 所示），可以查看收到的邮件。在界面右侧中单击“答复”按钮对收到的邮件进行答复。

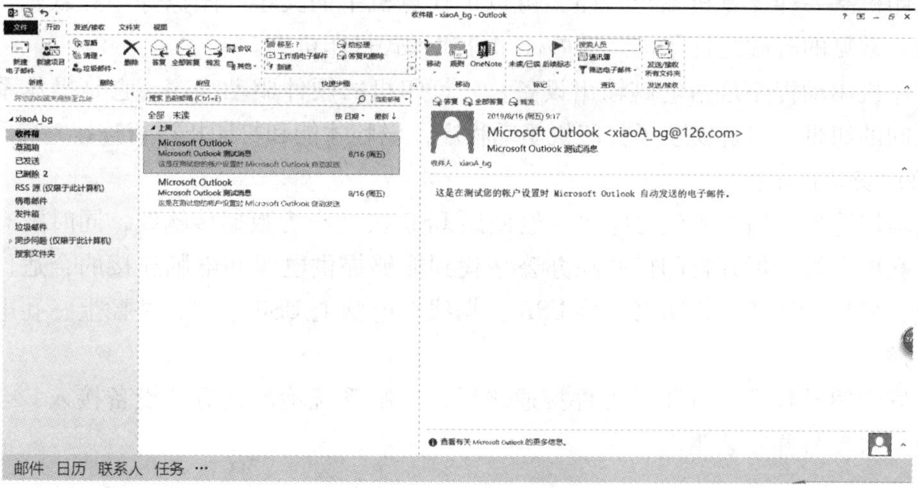

图 9-26　收件箱主界面

4. 实训营

（1）训练实例

公司领导要求小 A 继续联系其他的客户，并将客户送来的修改资料通过电子邮件发送给自己的同事小 C 和小 D，请你帮忙。

（2）常见问题以及操作技巧

①不同电子邮件服务商的附件上传大小是有限制的，上传附件前要确认好。

②及时清理邮箱，可以保持一个良好的工作氛围。

③下载并使用电子邮件的客户端和手机端软件，让邮件使用更便捷。

任务十八　设置打印机共享

【情景导入】

公司组建了一个临时项目小组，小 A 也被抽调到项目小组，负责后勤保障工作，小组组长交给他的第一个任务是安装好公司分配的打印机（打印机型号：HP LaserJet 1020 Plus），并设置打印机共享，以便让所有小组成员都能在这台打印机上进行打印。

1. 学习目标

- 掌握打印机的安装及更换耗材的方法。
- 掌握打印机的使用及设置方法。
- 掌握共享打印机的配置方法。

2. 预备知识

（1）打印机的概念

打印机是一种计算机输出设备，可以把计算机中的文字、图像等印到纸张、胶片等上面。常见的有激光打印机、喷墨打印机和针式打印机等。

打印机驱动程序是指电脑输出设备——打印机的硬件驱动程序。它是操作系统与硬件之间的纽带。只有安装了打印机驱动程序，电脑才能和打印机进行连接并打印。

（2）安装打印机

①接线连接：当下主流打印机一般使用 USB 接线作为数据传输线，同时配有一根标准三孔电源线。拆开打印机并在办公室找到能够提供电源和电脑连接的合适位置平稳摆放，然后参照使用说明书连接 USB 数据线至电脑上 USB 接口，并插上三孔电源线接通电源。

②安装驱动程序。打印机硬件接通之后，电脑系统检测到有新设备接入，会自动匹配打印机型号并安装驱动程序。

3. 回到场景

图 9-27 为公司分配给小组的打印机（打印机型号：HP LaserJet 1020 Plus）。图 9-28 为打印机机身背面标签。

图 9-27　HP LaserJet 1020 Plus 打印机

图 9-28　打印机机身背面标签

安装和设置打印机操作步骤如下：

步骤 1：拆开打印机包装盒，里面有两根接线：一根为打印机数据传输线，其两端分别接入打印机上指定接口和 PC 机的 USB 接口；另一根为普通电源线，正常连接插入三孔插座。

下面是在 Windows 10 系统中查看并配置打印机的两种方法：

方法一，通过“开始”菜单—“设置”—“设备”—“打印机和扫描仪”—“管理”打印机，进行设置。Windows 10 系统设置窗口如图 9-29 所示，Windows 10 系统“Windows 设置”如图 9-30 所示。

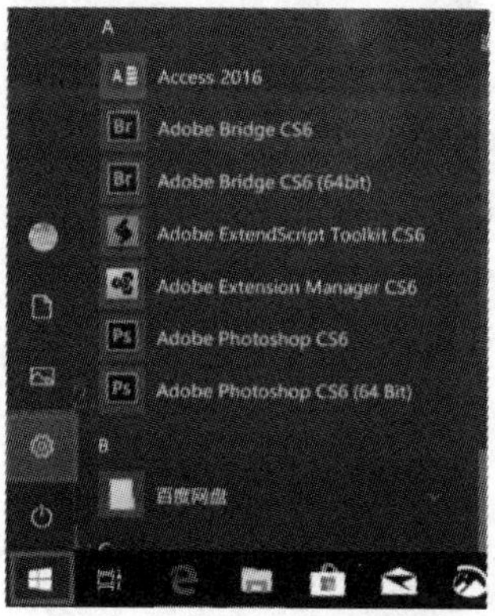

图 9-29　Windows 10 设置窗口

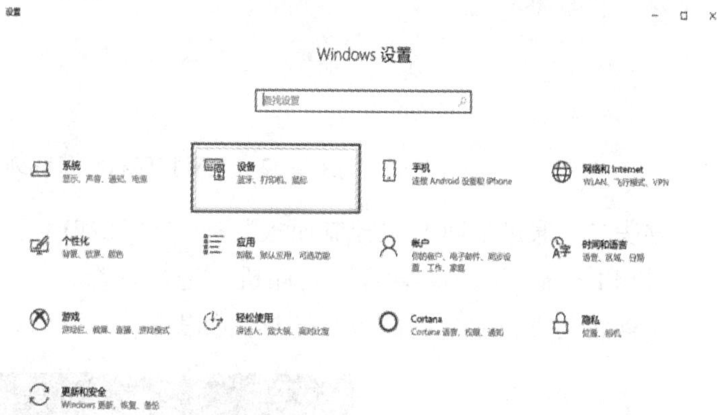

图 9-30　Windows 10 的“Windows 设置”窗口

在图 9-30 中，Windows 设置窗口内找到“设备”按钮单击进去，找到“打印机和扫描仪”选项，单击切换到“打印机和扫描仪”设置界面，如图 9-31 所示。

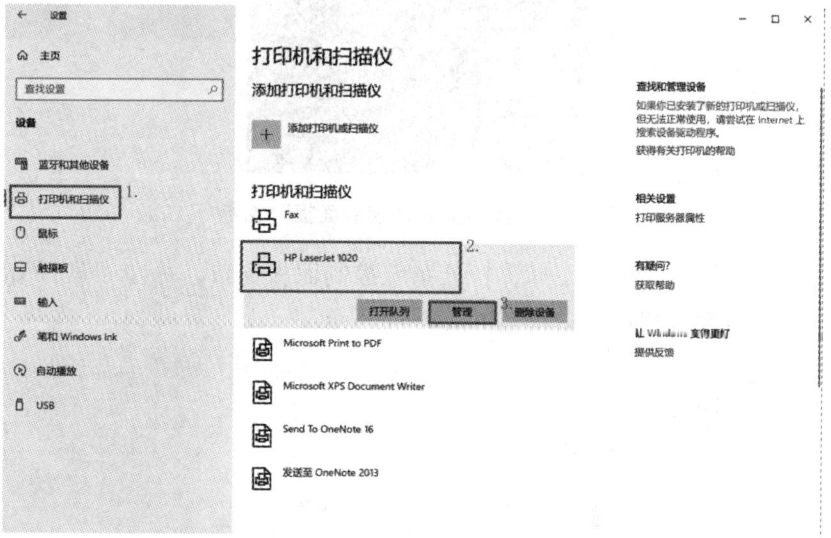

图 9-31　“打印机和扫描仪”设置界面

在“打印机和扫描仪”设置界面内的设备列表里面选择打印机并单击“管理”选项，打开如图 9-32 所示的打印机“管理设备”窗口，单击“打开打印队列”选项，可以查看当前打印机的所有打印任务。

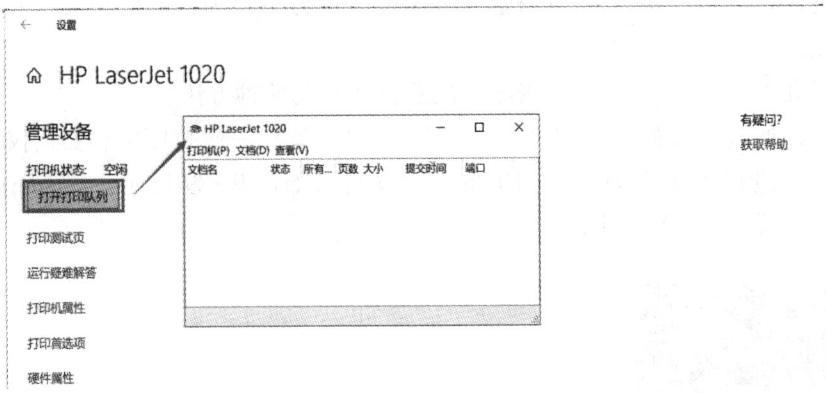

图 9-32　查看打印机打印队列

方法二，通过桌面上“控制面板”—“硬件和声音”—“查看设备和打印机”—“打印机和扫描仪”—“管理”打印机，进行设置。

在桌面上找到“控制面板”图标，如图 9-33 所示。

图 9-33　桌面上的“控制面板”图标

双击桌面上“控制面板”图标，打开系统控制面板窗口，并在“硬件和声音”图标下面找到“查看设备和打印机”，如图 9-34 所示。

图 9-34　控制面板窗口

打开如图 9-35 所示的“设备和打印机”窗口，在其中找到打印机图标，可以在图标下方看到打印机的信息。

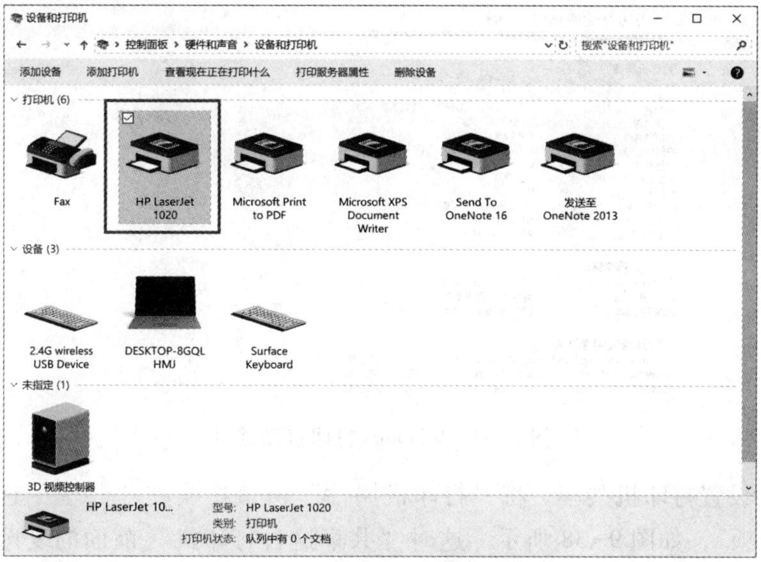

图 9-35 “设备和打印机”窗口

鼠标右键单击打印机图标，在弹出来的列表中选择“打印机属性”，可以打开打印机属性窗口，如图 9-36 所示。

图 9-36 “打印机属性”窗口

单击图 9-36 中的“打印机属性”窗口中的“打印测试页”按钮，即可打印出“Windows 打印机测试页”，如图 9-37 所示。

Windows 打印机测试页
你已将 HP LaserJet 1020 正确安装在 DESKTOP-8GQLHMJ 上。

打印机属性

提交时间:	18:28:38
日期:	2019/8/25
用户名:	DESKTOP-8GQLHMJ\侦察指挥中心
计算机名:	DESKTOP-8GQLHMJ
打印机名称:	HP LaserJet 1020
打印机型号:	HP LaserJet 1020
彩色支持:	否
端口名称:	USB001
数据格式:	IMF
打印机共享名:	HP LaserJet 1020
打印处理器:	HP1020PrintProc
操作系统环境:	Windows x64

打印驱动程序属性

驱动程序名称:	HP LaserJet 1020
驱动程序类型:	类型 3 - 用户模式
驱动程序版本:	2012.918.1.57980

其他打印驱动程序文件

C:\WINDOWS\system32\spool\DRIVERS\x64\3\GChp1020.dll
C:\WINDOWS\system32\spool\DRIVERS\x64\3\SUhp1020.ENT
C:\WINDOWS\system32\spool\DRIVERS\x64\3\SUhp1020.VER

图 9-37　Windows 打印机测试页

步骤 2：设置打印机共享。将“打印机属性”窗口切换到“共享”选项卡，单击“更改共享选项”，如图 9-38 所示。这时“共享这台打印机”前面的复选框变成可以选择，将其勾上，并设置合适的打印机“共享名”，如图 9-39 所示。

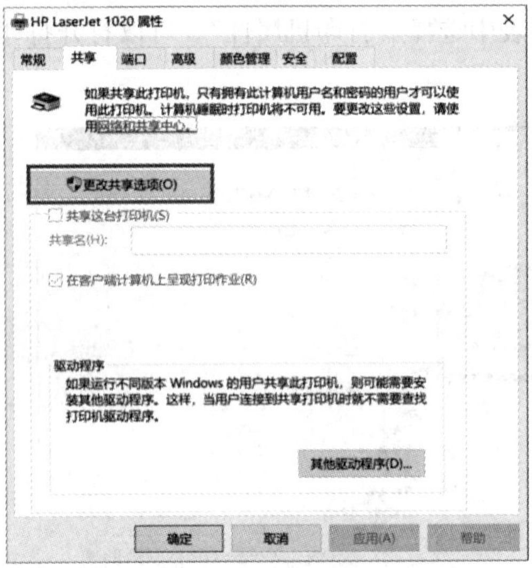

图 9-38　更改共享选项

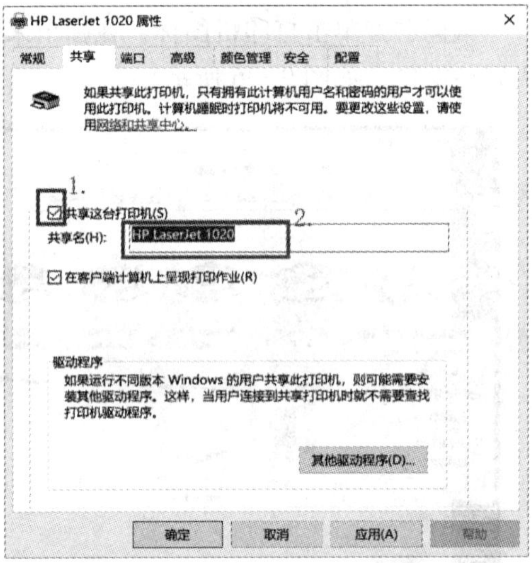

图 9-39　共享打印机并设置适当的“共享名”

此时，可以看到打印机图标左侧靠下的位置多了一个“已共享”的图标，打印机状态也更改为“已共享”，如图 9-40 所示。

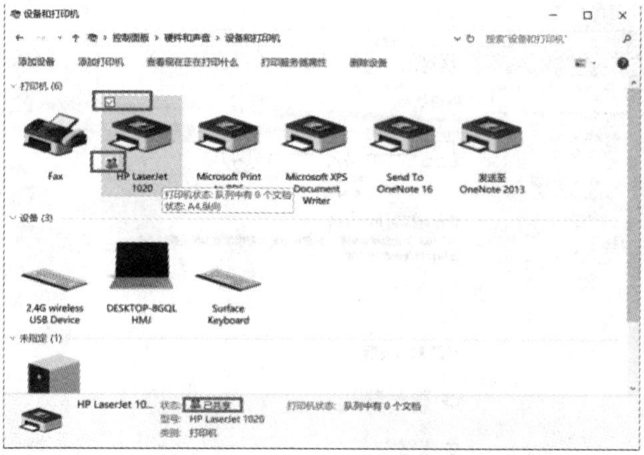

图 9-40　共享打印机配置成功

步骤 3：在另外一台电脑中添加共享打印机。

首先，设置“启用网络发现”。在任务栏用鼠标右键单击“网络连接”图标，再左键单击“打开‘网络和 Internet’设置”，如图 9-41 所示。

图 9-41　打开“网络和 Internet”设置

在打开的“网络和 Internet”设置窗口中选择“状态”选项，单击“共享选项”，打开“高级共享设置”窗口，并“启用网络发现”，如图 9-42 所示。

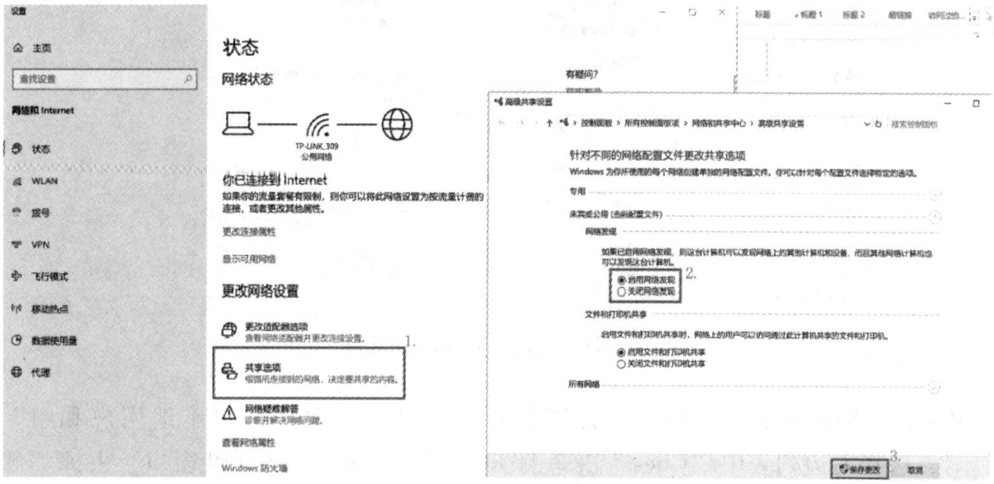

图 9-42　设置“启用网络发现”

其次，关闭防火墙。在打开的“网络和 Internet”设置窗口中，选择“状态”选项，找到“Windows 防火墙”，如图 9-43 所示。

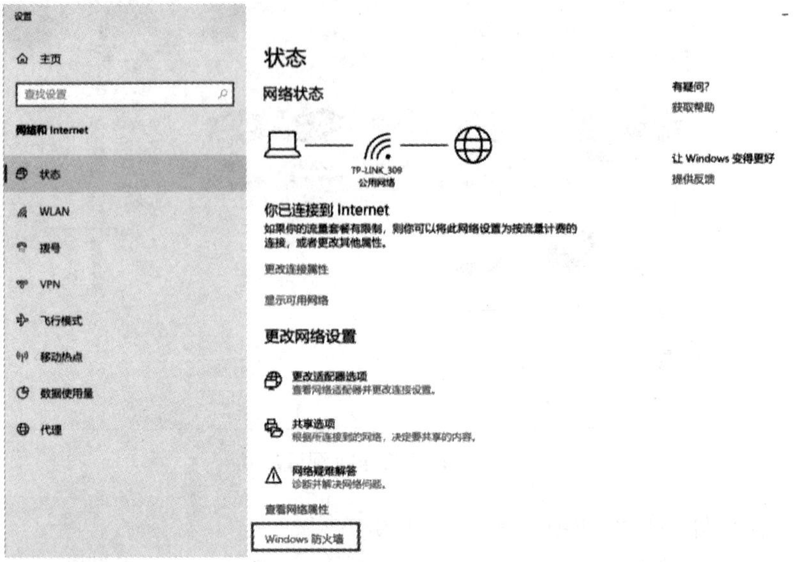

图 9-43　Windows 防火墙

选择当前“使用中”的网络连接，单击“关闭防火墙”，如图 9-44 所示。

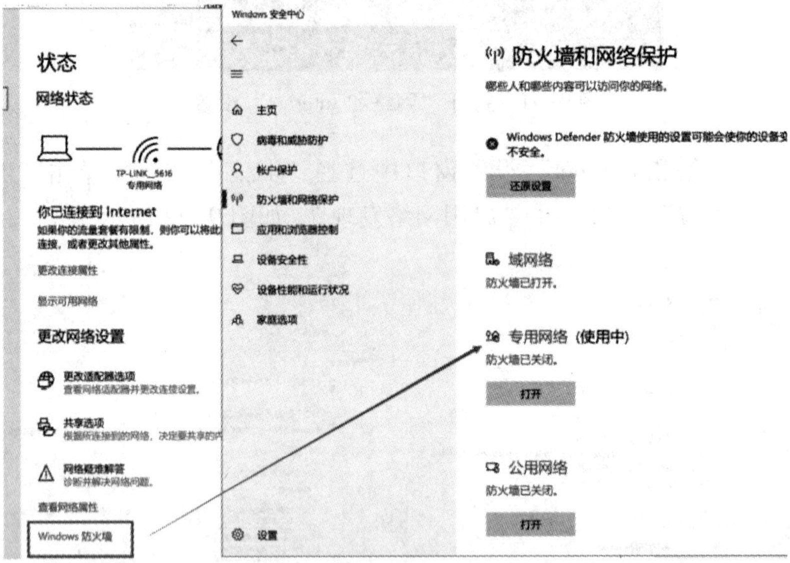

图 9-44　关闭 Windows 防火墙

再次，启用来宾账户。打开“计算机管理”窗口依次单击“本地用户和组”—“用户”，选择右边列表中“Guest”来宾账户，双击打开 Guest 属性窗口，去掉“账户已禁用”前面的√，如图 9-45 所示。

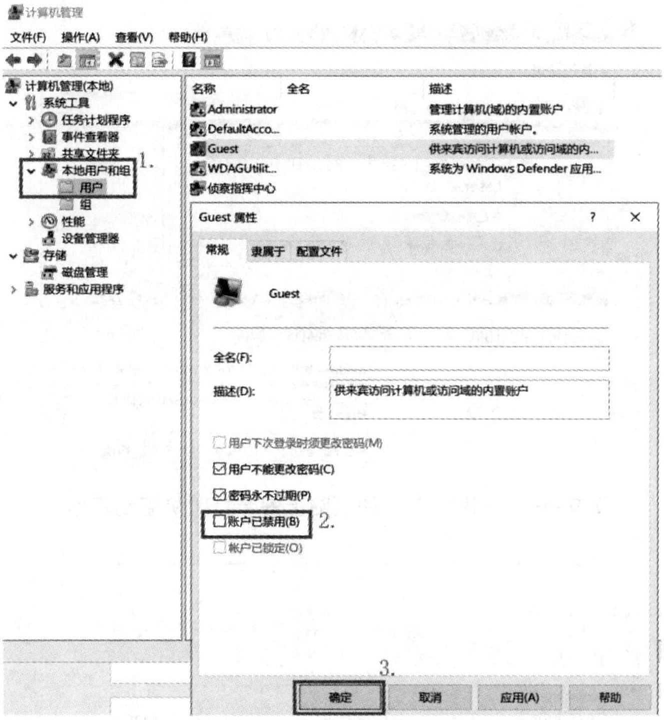

图 9-45 启用来宾账户

最后，在小组成员小 B 的电脑上添加网络打印机。依次单击“控制面板”—“设备和打印机”—“添加打印机”，并选择“添加网络、无线或 Bluetooth 打印机”，如图 9-46 所示。

在搜索到的打印机列表中选择在小 A 电脑中所共享的打印机，如图 9-47 所示。选择好共享打印机后单击“下一步”按钮，再根据提示框选择“安装驱动程序”按钮，将共享在小 A 电脑上的打印机驱动程序通过网络传输到小 B 的电脑中，安装并配置好小 B 电脑上的这台网络打印机。在小 B 的电脑上安装打印机驱动程序并测试，如图 9-48、图 9-49、图 9-50、图 9-51、图 9-52 所示。

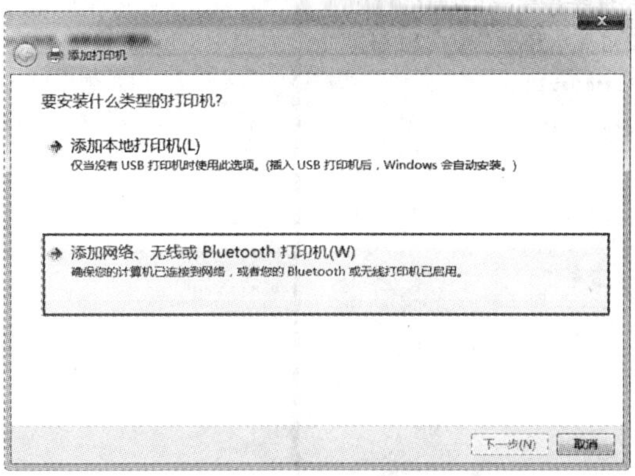

图 9-46 “添加打印机”窗口

图 9-47 选择网络打印机

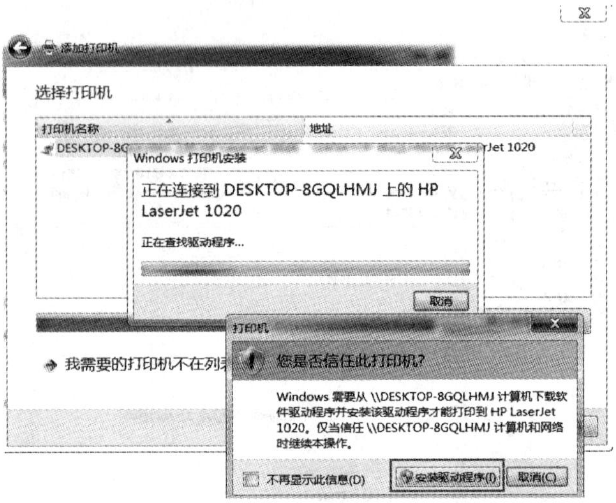

图 9-48　选择在小 B 的电脑上安装打印机驱动程序

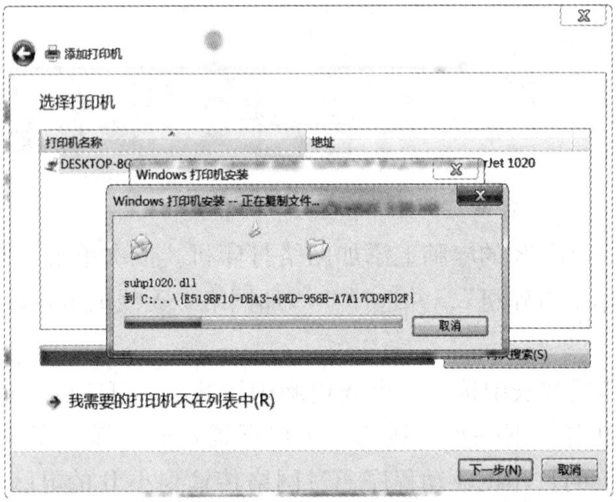

图 9-49　在小 B 的电脑上安装打印机驱动程序

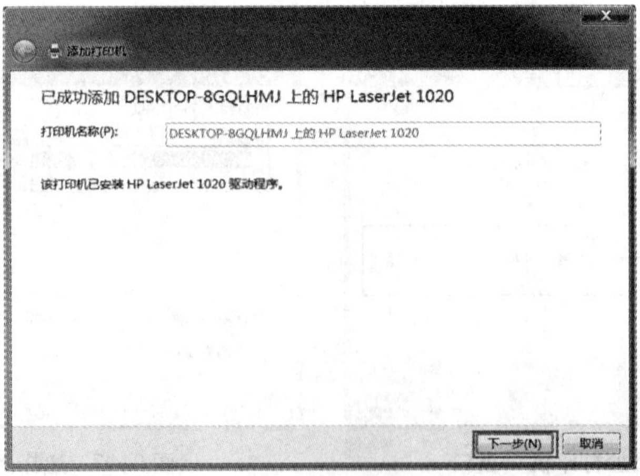

图 9-50　在小 B 的电脑上安装打印机驱动程序完成

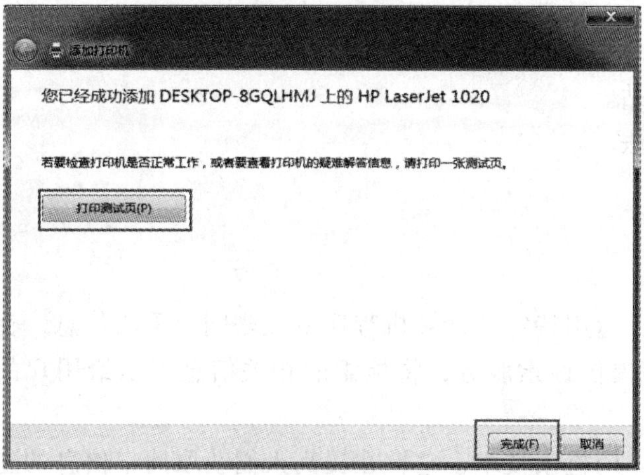
添加打印机
您已经成功添加 DESKTOP-8GQLHMJ 上的 HP LaserJet 1020
若要检查打印机是否正常工作，或者要查看打印机的疑难解答信息，请打印一张测试页。
打印测试页(P)
完成(F)
取消

图 9-51　在小 B 的电脑上安装打印机完成

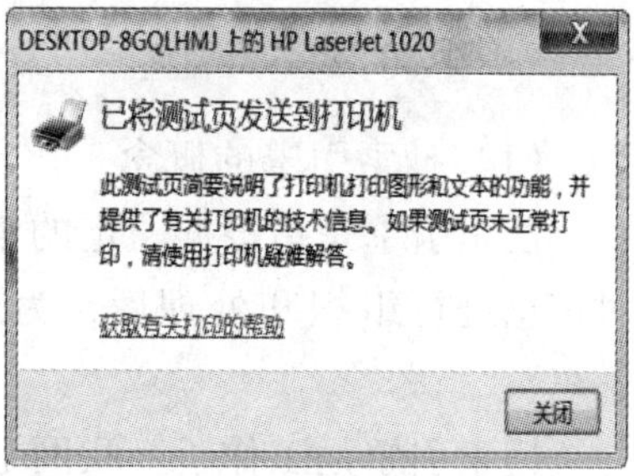
DESKTOP-8GQLHMJ 上的 HP LaserJet 1020
已将测试页发送到打印机
此测试页简要说明了打印机打印图形和文本的功能，并提供了有关打印机的技术信息。如果测试页未正常打印，请使用打印机疑难解答。
获取有关打印的帮助
关闭

图 9-52　在小 B 的电脑上打印测试页

至此，小 A 通过多方面查询资料，已经将打印机连接到自己的电脑上并且为小组成员小 B 的电脑中添加了共享打印机，使得小 B 也可以共享使用打印机进行打印。

4. 实训营

（1）训练实例

在本任务所学知识的基础上，现在请你在机房中某一台电脑上面添加一台打印机（只安装虚拟打印机）并设置共享，再另外找两台电脑模拟小组成员小 C 和小 D 的电脑，并为小 C 和小 D 添加共享打印机，体验安装打印机和配置打印机共享的全过程。

（2）常见问题以及操作技巧

①有时候在客户端电脑上选择“添加打印机”，但是搜索列表找不到远程共享计算机。这时请检查是否两台电脑都关闭了防火墙，检查连接并设置了共享打印机的那台电脑上面是否设置了“启用网络发现”“启用文件和打印机共享”。

②有时候在客户端电脑上面提示“没有权限访问”，这时请检查是否在连接并设置打印机共享的电脑上设置了“启用 Guest 用户”。

③所有设置都完全无误，但是仍然无法搜索到打印机，这时候请检查两台电脑是否位于同一个局域网，需要设置打印机共享的两台电脑必须连接在同一个局域网内。

任务十九　搜索引擎的使用

【情景导入】

小 A 在工作中经常会遇到一些领导新分配的任务，但是每个人都没法做到面面俱到，所以经常会遇到一些不会的问题，这时候小 A 一般会在搜索引擎中查找相关答案。

1. 学习目标

- 了解几种常用的搜索引擎网站。
- 掌握常用搜索引擎的使用方法。

2. 预备知识

（1）搜索引擎的概念

搜索引擎是指根据一定的策略，运用特定的计算机程序从互联网上采集信息，在对信息进行组织和处理后，为用户提供检索服务，将检索的相关信息展示给用户的系统。

搜索引擎是工作于互联网上的一门检索技术，它旨在提高人们获取搜集信息的速度，为人们提供更好的网络使用环境。

（2）几种常用搜索引擎

图 9-53 为常见搜索引擎。

www.baidu.com　　www.google.cn　　cn.bing.com

www.soso.com　　www.sogou.com

图 9-53　常见搜索引擎

3. 回到场景

小 A 这天接到配置打印机共享的任务，由于毕业已经 1 年多，之前学到的配置打印机的步骤也差不多忘记了，今天小 A 在百度搜索中搜索了一下 Windows 10 系统共享打印机的配置。操作步骤如下：

步骤 1：在浏览器中输入 www.baidu.com，打开百度搜索引擎，如图 9-54 所示，此时便可以在搜索框中输入搜索关键词。

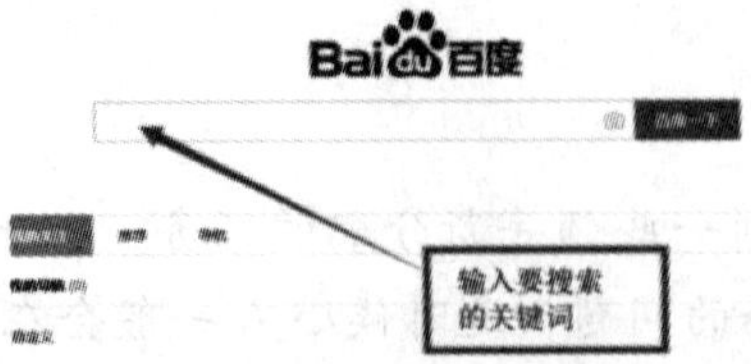

图 9-54　在搜索引擎中输入搜索关键字

步骤 2：单击图 9-54 中“百度一下”按钮，搜索引擎会立刻匹配出与搜索关键词相关的网页链接，并在页面中排列出来，这时可以选择所需要的条目链接进行相关信息阅读。如图 9-55 所示。

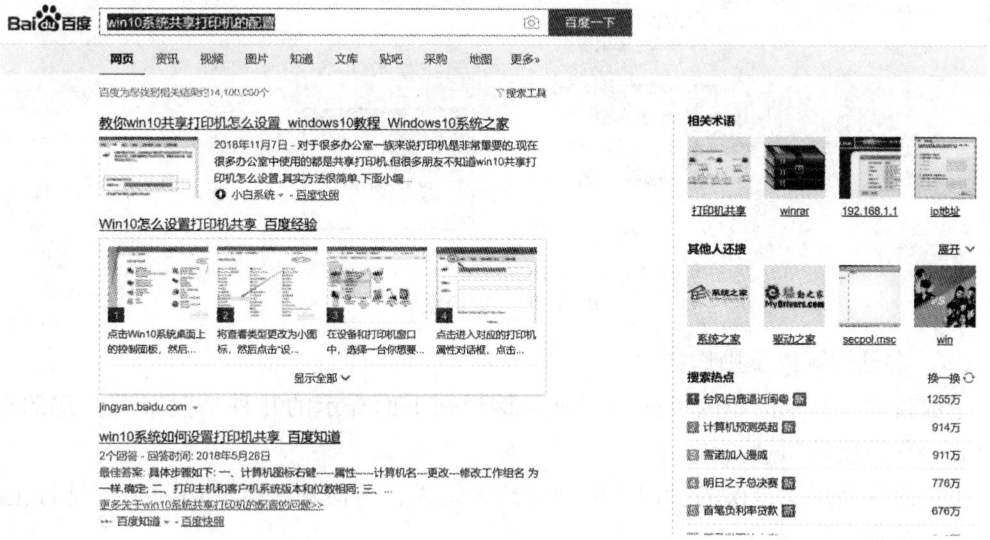

图 9-55　搜索引擎搜索结果

4. 实训营

（1）训练实例

如果还需要进行更加准确的搜索，可以在百度首页单击右上角的“设置”选项，选择“高级搜索”。如图 9-56 所示。

图 9-56　设置“高级搜索”

此时可以进行更加准确的搜索，在这里可以限定搜索时间、文档格式、关键词位置等。本实训要求在文档格式中选择“微软 Word”，查看一下搜索结果列表。如图 9-57 所示。

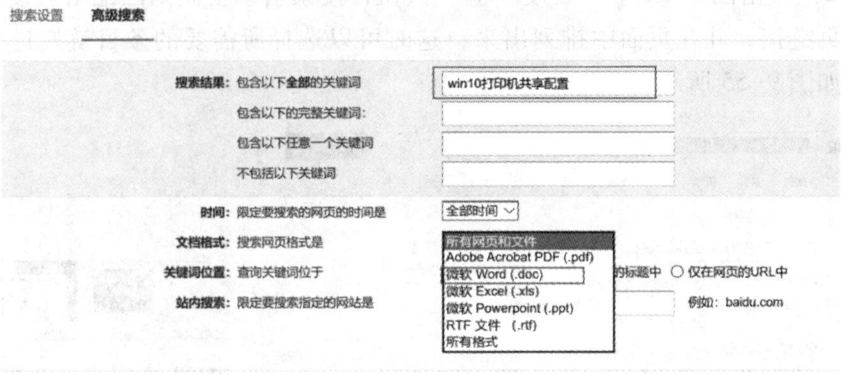

图 9-57　高级搜索

（2）常见问题以及操作技巧

造成搜索无结果的原因可能有多种，请根据下面提示的几种情况来调整您的查询词以获得您所要的信息。

①如果您使用了错误的字词，可能导致无结果，请检查您所使用的字词是否正确，进行再次搜索。

②如果您输入的查询信息太多，可能导致无结果。您可以尝试简化输入的查询信息来获取更多的结果。

③您所查询的内容在互联网上不存在，或者相关的页面百度未收录，那么您的查询也会无结果。

任务二十　百度网盘的使用

【情景导入】

随着小 A 在公司待的时间越来越久，小 A 手上所存储的客户数据越来越多，平时一般用 U 盘存储，但是有一次不小心遗失了 U 盘，造成的损失非常巨大。后来，小 A 在网上了解到有一种叫网盘的工具，其功能类似于U 盘等存储工具，可以将日常工作文件在线存储在网盘中，并且在有网络的地方就可以实时下载读取，安全性很高，不会出现意外丢失的情况。于是，小 A 在网上免费申请了百度网盘，并且将日常工作资料文件都存储在网盘中。

1. 学习目标

- 掌握百度网盘注册的方法。
- 掌握百度网盘的使用方法。

2. 预备知识

百度网盘是百度推出的一项云存储服务，目前已经覆盖主流 PC 和手机操作系统，您可以通过百度网盘轻松地进行照片、视频、文档等文件的网络备份、同步和分享。其具有存储空间大、速度快、安全稳固等特点。

3. 回到场景

使用百度网盘的操作步骤如下：

步骤 1：下载并安装百度网盘客户端。在浏览器输入百度网盘官方网址：https://pan.baidu.com，如图 9-58 所示。

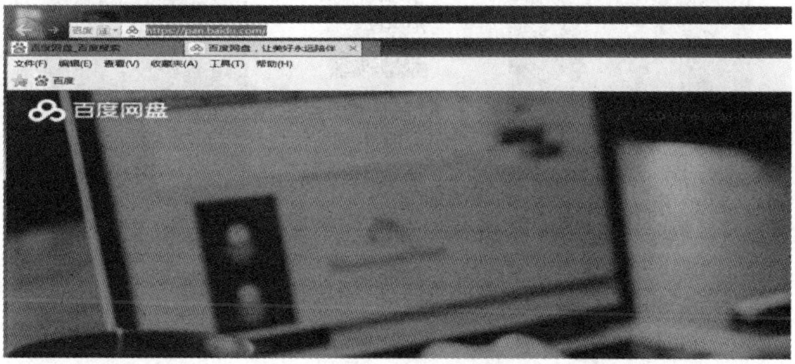

图 9-58　百度网盘官网

在图 9-58 所示页面最下方选择“Windows”版本软件，并在弹出的对话框中选择“运行”选项，如图 9-59 所示。在 Windows 10 中安装百度网盘客户端，如图 9-60 所示。

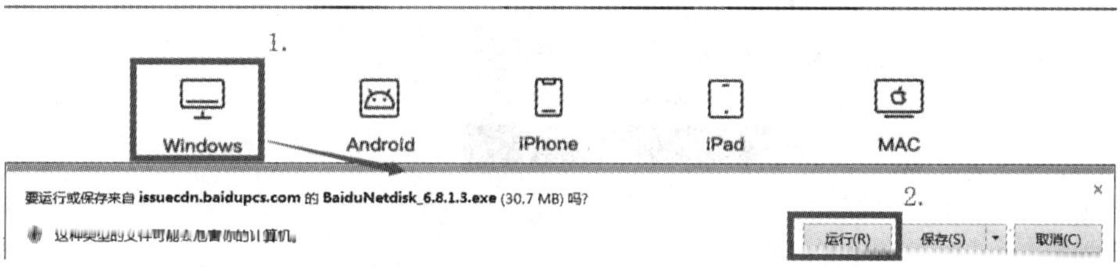

图 9-59　下载 Windows 百度网盘安装程序

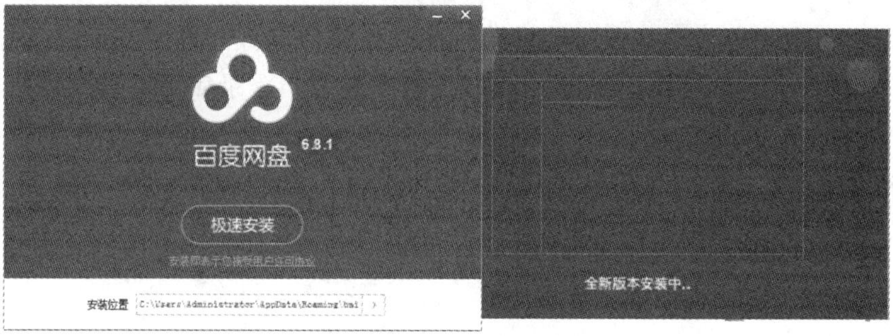

图 9-60　在 Windows 10 中安装百度网盘客户端

步骤 2：申请百度账号。在百度官网找到“登录”界面，并单击“立即注册”按钮，如图 9-61 所示。打开注册百度账号页面，如图 9-62 所示，填入自己的个人信息注册账号，并记住账号密码。

图 9-61　在百度官网找到“立即注册”

图 9-62　注册申请百度账号

步骤 3：双击运行步骤 1 中安装好的百度网盘软件，打开百度网盘软件登录界面，如图 9-63 所示，并使用刚刚注册的百度账号进行登录。登录后可以看到百度网盘欢迎界面，如图 9-64 所示。单击“开始使用”按钮，进入百度网盘普通操作界面，如图 9-65 所示。

图 9-63　百度网盘登录界面

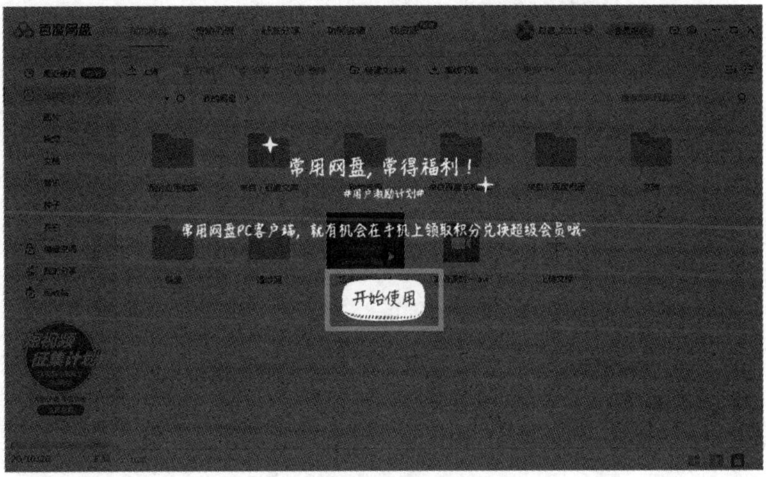

图 9-64　百度网盘欢迎界面

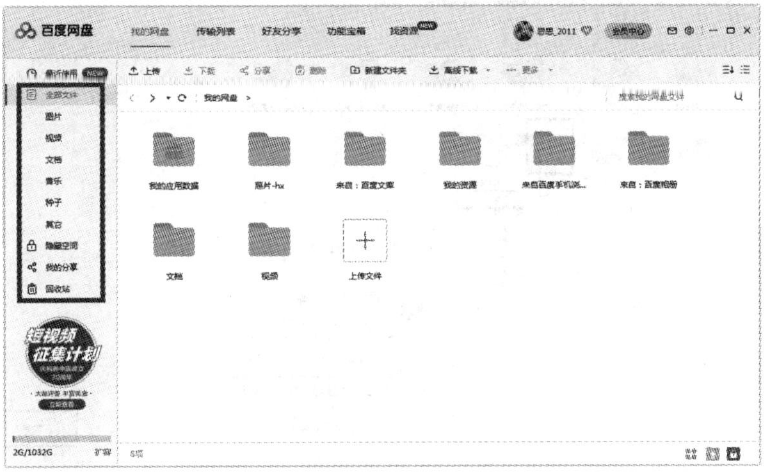

图 9-65　百度网盘普通操作界面

将本地文件存入百度网盘，如图 9-66 所示。在文件存入过程中会有进度显示，如图 9-67 所示。

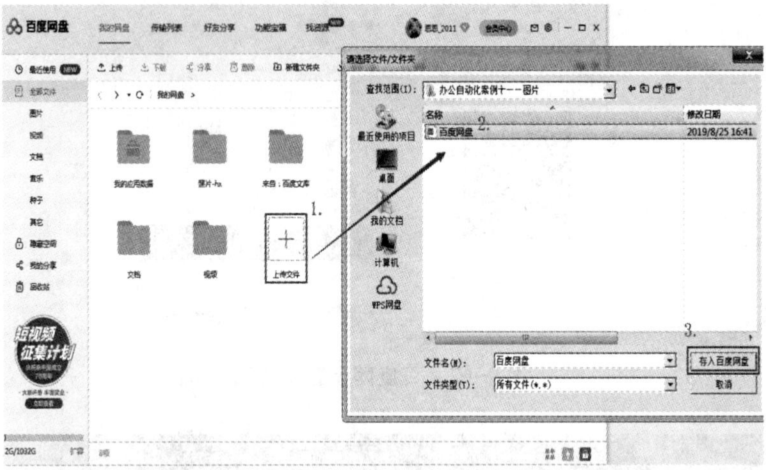

图 9-66　选择本地文件存入百度网盘

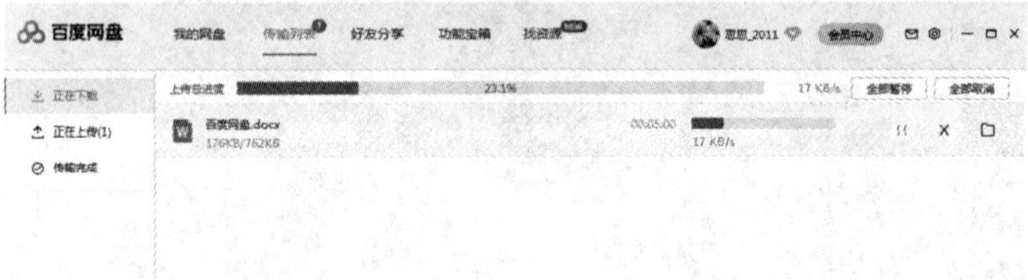

图 9-67　文件存入百度网盘上传进度

将百度网盘中存储的文件下载到本地，如图 9-68 所示。

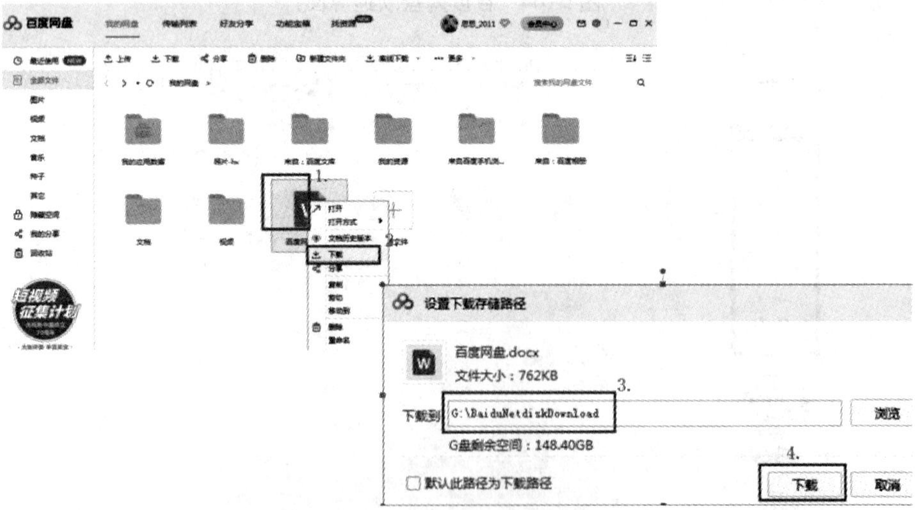

图 9-68　从百度网盘下载文件到本地

4. 实训营

（1）训练实例

要求自己注册一个百度账号，下载并安装百度网盘客户端，使用百度网盘存储数据。

（2）常见问题以及操作技巧

①注册百度账号时要求登记真实的手机号码来进行安全验证，否则不允许注册。

②可以下载并使用百度网盘的手机端软件，在手机端也可以对文件进行存取操作。